面向系统能力培养大学计算机类专业教材

计算机系统能力培养综合实践

胡迪青 邵志远 主编

秦磊华 谭志虎 吴非 胡侃 编著

清华大学出版社

北京

内容简介

计算机系统能力是指能自觉运用系统观理解计算机系统的整体性、关联性、层次性、动态性和开放性，并利用系统化方法掌握计算机软硬件协同工作及相互作用机制的能力。系统能力包括系统分析能力、系统设计能力和系统验证及应用能力3个方面，这3个方面相辅相成，共同构成计算机相关专业本科毕业生的基本能力和专业素养。

本书是为了实现计算机相关专业学生的系统能力培养目标而编写的。本书内容由浅入深，方便读者入门，帮助读者通过实践对计算机专业的理论、技术和方法进行理解和巩固，同时激发读者的兴趣和创造性。本书强化系统观，同时结合工程应用，帮助读者全面掌握计算机从硬件到软件、从底层到高层的技术。

本书可作为计算机相关专业本科计算机系统能力实践课程的教材，同时可供相关从业人员学习参考。

图书在版编目(CIP)数据

计算机系统能力培养综合实践/胡迪青，邵志远主编. —北京：清华大学出版社，2021.7
面向系统能力培养大学计算机类专业教材
ISBN 978-7-302-58365-3

Ⅰ.①计… Ⅱ.①胡… ②邵… Ⅲ.①计算机系统－高等学校－教材 Ⅳ.①TP303

中国版本图书馆CIP数据核字(2021)第111145号

责任编辑：张瑞庆　战晓雷
封面设计：常雪影
责任校对：刘玉霞
责任印制：刘海龙

出版发行：清华大学出版社
网　　址：http://www.tup.com.cn，http://www.wqbook.com
地　　址：北京清华大学学研大厦A座　　**邮　　编：**100084
社 总 机：010-62770175　　**邮　　购：**010-83470235
投稿与读者服务：010-62776969，c-service@tup.tsinghua.edu.cn
质量反馈：010-62772015，zhiliang@tup.tsinghua.edu.cn
课件下载：http://www.tup.com.cn，010-83470236
印 装 者：三河市铭诚印务有限公司
经　　销：全国新华书店
开　　本：185mm×260mm　　**印　　张：**12.75　　**字　　数：**305千字
版　　次：2021年8月第1版　　**印　　次：**2021年8月第1次印刷
定　　价：39.00元

产品编号：069483-01

FOREWORD

前　言

面向计算机系统能力培养的实验平台是在Digilent公司的Nexys 4 DDR FPGA开发板上采用CPU+FPGA的SoC技术进行开发的，其目的是通过搭建实用的MIPS处理器系统(学生在“计算机组成原理”课程中已经亲手实现过自己的MIPS CPU，在“接口技术”课程中学习搭建过具有简单接口设备的MIPS处理器系统)、自己定制的操作系统的设计与实现以及结合实际的蓝牙小车应用，将学生之前在“计算机组成原理”“操作系统”“编译原理”和“接口技术”等课程中学到的知识在“计算机系统能力培养综合实践”课程中进行系统性融合，使其成为更加完整的体系，从而达到计算机系统能力培养的目标，提升学生的综合能力。

面向计算机系统能力培养的实验平台提供了MIPSfpga处理器软核、Hos-mips操作系统、多种硬件模块设备接口、蓝牙小车典型应用、硬件加速(智能)模块等，以满足“计算机系统能力培养综合实践”课程的教学要求，它们还可非常方便地移植到其他类似的FPGA开发平台上。

面向计算机系统能力培养的实验平台具有以下特点：

(1) 它是一个以实践为主导，具有一定展示度的实验平台。基于该实验平台开发的蓝牙小车应用具有可展示性，能够激发学生的创新性和想象力；在该实验平台上通过渐进式、积木式的实验方法，帮助学生熟练掌握计算机从硬件到软件、从底层到高层的全套技术，从而使得学生对计算机系统各层次的技术有更加深刻的理解。

(2) 强化智能应用，实验创新性强。该实验平台基于CPU+FPGA的SoC技术开发，在现有的面向计算机系统能力培养理念的基础上，通过充分利用现成资源、独立开发和学生实践创新的方式，强化系统的智能性，是对现有计算机系统能力培养的拓展与深化。

(3) 实验具有可扩展性。除了本书给出的实验外，学生可借助开发板提供的硬件设备资源(如麦克风和喇叭、SD卡控制器等)以及PMOD扩展，添加新的外部设备(如摄像头、红外模块、超声波或激光测距模块等)，通过硬件和软件协同设计实现创新的功能(如录音、音乐播放、视频录制、智能控制等)。

(4) 有效突破传统硬件实验对实验时间、实验空间的限制，实现课内课外协同化，大大提升了实验效率，降低了实验成本。

通过本书提供的实验，学生将独立或多人协作完成一台蓝牙小车。该蓝牙小车的核心是Digilent公司的Nexys 4 DDR FPGA开发板，利用在该开发板上外接(通过PMOD接口)的蓝牙模块，学生可以通过手机上的蓝牙控制应用(蓝牙串口助手App或者自己开发的手机App)连接到该蓝牙小车，并通过应用提供的命令接口(命令协议由自己定义)实现对小车的控制(如前进、后退、转向等)。

需要指出的是，在本书的指导下，学生将完整地完成一个计算机系统从底层硬件到顶层应用的设计。从这个角度来说，本书给出的设计内容与基于单片机（或ARM处理器）的蓝牙小车不同，后者仅是简单的单片机开发，而本书的内容旨在以蓝牙小车作为应用，引导学生完成完整的计算机体系结构、操作系统以及软件应用的设计。

本书给出的蓝牙小车的总体架构包含以下3个层面的设计：

(1) 系统硬件层面。在该层面，学生将在Nexys 4 DDR FPGA开发板上构建一个完整的计算机硬件系统，主要包括MIPSfpga处理器、UART接口、存储控制器等通用接口；同时，为了实现蓝牙小车应用，还需要设计蓝牙模块、电动机驱动模块等接口（理论上可以添加任意需要的接口）。

(2) 操作系统层面。在该层面，学生需要在上面构建的计算机硬件体系上运行Hos-mips操作系统，该操作系统是一个基于MIPS的多任务操作系统。为了方便学生对它的了解和定制，Hos-mips的代码规模被控制在两万行左右。为了实现蓝牙小车的应用，还需要对该操作系统进行分析、了解，完成相应的实验。

(3) 应用层面。在该层面，学生将在Hos-mips给出的程序接口的基础上，完成蓝牙小车的控制程序设计；在实现基本功能（如读取蓝牙输入、控制电动机运转）的基础上，实现完整的蓝牙小车系统。

在熟悉了整个蓝牙小车系统的基础上，学生可以利用实验平台提供的扩展性，研究并实现一些更高级的功能。例如，可利用Nexys 4 DDR FPGA开发板提供的音频支撑，实现对声音的录制、播放，甚至实现对蓝牙小车的语音控制；利用Nexys 4 DDR FPGA开发板的PMOD扩展，实现对摄像头的支持，从而完成录像、播放等功能，并进而在此基础上（部分地）实现小车的智能化。

与蓝牙小车总体架构的3个层次相对应，本书由3个部分构成。

本书的第1部分基于MIPSfpga处理器的硬件平台，重点介绍蓝牙小车的系统硬件。第1部分包括4个实验。前3个实验的目的是使学生了解基于MIPSfpga处理器的硬件平台基本原理和结构，并由学生动手搭建一个较为简单的基于MIPSfpga处理器的硬件平台；第4个实验为MIPSfpga处理器中断处理，该实验为第2部分操作系统的实现奠定重要基础。实验1为硬件平台搭建的实践准备。实验2为基于MIPSfpga的硬件平台搭建。实验3为自定制接口模块的设计。实验4为MIPSfpga硬件平台的中断。

通过第 1 部分给出的 4 个实验,学生应能够完成基于 MIPSfpga 处理器的嵌入式计算机系统。

本书的第 2 部分包含 3 个实验。实验 5 为 Hos-mips 操作系统的构建与运行,要求准备 Hos-mips 操作系统的编译环境,构建能够在 MIPSfpga 硬件平台上运行的操作系统。实验 6 为 Hos-mips 集成开发调试环境安装,要求在 Windows 环境中搭建 Hos-mips 操作系统的开发调试环境。实验 7 为从内核到应用,要求完成在 Hos-mips 操作系统中的 3 个基础实验,以理解从用户态进程到内核态例程的调用路径。通过第 2 部分的学习,学生应能够在基于 MIPSfpga 处理器的硬件平台上运行多任务操作系统 Hos-mips。

本书的第 3 部分包含 4 个实验。实验 8 为蓝牙模块及电动机驱动模块硬件实现,要求对蓝牙小车两个重要的硬件模块,即基于 AXI4 总线接口的蓝牙模块和电动机驱动模块进行设计和实现。实验 9 为蓝牙模块及电动机驱动模块的驱动程序开发,要求在 Hos-mips 操作系统中实现蓝牙模块和电动机驱动模块的驱动程序。实验 10 为设备驱动方式蓝牙小车应用实现,实验 11 为自启动蓝牙小车的实现,这两个实验指导学生完成与蓝牙小车相关的应用设计,最终达到和完成既定的设计目标。

学生还可以以蓝牙小车应用为基础进行扩展,例如,记录小车运行轨迹,在小车运行的过程中播放音乐,自动回避障碍物,等等,以展示这个基于蓝牙小车应用的计算机系统能力综合实践的"两性一度",即高阶性、创新性和挑战度。

本书实验较多,由浅入深;同时内容丰富,层次分明。在教学过程中,教师可以根据学生的具体情况有针对性地选择部分内容开展实验,学生也可以根据自己的学习情况自行选择实验。本书适合作为高等学校计算机相关专业"接口技术""操作系统""嵌入式系统开发""计算机系统能力培养综合实践"等课程的实验教材,也可供 IT 工程技术人员参考。

特别感谢华中科技大学计算机科学与技术学院秦磊华教授、谭志虎教授、吴非教授、胡侃副教授,本书是在秦教授和谭教授的策划与不断鞭策鼓励下完成的,同时他们也在本书的写作过程中提出了许多宝贵的意见和建议。还要特别感谢李若时博士,他为本书做了大量的工作,付出了许多。感谢华中科技大学计算机学院计科 1410 班的蔡春芳同学,她提供了自启动蓝

牙小车的应用实例。感谢华中科技大学计算机学院 2014 级、2015 级、2016 级全体学生，本书大多数实验均经过了他们的多次检验和持续改进。特别感谢 Imagination Community 对本书相关实验的支持和贡献，正因为有业界无私的教学支持，才能让学生在学习中走得更远。最后，感谢在编者身后默默支持的家人，谢谢他们！

限于编者水平，书中难免存在错误和疏漏之处，敬请同行和广大读者批评指正。编者邮箱：hudq024@hust.edu.cn。

编　者

2021 年 6 月

CONTENTS

目录

CONTENTS

CONTENTS

CONTENTS

第1章　实验1：硬件平台搭建的实践准备

1.1　实验目的

本实验为硬件平台搭建所需的基本工具介绍、安装和简单使用，学生需要通过安装并测试相关开发软件和工具，初步熟悉搭建基于MIPSfpga处理器的硬件平台的开发环境的过程。

为了完成一个简单的基于MIPSfpga处理器的硬件平台的搭建，学生需要按照下述步骤完成相应的实验：

(1) 安装Xilinx公司的Vivado FPGA硬件开发环境、OpenOCD嵌入式调试工具和MIPS MTI交叉编译环境。

(2) 将提供的现成的硬件平台比特流文件(bitstream)通过Vivado烧写到Nexys 4 DDR FPGA开发板，并观察其运行。

(3) 利用搭建的交叉编译环境和make工具，对本实验提供的现成的应用软件进行编译，生成ELF程序，通过JTAG调试接口将该ELF程序下载到已经烧写好比特流文件的Nexys 4 DDR FPGA开发板，并观察其运行。

(4) 通过JTAG调试接口，利用GDB调试工具对程序进行调试。

学生将通过以上工作，初步了解Vivado开发环境的使用，了解OpenOCD及其JTAG调试接口，了解基于MIPSfpga处理器的硬件平台进行管理和调试的工作原理，了解MIPS MTI交叉编译环境提供的不同机器平台源码到MIPS目标机器可运行代码的生成过程。

1.2　实验内容

1.2.1　开发环境搭建

1. Vivado安装

这里以安装Xilinx公司的开发工具套件Vivado 2015.2为例。具体安装步骤如下：

(1) 从Xilinx公司的官方网站下载Vivado 2015.2的安装包(下载地址：https://www.xilinx.com/support/download/index.html/content/xilinx/en/downloadNav/Vivado-design-tools/archive.html)。下载完成后，将Vivado安装包解压。Vivado安装包目录结构如图1-1所示。双击xsetup.exe，执行该文件。安装前请先关闭所有反病毒安全软件。对于Windows 10操作系统，需要以管理员权限执行该文件。

(2) 安装程序启动后，会弹出Vivado安装向导界面和A Newer Version Is Available对话框，如图1-2所示。在该对话框中单击Continue按钮。

(3) 在阅读许可协议界面中选择I Agree复选框，如图1-3所示，然后单击Next按钮。

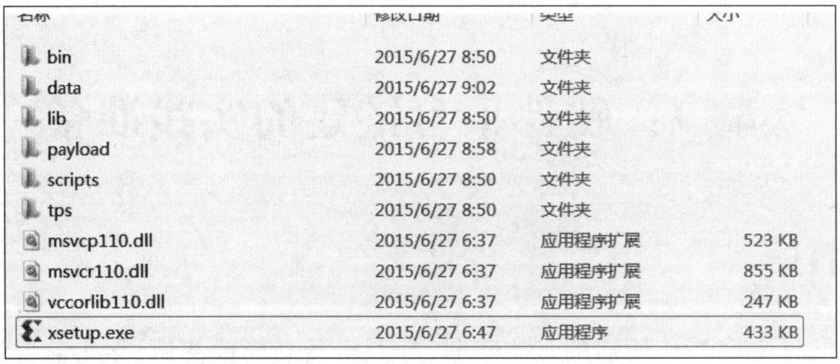

名称	修改日期	类型	大小
bin	2015/6/27 8:50	文件夹	
data	2015/6/27 9:02	文件夹	
lib	2015/6/27 8:50	文件夹	
payload	2015/6/27 8:58	文件夹	
scripts	2015/6/27 8:50	文件夹	
tps	2015/6/27 8:50	文件夹	
msvcp110.dll	2015/6/27 6:37	应用程序扩展	523 KB
msvcr110.dll	2015/6/27 6:37	应用程序扩展	855 KB
vccorlib110.dll	2015/6/27 6:37	应用程序扩展	247 KB
xsetup.exe	2015/6/27 6:47	应用程序	433 KB

图 1-1　Vivado 安装包目录结构

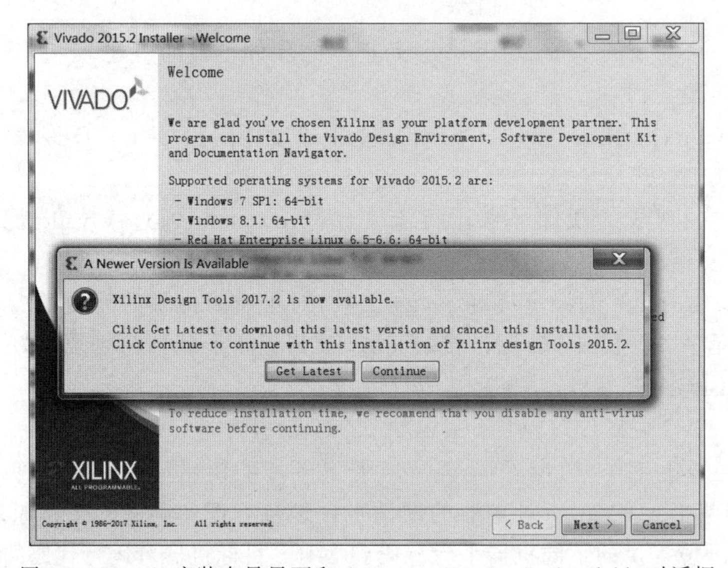

图 1-2　Vivado 安装向导界面和 A Newer Version Is Available 对话框

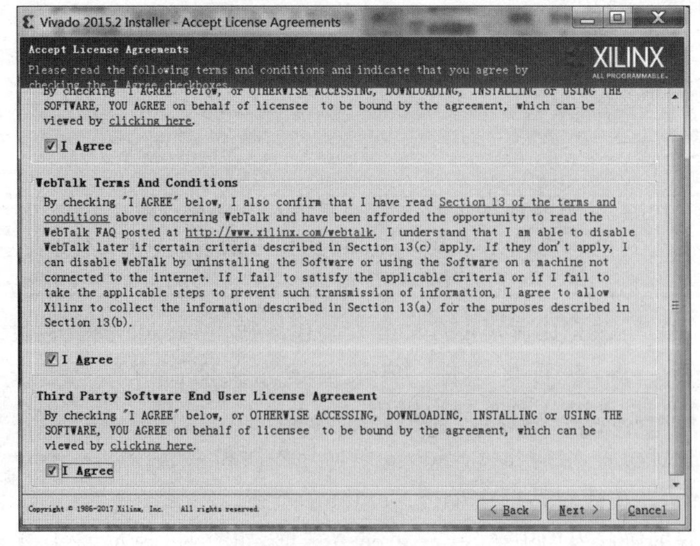

图 1-3　阅读许可协议

（4）在选择安装版本界面中选择 Vivado Design Edition 单选按钮，如图 1-4 所示，然后单击 Next 按钮。

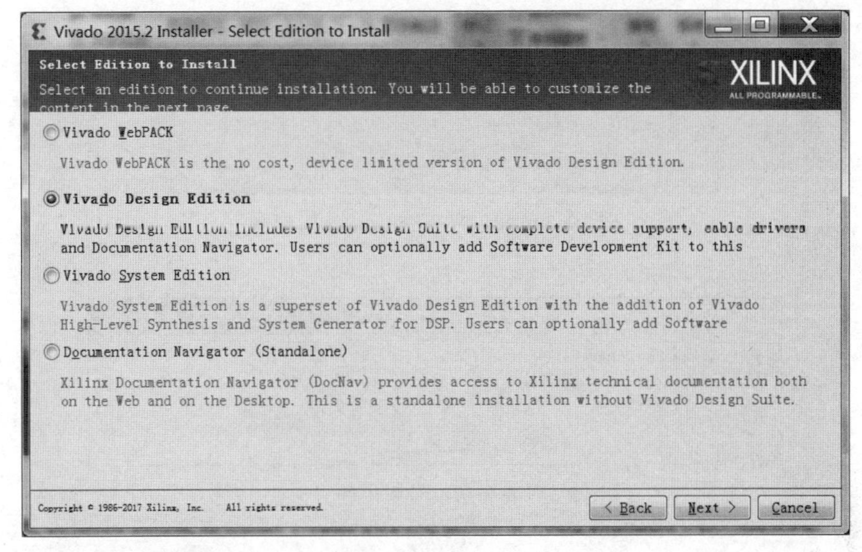

图 1-4　选择安装版本

（5）在安装路径选择界面中接受默认设置即可，如图 1-5 所示。此处可以自行设置安装路径，但是必须注意，安装路径中不要包含中文和空格，然后单击 Next 按钮。

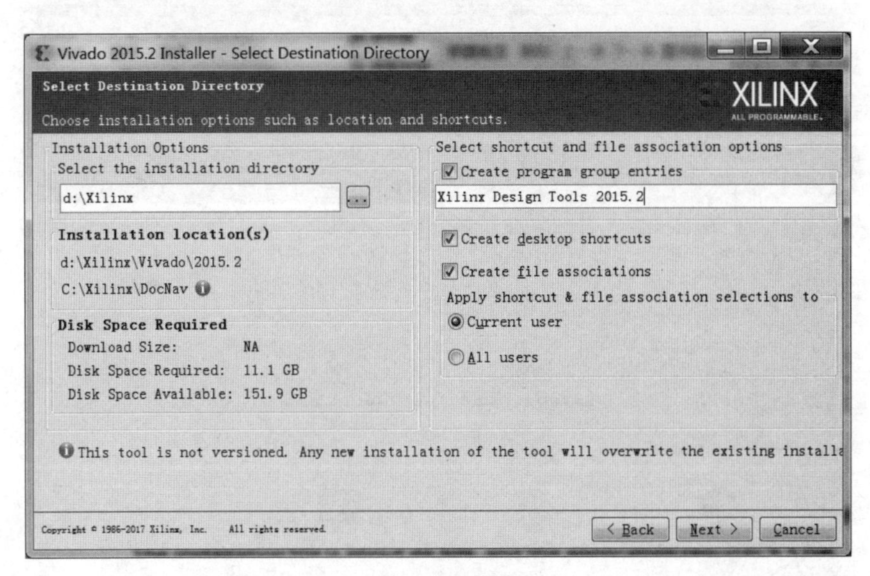

图 1-5　安装路径选择

（6）在安装过程中会弹出 Cable Driver Installer 对话框，如图 1-6 所示。这时应先确认计算机与所有 USB 和开发板的连接都已经断开，然后单击 OK 按钮，返回安装向导，继续安装。

（7）Vivado 安装完成后会弹出一个对话框，提示用户添加设备和工具的方法，如图 1-7

所示。可以到 Xilinx 官方网站申请相应的使用许可。此处单击 OK 按钮,完成安装。

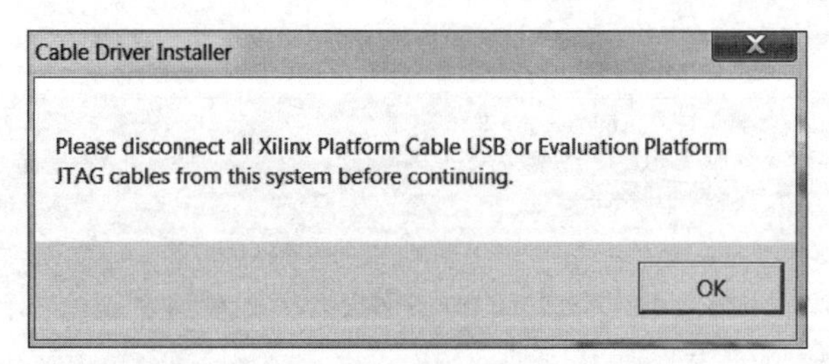

图 1-6 Cable Driver Installer 对话框

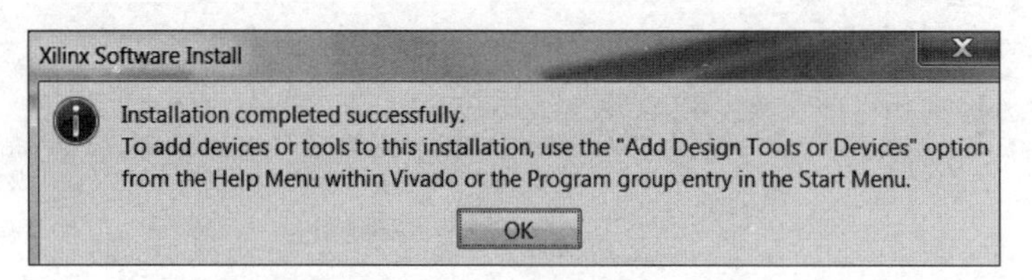

图 1-7 安装结束时弹出的对话框

至此,Vivado 2015.2 安装完成。双击桌面的 Vivado 2015.2 图标,检查 Vivado 能否正常运行。如果 Vivado 安装成功,会显示如图 1-8 所示的界面。

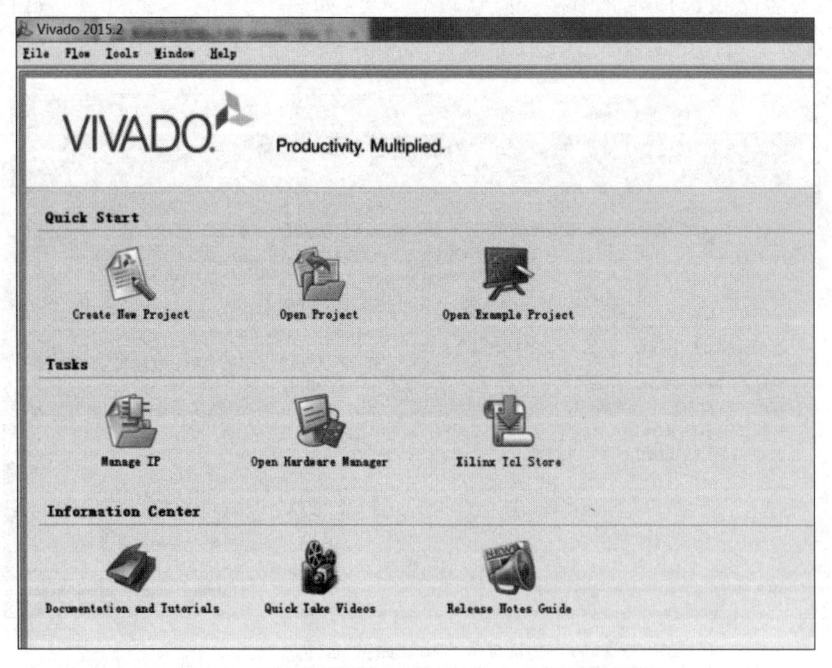

图 1-8 Vivado 安装成功后首次启动的初始界面

2. OpenOCD 和 MIPS MTI 安装

基于 MIPSfpga 处理器的硬件平台使用 OpenOCD 作为调试工具(可以到 MIPS 的官方网站下载需要的 OpenOCD 版本,下载地址: https://www.mips.com/downloads/,最好下载离线安装版本)，使用 MIPS MTI 交叉编译器作为软件开发工具(下载地址：https://www.mips.com/downloads/)。

这里以 OpenOCD-0.9.2 版本为例说明其具体的安装方法，步骤如下：

(1) 运行 OpenOCD-0.9.2-Installer.exe，会弹出一个对话框，询问用户是否允许未知发布商对用户的计算机进行更改，单击 Yes 按钮。接着会弹出如图 1-9 所示的对话框，在其中选择要安装的组件，只保留 OpenOCD，去除对 Install codescape-mips-sde 复选框的勾选，然后单击 Next 按钮。

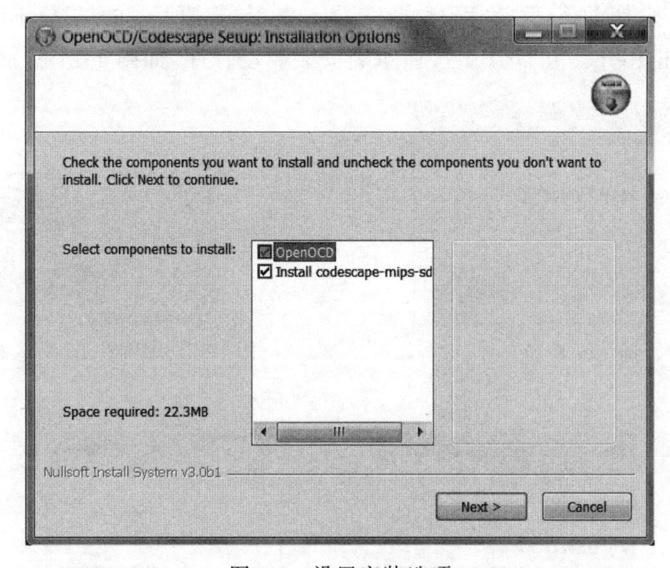

图 1-9　设置安装选项

(2) 选择安装路径，建议安装到如图 1-10 所示的默认路径。单击 Next 按钮，在弹出的提示框中单击 Yes 按钮，确认安装 OpenOCD，如图 1-11 所示。

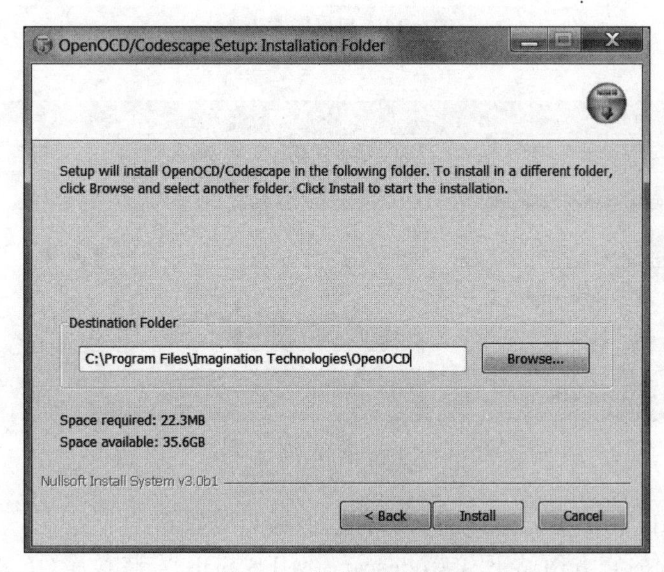

图 1-10　选择安装路径

接下来是安装调试器驱动程序，具体操作步骤如下：

(1) 在 OpenOCD 的安装路径（这里是默认的安装路径，即 C:\Program Files\Imagination Technologies\OpenOCD）下找到 zadig_2.2.exe 文件或者更高的版本（如果该路径下只有 zadig_2.1.1.exe，则先运行 zadig_2.1.1.exe，然后选择更新安装，下载最新的版本）。

(2) 将 MIPSfpga 调试器（图 1-12）通过 USB 连接到主机上。运行 zadig_2.2.exe 或更高的版本，选择 BUSBLASTERv3c(Interface 0)进行调试器驱动程序安装。如果下拉列表中没有该设备，则先选择 Options 菜单，再选择 List All Devices 命令，如图 1-13 所示，然后单击 Install Driver 按钮进行驱动程序的安装。安装成功后，再选择 BUSBLASTERv3c(Interface 1)，单击 Reinstall Driver 按钮重新安装驱动程序，如图 1-14 所示。

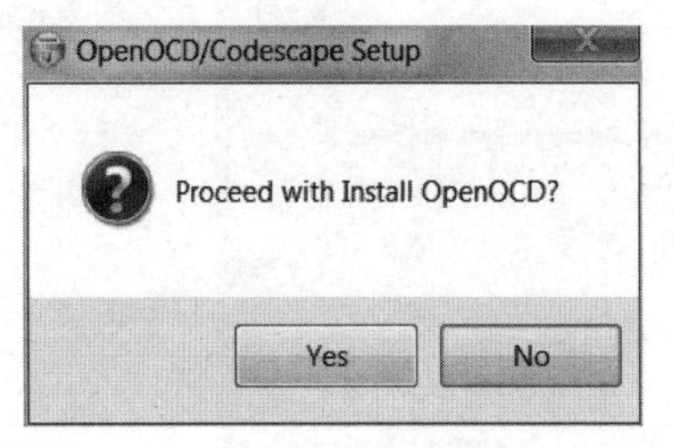

图 1-11　确认安装 OpenOCD

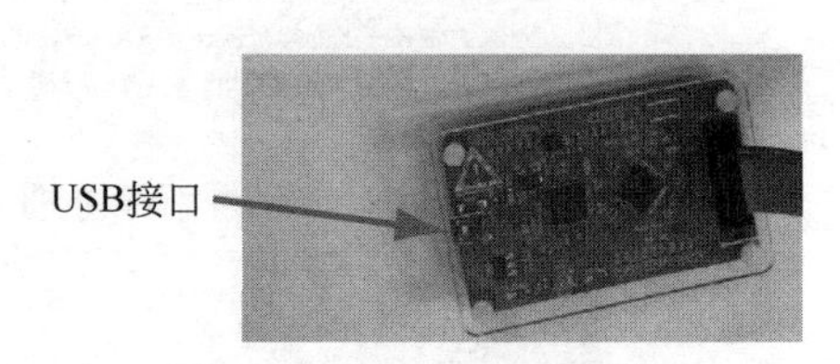

图 1-12　MIPSfpga 调试器

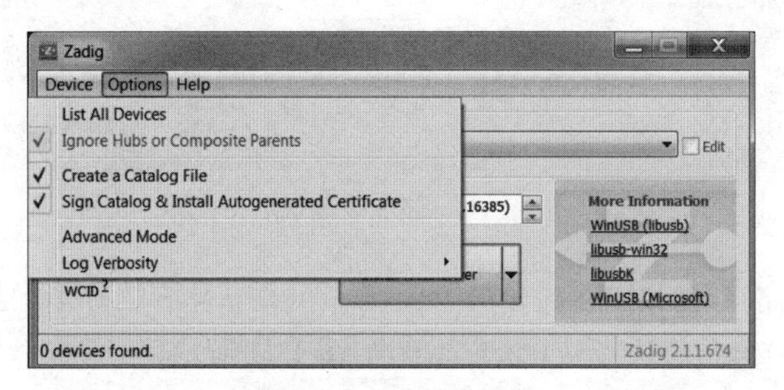

图 1-13　列出所有设备

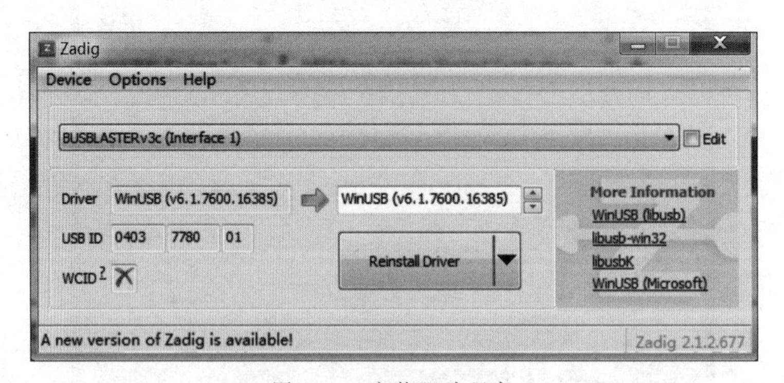

图 1-14　安装驱动程序

最后，安装 MIPS MTI 交叉编译开发环境，具体步骤如下：

(1) 到 MIPS 的官方网站下载 Codescape MIPS SDK 安装程序（下载地址：https://

www.mips.com/develop/tools/codescape-mips-sdk/)。这里下载的是在线安装程序 mipssdk.v2.0.0k.windows.x64.webinstall。

(2) 下载完成后，运行安装程序，在安装向导的选择组件界面中仅勾选 MSYS MinGW runtime 和 Documentation 复选框，如图 1-15 所示，然后单击 Next 按钮。

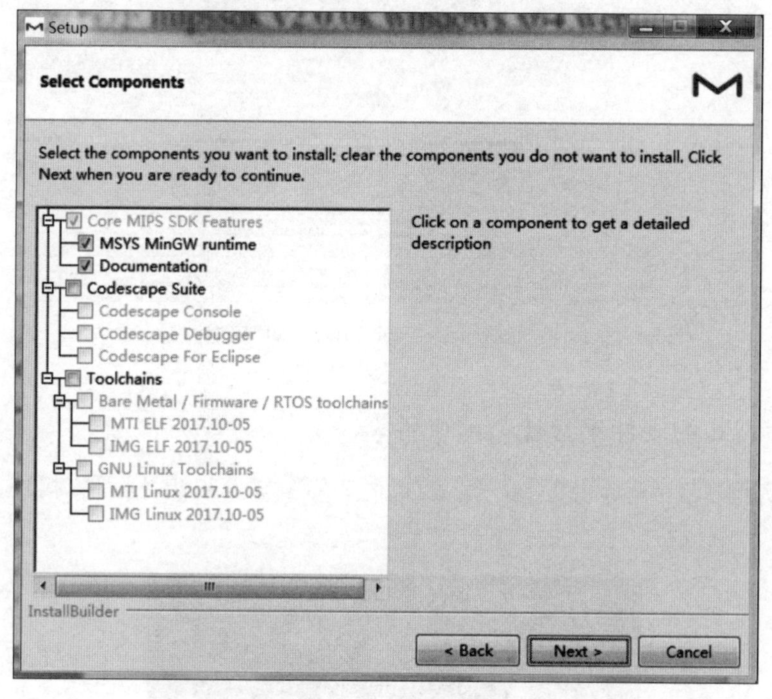

图 1-15 选择组件

(3) 在选择安装路径界面中选择与 OpenOCD 相同的安装路径，这里为 C:\Program Files\Imagination Technologies，如图 1-16 所示。其他选项都保留默认值。单击 Next 按钮，完成 Codescape MIPS SDK 的安装。

(4) 到 MIPS 的官方网站下载合适版本的工具链，这里选择的版本号是 2017.10-08(下载地址为 https://codescape.mips.com/components/toolchain/2017.10-08/downloads.html)。

(5) 在 OpenOCD 的安装路径(即 C:\Program Files\Imagination Technologies)中新建一个名为 Toolchains 的文件夹，然后将下载的工具链解压到该文件夹下。

(6) 在主机的操作系统中设置相应的环境变量，即添加 MIPS_ELF_ROOT=C:\Program Files\Imagination Technologies\Toolchains\mips-mti-elf\2017.10-08，同时添加两条路径分别指向 MSYS MinGW runtime 和 MIPS Toolchains(即在系统路径中添加 C:\Program Files\Imagination Technologies\Internals\msys\bin 和 C:\Program Files\Imagination Technologies\Toolchains\mips-mti-elf\2017.10-08\bin)。

至此，OpenOCD 嵌入式调试工具和 MIPS MTI 交叉编译开发环境安装完成。

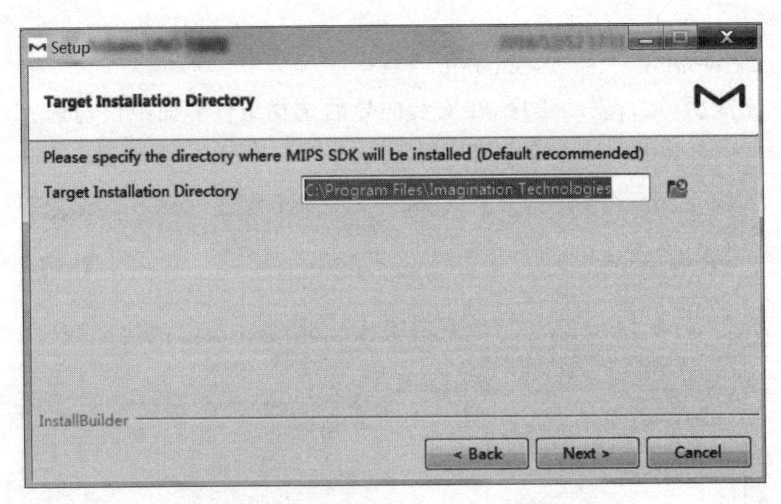

图 1-16　选择 Codescape MIPS SDK 安装目录

1.2.2　烧写现成的硬件平台比特流文件

后面的实验过程中将涉及的 Nexys 4 DDR FPGA 开发板相关器件(接口、开关、按键、跳线等)如图 1-17 所示。

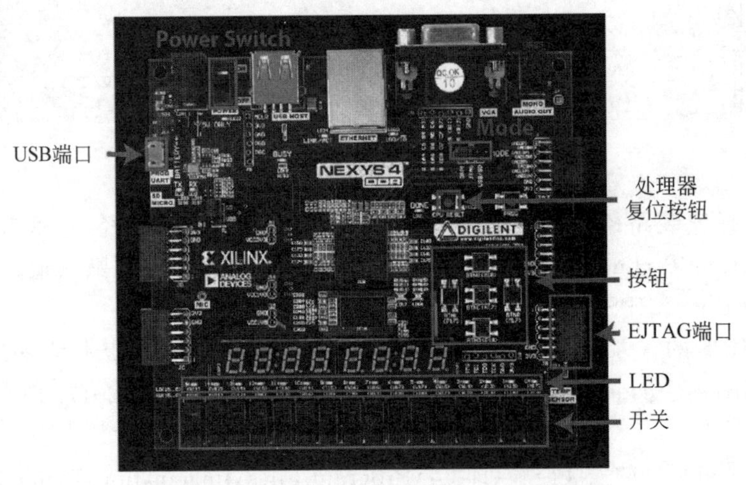

图 1-17　Nexys 4 DDR FPGA 开发板相关器件

具体实验过程按照下述步骤进行:

(1) 如图 1-18 所示,将 FPGA 下载线连接到 Nexys 4 DDR FPGA 开发板的 USB 端口,将 MIPS 调试器通过 PMOD 转接子板连接到 Nexys 4 DDR FPGA 开发板的 EJTAG 端口,然后将 FPGA 下载线和 MIPS 调试器连线的另一端通过 USB 端口连接到主机。在主机 USB 驱动程序安装完成并正确识别设备后,打开 Nexys 4 DDR FPGA 开发板的电源开关(注意 Mode 跳线的位置)。

图 1-18　Nexys 4 DDR FPGA 开发板连接

(2) 启动 Vivado，在左侧的 Flow Navigator（流导航器）中选择 Hardware Manager，打开 Hardware Manager（硬件管理器）窗口，如图 1-19 所示。

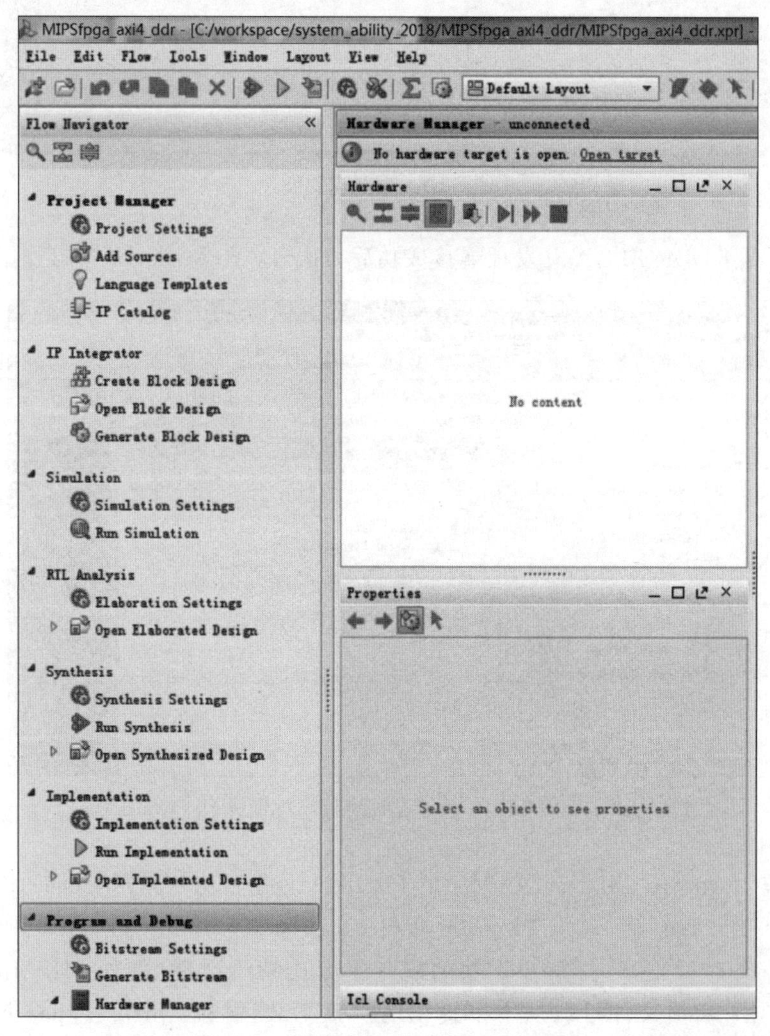

图 1-19　打开 Hardware Manager 窗口

(3) 单击 Open target,在弹出菜单中选择 Auto Connect 或 Open New Target 命令连接 Nexys 4 DDR FPGA 开发板,如图 1-20 所示。

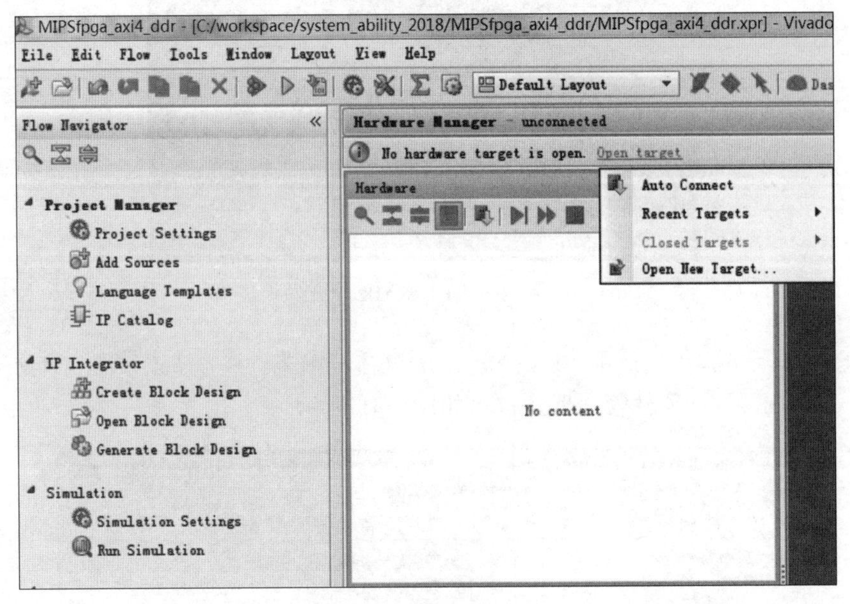

图 1-20　连接开发板

(4) Nexys 4 DDR FPGA 开发板连接成功后,Hardware Manager 窗口如图 1-21 所示。

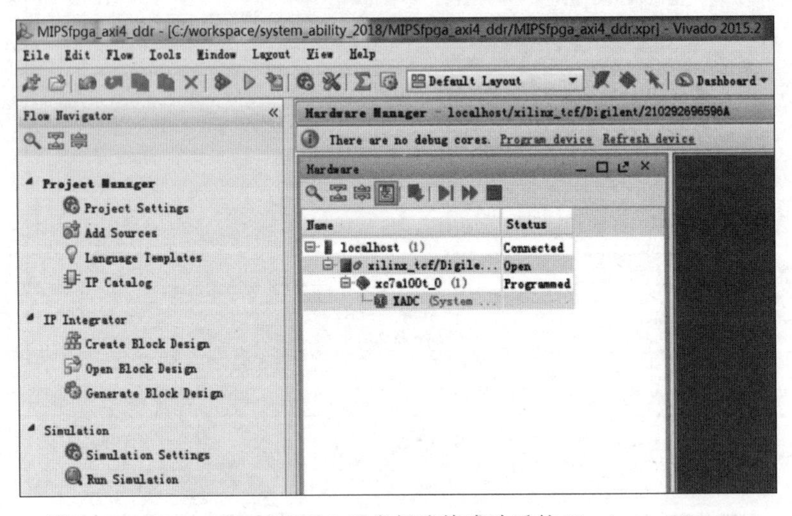

图 1-21　Nexys 4 DDR FPGA 开发板连接成功后的 Hardware Manager

(5) 检查 Hardware Manager 中列出的 FPGA 型号是否与 Nexys 4 DDR FPGA 开发板的芯片型号一致。确认后,单击 Program devices,选择 xc7a100t_0,出现如图 1-22 所示的 Program Device 对话框,选择需要下载的硬件平台比特流文件(例如 MIPSfpga_system_wrapper.bit,该比特流文件可以从本书提供的网盘下载,链接: https://pan.baidu.com/s/1zIplyo9N0XiY6z8sxu6BMw,提取码: r1p7),然后单击 Program 按钮将其下载到 Nexys 4

DDR FPGA 开发板上。

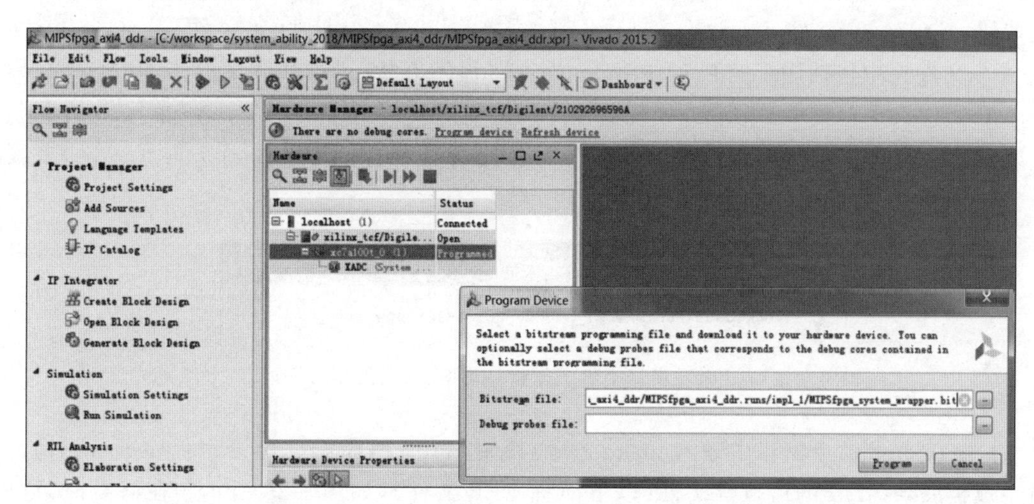

图 1-22 选择比特流文件并将其下载到 Nexys 4 DDR FPGA 开发板上

(6) 此时会出现如图 1-23 所示的比特流文件下载过程进度条。

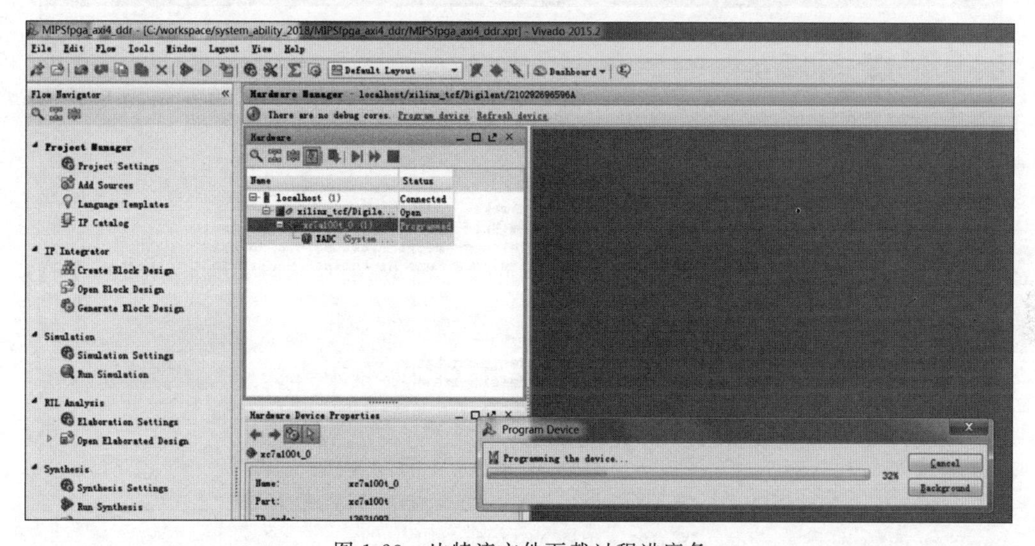

图 1-23 比特流文件下载过程进度条

(7) 比特流文件下载结束后，按 Nexys 4 DDR FPGA 开发板上的处理器复位按钮，启动 MIPSfpga 处理器。

1.2.3 MIPSfpga 处理器程序编译、下载、运行及调试

MIPSfpga 处理器硬件平台比特流文件下载成功后，Nexys 4 DDR FPGA 开发板就变为一个简单的基于 MIPS 处理器的嵌入式平台。系统复位后，它会自动运行固化在存储器中的简单演示程序，可以进行相应的 MIPS 程序编译、下载、运行和调试实验，具体实验步骤如下：

(1) 从本书提供的网盘(链接：https://pan.baidu.com/s/1zIplyo9N0XiY6z8sxu6BMw，提取码：r1p7)下载 Codescape_Scripts 和 MIPSfpga_axi4_C 两个文件夹。Codescape_Scripts 文件夹中包括用于控制 MIPSfpga 处理器程序下载、运行和调试的脚本，MIPSfpga_axi4_C 文件夹中包括 MIPSfpga 处理器程序的源代码。

(2) 在主机中打开 cmd 命令窗口，将工作路径切换到 MIPSfpga_axi4_C 文件夹，如图 1-24 所示。

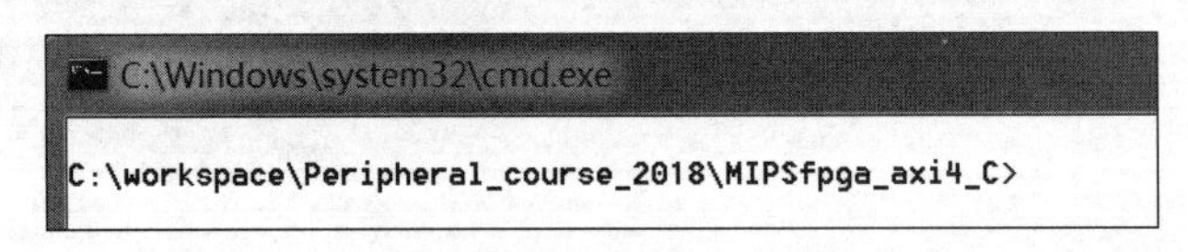

图 1-24　在 cmd 命令窗口中将工作路径切换到 MIPSfpga_axi4_C 文件夹

(3) 在 cmd 命令窗口中输入 make 命令，使用 MIPS 编译器对 C 语言程序进行编译，同时生成扩展名为.elf 的可执行文件(以下简称 ELF 文件)，如图 1-25 所示。在必要时，可以使用 make clean 命令将编译的结果清除。

```
C:\Windows\system32\cmd.exe

C:\workspace\Peripheral_course_2018\MIPSfpga_axi4_C>make clean
rm -f FPGA_Ram_dasm.txt
rm -f FPGA_Ram_modelsim.txt
rm -f FPGA_Ram_map.txt
rm -f FPGA_Ram.rec
rm -f FPGA_Ram.elf
rm -f *.o
rm -rf MemoryFiles

C:\workspace\Peripheral_course_2018\MIPSfpga_axi4_C>make
mips-mti-elf-gcc -O2 -g -EL -c -msoft-float -march=m14kec -msoft-float boot.S -o boot.o
mips-mti-elf-gcc -O2 -g -EL -c -msoft-float -march=m14kec -msoft-float main.c -o main.o
mips-mti-elf-gcc  -T FPGA_Ram.ld -EL -nostdlib -mno-mips16 -mno-micromips -msoft-float -march=m14kec
ap.txt main.o -o FPGA_Ram.elf
mips-mti-elf-size FPGA_Ram.elf
   text    data     bss     dec     hex filename
   1504       0       0    1504     5e0 FPGA_Ram.elf
mips-mti-elf-objdump -d -S -l FPGA_Ram.elf > FPGA_Ram_dasm.txt
mips-mti-elf-objdump -d FPGA_Ram.elf > FPGA_Ram_modelsim.txt
mips-mti-elf-objcopy FPGA_Ram.elf -O srec FPGA_Ram.rec

C:\workspace\Peripheral_course_2018\MIPSfpga_axi4_C>
```

图 1-25　编译 MIPS 的 C 语言程序

(4) C 语言程序编译好后，再打开一个 cmd 命令窗口，将工作路径切换到 Codescape_Scripts 文件夹，如图 1-26 所示。

图 1-26　在 cmd 命令窗口中将工作路径切换到 Codescape_Scripts 文件夹

（5）在 cmd 命令窗口中输入如下命令：

```
loadMIPSfpga.bat C:\workspace\Peripheral_course_2018\MIPSfpga_axi4_C
```

loadMIPSfpga.bat 是一个用于将 ELF 文件通过调试器下载到 MIPSfpga 处理器的批处理文件。在上面的命令中，loadMIPSfpga.bat 后面是要下载的 ELF 文件指定的路径，这里为 C:\workspace\Peripheral_course_2018\MIPSfpga_axi4_C，如图 1-27 所示。

图 1-27　执行下载 ELF 文件的批处理文件

（6）输入上面的命令后按回车键，会弹出两个新的窗口，如图 1-28 所示。这两个窗口分别是 OpenOCD 打开的 MIPSfpga 内存控制窗口和 mips-mti-elf-gdb 调试窗口。

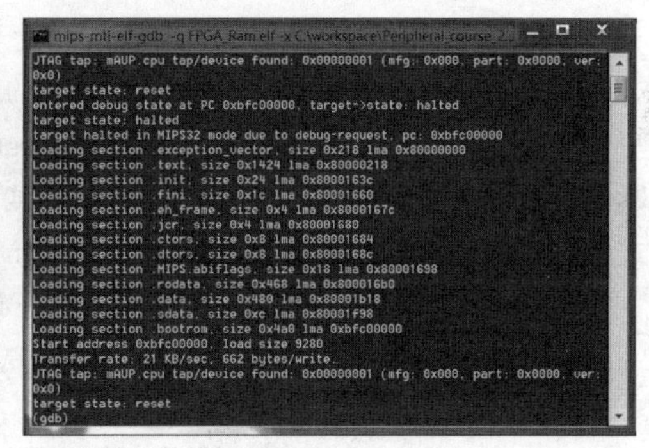

图 1-28　MIPSfpga 内存控制窗口和 mips-mti-elf-gdb 调试窗口

（7）为了与 MIPSfpga 处理器通信，在主机上要打开一个串口终端（例如 PuTTY.exe），选择串口（端口号可在 Windows 的设备管理器中查到），并将波特率设置为 115 200 baud。

（8）在 mips-mti-elf-gdb 调试窗口中可以输入 GDB 命令，对程序进行调试。

1.3　实验背景及原理

1.3.1　Vivado 集成开发环境

Vivado 设计套件是 Xilinx 公司 2012 年发布的集成设计环境，包括高度集成的设计环境和新一代从系统级到 IC 级的工具。Vivado 设计套件建立在共享的可扩展数据模型和通用调试环境基础上，是一个基于 AMBA AXI4 互联规范、IP-XACT IP 封装元数据、工具命令语言（Tool Command Language，TCL）、Synopsys 设计约束（Synopsys Design Constraints，SDC）以及其他有助于根据用户需求量身定制设计流程并符合业界标准的开放式环境。

Vivado 设计套件是一种以 IP 模块和系统为中心的 SoC 增强型开发环境，用于解决系统级集成和实现工作中的生产力瓶颈问题。这套设计工具专为系统设计团队开发，旨在帮助设计团队在较少的器件中集成更多的系统功能，同时提升系统性能，降低系统功耗，降低成本。其技术特性具体体现在以下 3 方面：

（1）用于设计和仿真的集成设计环境。Vivado 设计套件提供完整的全集成成套工具，用于在先进的集成设计环境（Integrated Development Environment，IDE）中完成设计输入、时序分析、硬件调试和仿真工作。由于 VHDL 时序仿真是基于 VITAL（VHDL Initiative Towards ASIC Libraries，面向 ASIC 的 VHDL 模型基准）的仿真，该标准速度很慢，限制性较大，且已长期未进行更新，因此 Vivado 仅为 Verilog HDL 的时序仿真提供支持。但是，Vivado 还是为 Verilog HDL 和 VHDL 以及混合语言提供了功能仿真支持。对集成众多厂商提供的 IP 的系统设计来说，混合语言仿真器至关重要。Vivado 设计套件的仿真和调试使用相同的波形观测仪，这样从仿真环境切换到硬件调试环境后就不需要重新学习。

（2）综合而全面的硬件调试。Vivado 设计套件的探测方法直观、灵活、可重复。设计人员可选择最适合自己设计流程的探测策略，例如 RTL 设计文件、综合设计和 XDC 约束文件、网表以及用于自动运行探测的互动式 TCL 或脚本。

（3）基于模块的 IP 集成。Vivado 设计套件提供了即插即用 IP 集成设计环境——Vivado IP 集成器，突破了 RTL 设计生产力的局限性。Vivado IP 集成器提供图形化、脚本编写（TCL）、生成即保证正确（correct-by-construction）的设计开发流程。此外，它还提供具有器件和平台意识的环境以及强大的集成调试功能，能支持主要 IP 接口的智能自动连接、一键式 IP 子系统生成、实时设计规则检查（Design Rule Check，DRC）和接口修改传递等功能。

使用 Vivado 集成设计环境一般遵循以下设计流程：

（1）启动 Vivado，使用 Verilog HDL（或 VHDL）创建一个 Vivado 工程。

（2）选择合适的 FPGA 器件或开发板。

（3）通过 Add Sources（添加源文件）菜单命令添加设计文件（也可以在创建工程后再添加）。

（4）输入电路设计后，选择 RTL Analysis（RTL 分析）菜单命令可对设计进行 RTL 分析，显示电路的原理图。

（5）通过 Add Sources 菜单命令添加仿真文件，然后使用 Vivado 仿真器进行功能仿真。如果 Vivado 仿真器不能正常启动，可在 Vivado 集成设计环境界面下方的 TCL Console 窗口查看相关的错误信息。

（6）功能仿真正确后，可选择 Run Synthesis（运行综合）菜单命令，对设计进行综合并生成电路的网表。综合过程中的错误或警告信息可在 Vivado 集成设计环境界面下方的 Messages 窗口查看。

（7）综合成功后，将弹出一个带有 3 个选项的 Synthesis Completed（综合完成）对话框。选择 Open Synthesized Design（打开被综合的设计）选项，可以电路综合输出进行观察。

（8）通过 Add Sources 菜单命令添加约束文件。约束文件的主要作用是将电路的输入输出绑定到 FPGA 器件对应的引脚上。

（9）选择 Run Implementation（运行实现）菜单命令完成电路的布局、布线。这一过程中的错误或警告信息可在 Vivado 集成设计环境界面下方的 Messages 窗口查看，这时的错误通常是由于引脚绑定不正确造成的。检查约束文件，看是否引脚绑定有遗漏或不正确，是否引脚电压标准设置不正确。修改约束文件后，再次选择 Run Implementation 菜单命令。

(10) 运行实现操作完成后，将弹出一个带有 3 个选项的 Implementation Completed（完成的实现）对话框。当需要以器件视图表的形式查看已实现的设计时，选择 Open implemented design（打开已实现的设计）菜单命令。

(11) 选择 Project Summary（工程概要）标签观察结果。主要是察看 FPGA 资源消耗情况，以及电路设计能否满足时序要求。

(12) 选择 Run Simulation→Run Post-Implementation Timing Simulation（运行仿真→运行实现后时序仿真）菜单命令进行时序仿真。

(13) 时序仿真正确后，选择 Generate Bitstream（生成比特流）菜单命令为设计生成可下载到 Nexys 4 DDR FPGA 开发板进行验证的编程文件。

(14) 连接 Nexys 4 DDR FPGA 开发板并上电。选择 Open Hardware Manager（打开硬件管理器）选项。Vivado 连接上 Nexys 4 DDR FPGA 开发板后，选择 Program Device，然后选择对应的器件，对目标 FPGA 设备编程。

(15) 如果设计在 Nexys 4 DDR FPGA 开发板上验证正确，则设计完成；否则需要返回上面的相应步骤，对设计进行修改。修改后的设计可以按照上面的步骤再次手动执行，也可以直接跳到希望运行的步骤，这时 Vivado 会自动按照预定的顺序运行。

1.3.2 OpenOCD 和 JTAG 工作原理

1. OpenOCD 调试器

OpenOCD 即开放式片上调试器（Open On-Chip Debugging），旨在为嵌入式目标器件提供调试、系统内编程和边界扫描测试功能。OpenOCD 需要在调试适配器的帮助下使用，调试适配器是一个小型硬件模块，它可向要调试的目标器件提供正确的调试信号。由于调试主机（即运行 OpenOCD 的 PC）通常不会对此类信号提供本机的支持，所以需要这类调试适配器与嵌入式目标器件进行连接来提供。这种调试适配器通常支持一个或多个传输协议，每个传输协议涉及不同的电信号，并且在该信号上使用不同的消息传输协议。调试适配器有很多种类，调用的方式繁多，而且还有产品命名方面的差异。调试适配器有时被打包为分立的保护器，此时通常被称为硬件接口保护器。一些开发板也会直接集成这样的硬件接口，使得开发板通过 USB 可以直接连接到调试主机（有时也同时通过 USB 为其供电）。例如，JTAG 适配器支持 JTAG 信号，并用于与目标板上的 JTAG（IEEE 1149.1）兼容的 TAP 通信。TAP 意为测试访问端口（Test Access Port），是一个处理特殊指令和数据的模块。TAP 在芯片和电路板之间以及芯片之间进行链式连接。JTAG 是支持调试和边界扫描操作和 SWD（Serial Wire Debug，串行线调试）传输的调试适配器，通过 SWD 调试适配器支持串行线调试信号与一些较新的 ARM 内核通信。但是 SWD 仅支持调试，而 JTAG 还支持边界扫描操作。对于一些芯片，还有编程适配器，它仅支持特殊传输，用于将代码写入闪存，但不支持片上调试或边界扫描（在本书中，OpenOCD 不支持此类非调试适配器）。

OpenOCD 是一个开源的 JTAG 上位机程序，目前支持多种芯片，并且支持的芯片还在不断增加中。OpenOCD 支持的编程工具主要是基于并口的 JTAG 工具和基于 FT2232 串口的 JTAG 工具。当然，由于 OpenOCD 的源代码都是公开的，并且可以自己编译，所以用户增加自己定义的工具的驱动程序也是相当容易的。

OpenOCD 需要针对不同的 JTAG 工具和不同的目标芯片建立一个配置文档。一般而言,该配置文档由 4 个部分构成:

(1) 各个接口的端口(如 telnet_port、gdb_port、tcl_port 等)定义。

(2) JTAG 工具的定义。

(3) 目标的定义。

(4) 脚本的定义。

接口的端口定义一般如下(非特殊情况无须修改):

```
telnet_port 4444
gdb_port 3333
tcl_port 6666
```

JTAG 工具的定义一般在工具的主页里会提供,而且会提供针对不同芯片的定义(无须修改)。针对芯片的 JTAG 工具的定义是用来告诉 OpenOCD 工具 JTAG 链是如何连接的(即以什么顺序链接了哪些目标芯片)。

脚本的定义对于最新版本的 OpenOCD 尤为重要,这是因为最新的 OpenOCD 去掉了一些配置,而使用脚本的方式来实现。脚本主要实现了如何操作目标芯片,不同的目标芯片的操作方式有区别。对于 OpenOCD 基本上可以使用现成的一些配置,一般在使用的 JTAG 工具的主页上可以找到。可以直接调用 openocd.exe 程序启动 OpenOCD,该程序会(默认)自动寻找 openocd.cfg 文件作为配置文件。当然,也可以使用-f 参数指定要使用的配置文件。如果需要配合 Makefile 来实现编译完成后自动下载固件的功能,可以使用 OpenOCD 配置文件的脚本配置部分,以脚本的方式实现固件的自动下载。

如果需要使用 GDB 或者手动操作目标设备,在配置文件的脚本配置部分只需要插入初始化目标芯片的脚本即可,然后就可以通过 Telnet、GDB 或者 TCL 连接 OpenOCD。

2. JTAG 边界扫描

JTAG 是英文 Joint Test Action Group(联合测试行动组织)的缩写,该组织成立于 1985 年,是由几家主要的电子制造商发起制定的 PCB 和 IC 测试标准。JTAG 于 1990 年被 IEEE 批准为 IEEE 1149.1—1990 测试访问端口和边界扫描结构标准。该标准规定了进行边界扫描需要的硬件和软件。该标准被批准后,IEEE 分别于 1993 年和 1994 年对其作了补充,形成了现在使用的 IEEE 1149.1a—1993 和 IEEE 1149.1b—1994 标准。JTAG 主要应用于电路的边界扫描测试和可编程芯片的在线系统编程。

1) 协议标准

JTAG 也是一种国际标准测试协议(与 IEEE 1149.1 兼容),主要用于芯片内部测试。现在多数高级器件都支持 JTAG 协议,如 DSP、FPGA、ARM 处理器、部分单片机等。标准的 JTAG 接口由 4 根信号线构成,分别是 TMS(测试模式选择)、TCK(测试时钟)、TDI(测试数据输入)和 TDO(测试数据输出)。JTAG 也可以有 5 个引脚,分别是:TCK,测试时钟输入;TDI,测试数据输入,数据通过 TDI 引脚输入 JTAG 接口;TDO,测试数据输出,数据通过 TDO 引脚从 JTAG 接口输出;TMS,测试模式选择,用来设置 JTAG 接口处于某种特定的测试模式；TRST，测试复位，为输入引脚，低电平有效。

TI公司还定义了一种名为SBW-JTAG的接口，用来在引脚较少的芯片上利用最少的引脚来实现JTAG接口，它只需要使用两根信号线，即SBWTCK和SBWTDIO；而在实际使用中，一般还是通过4根信号线连接，分别是VCC、SBWTCK、SBWTDIO和GND。这样就可以很方便地实现连接，又不会占用大量的芯片引脚。

JTAG最初是用来对芯片进行测试的。其基本原理是：在器件内部定义一个测试访问端口，然后通过专用的JTAG测试工具对内部节点进行测试。在进行JTAG测试时，允许多个器件通过JTAG接口串联在一起，形成一个JTAG链，这样就能够对多个器件分别进行测试。现在，JTAG接口还常用于实现ISP（In-System Programmable，直译为在系统可编程，一般称为在线编程），用来对闪存等器件进行编程。

JTAG编程方式是在线编程，JTAG的出现改变了传统生产中先对芯片进行预编程再装到电路板上的流程。按照简化后的流程，可以先将器件固定到电路板上，再用JTAG编程，从而大大加快生产进度。JTAG接口也可对DSP芯片内部的所有部件进行编程。

在硬件结构上，JTAG接口包括两部分：JTAG端口和控制器。与JTAG接口兼容的器件可以是微处理器、微控制器、PLD、CPL、FPGA、DSP、ASIC或其他符合IEEE 1149.1标准的芯片。IEEE 1149.1标准中规定，对应于数字集成电路芯片的每个引脚都设有一个移位寄存单元，称为边界扫描单元（Boundary Scan Cell，BSC）。它将JTAG电路与内核逻辑电路联系起来，同时隔离内核逻辑电路和芯片引脚。由集成电路的所有边界扫描单元构成边界扫描寄存器（Boundary Scan Register，BSR）。边界扫描寄存器电路仅在进行JTAG测试时有效，在集成电路正常工作时无效，从而不会影响集成电路的功能。

2）扫描技术

JTAG采用边界扫描技术。边界扫描测试是在20世纪80年代中期作为解决电路板物理访问问题而发展起来的，该问题是由于新的封装技术使得电路板装配日益拥挤而产生的。边界扫描是在芯片级层次上直接嵌入测试电路，以形成全面的电路板级测试协议。利用边界扫描甚至能够对最复杂的电路装配进行测试、调试以及在线编程，并且诊断出硬件的问题。

边界扫描的优点如下：通过提供对扫描链的I/O的访问，可以消除或极大地减少对电路板上物理测试点的需要，这样就能显著节约成本。因为此时电路板布局更简单，测试夹具更廉价，电路中的测试系统耗时更少，标准接口的使用增加，上市时间更快。除了可以进行电路板测试之外，边界扫描允许在电路板贴片之后，在电路板上对几乎所有类型的可编程器件和闪存进行编程，无论其尺寸或封装类型如何。在线编程可通过降低设备处理时间、简化库存管理和在电路板生产线上集成编程步骤来节约成本并提高产量。

边界扫描原理如下：IEEE 1149.1标准规定了一个4线串行接口（第5根线可选），该接口称作测试访问端口，用于访问复杂的集成电路，例如微处理器、DSP、ASIC、CPLD和FPGA。除测试访问端口外，还包含移位寄存器和状态机，以执行边界扫描功能。从TDI引脚输入芯片中的数据存储在指令寄存器中或某个数据寄存器中，串行数据通过TDO引脚离开芯片。边界扫描逻辑由TCK引脚进行计时，TMS引脚则驱动测试访问端口控制器的状态，TRST引脚（可选）实现测试重置。

3）接口解读

通常所说的JTAG大致分为两类：一类用于测试芯片的电气特性，检测芯片是否有问题；另一类用于调试。

一般来说，支持JTAG功能的CPU内部都有这两个模块。对于一个含有JTAG调试接口模块的CPU，只需要提供正常的时钟，就可以通过JTAG接口访问CPU的内部寄存器以及连接到CPU总线上的设备(例如闪存，RAM或UART、Timers、GPIO等接口中的寄存器)。

CPU中包含上述JTAG接口只表明它具备了调试能力，要使用这些功能，还需要软件的配合，具体实现的功能则由软件决定。例如，需要下载程序到嵌入式系统的RAM中时，首先要根据该嵌入式系统外接RAM的情况及相应的数据手册提供RAM的基地址、总线宽度、访问速度等信息。有些时候系统采用了虚地址，则还要进行必要的地址变换，才能完成程序的正常下载。当嵌入式系统运行固件时，上述设置可以由固件的初始化程序来完成；但是如果使用JTAG接口来进行，通常会失败，这是因为相关的寄存器还处于上电的默认值，要先完成设置才行。

下面以AT91M40800为例进行说明，假设需要完成以下命令序列：关闭中断、设置CS0-CS3寄存器并进行地址变换。

如果使用ADW(SDT自带的调试器，SDT是ARM公司为方便用户在ARM芯片上进行应用软件开发而推出的一整套集成开发工具)，在Console窗口通过let命令进行设置：

```
let 0xfffff124=0xFFFFFFFF  ---关闭所有中断
let 0xffe00000=0x0100253d  ---设置 CS0
let 0xffe00004=0x02002021  ---设置 CS1
let 0xffe00008=0x0300253d  ---设置 CS2
let 0xffe0000C=0x0400253d  ---设置 CS3
let 0xffe00020=1           ---地址变换
```

如果使用的是AXD(ADS自带的调试器，ADS是ARM公司推出的新一代ARM集成开发工具)，则在Console窗口通过setmem命令进行设置：

```
setmem 0xfffff124,0xFFFFFFFF,32     ---关闭所有中断
setmem 0xffe00000,0x0100253d,32     ---设置 CS0
setmem 0xffe00004,0x02002021,32     ---设置 CS1
setmem 0xffe00008,0x0300253d,32     ---设置 CS2
setmem 0xffe0000C,0x0400253d,32     ---设置 CS3
setmem 0xffe00020,1,32              ---地址变换
```

需要注意的是，设置RAM时，设置的寄存器以及寄存器的值必须和要运行的程序的设置一致。一般ARM处理器程序编译后生成的目标文件是ELF格式[Executable and Linking Format，即可执行链接格式，最初由UNIX系统实验室开发并发布，作为应用程序二进制接口(Application Binary Interface，ABI)的一部分，工具接口标准(Tool Interface Standard，TIS)委员会将ELF标准作为一种可移植的目标文件格式，可以在32位Intel体系结构上的很多操作系统中使用]或类似的格式，这种格式的可执行程序包含目标代码的运行地址，该运行地址在程序链接的时候确定，JTAG调试接口下载程序时是根据ELF文件中

的这个地址信息将程序到下载指定的位置。如果此时把 RAM 的基地址设置为 0x10000000，而编译时指定的起始地址是 0x02000000，则下载时目标代码将被下载到 0x02000000 地址而不是 RAM 所在的地址 0x10000000，显然下载会失败。

通过 JTAG 下载程序前应关闭所有中断，这一点和固件初始化时应关闭中断的原因相同，即在使用 JTAG 接口下载程序时，系统各中断是否使能是未知的，尤其是在闪存里有可执行代码的情况下，可能会有一些中断被使能。在这种情况下，JTAG 下载完代码后，开始执行程序时，有可能因为程序还没有完成初始化就产生了中断，从而导致程序运行异常。因此，需要先关闭中断。一般通过设置系统的中断控制寄存器来关闭中断。

通过 JTAG 可以访问 CPU 总线上的所有设备，因此理论上可以使用 JTAG 烧写闪存。但是，由于闪存的写入方式与 RAM 完成不相同，例如，需要特殊的命令，闪存需要先擦除才能写入，数据块的大小和数量也与 RAM 写入时不同，所以这一功能的实现比较困难。通常调式工具不提供烧写闪存的功能；即使提供，也仅支持少量几种类型的闪存，例如针对 ARM 处理器，只有 FlashPGM 提供闪存烧写功能，而且该软件的使用非常麻烦。

4) JTAG 线缆

目前常用的 JTAG 线缆本质上只是电平转换电路，兼起保护作用。JTAG 的逻辑则由运行在 PC 上的软件实现。因此，在理论上，任何一个简单的 JTAG 线缆，都可以支持各种应用软件，如调试工具等。可以使用同一个 JTAG 线缆烧写 Xilinx 公司的 CPLD 器件，同时支持 AXD 或 ADW 调试程序，关键在于软件的支持。由于大多数软件只提供设定的功能，因而只能支持某个或某种类型的 JTAG 线缆。

JTAG 是串行接口，如果使用主机的打印口（并口）来连接 JTAG 线缆，利用的是打印口的输出带锁存的特点，再使用软件通过 I/O 产生 JTAG 时序。利用打印口，通过 JTAG 输出一字节到目标板，速率大约是 15KB/s。

为了提高 JTAG 线缆的速度，一般可以采用如下两种办法：

(1) JTAG 线缆不直接连接 PC 主机，而是通过嵌入式处理器提供 JTAG 接口，此时主机通过 USB 或网络（Ethernet）先连接嵌入式处理器（通常使用 MCM）。

(2) 使用 CPLD 或 FPGA 提供 JTAG 接口。CPLD 或 FPGA 与 PC 主机之间使用 EPP（Enhanced Parallel Port，增强型并行端口）连接，EPP 完成主机与 CPLD 或 FPGA 之间的数据传输，CPLD 或 FPGA 则实现 JTAG 时序。

第一种方法可以达到比较高的速度，实测可以超过 200KB/s，但是硬件比较复杂，制造成本比较高。第二种方法下载速度要慢一些，最快时可以达到 96KB/s，但具有电路简单、制造方便的优点。第二种方法有一个缺点：由于进行 I/O 操作时 CPU 不会被释放，因此在下载程序时，PC 主机始终处于忙的状态。总的来说，第二种方法的被接受程度更高。

5) JTAG 链

因为只有一条数据线，通信协议与其他的串行设备接口（如 SPI）类似。时钟由 TCK 引脚输入，配置是通过 TMS 引脚采用状态机的形式一次操作一位来实现的，每一位数据在每个 TCK 时钟脉冲下分别由 TDI 和 TDO 引脚传入或传出。可以通过加载不同的命令模式来读取芯片的标识，对输入引脚采样，驱动或悬空输出引脚，操控芯片，或者旁路（将 TDI 与 TDO 引脚连通，在逻辑上短接多个芯片的链路）。TCK 的工作频率依芯片的不同而不同，通常工作在10～100MHz的频率下。

当在集成电路中进行边界扫描时，被处理的信号在同一块集成电路的不同功能模块间，而不是不同集成电路之间。

TRST引脚是可选的，它的作用是一个低电平有效的复位信号（通常是异步的，但也可以是同步的，依芯片而定）。如果该引脚没有定义，则待测逻辑可由同步时钟输入复位指令来复位。

1.3.3 MIPS交叉编译环境

交叉编译（cross-compilation）是指在某个主机平台（如PC）上用交叉编译器编译出可在其他平台（如ARM处理器或本书实验中使用的MIPS处理器）上运行的代码的过程。本书实验中使用的二进制文件都需要在MIPS处理器上运行，所以需要在PC上构建MIPS交叉编译环境，使用该交叉编译环境编译及调试程序。

Codescape MIPS SDK Professional（简称MIPS proSDK）是具有丰富特性的高端工具套件，可为专业软件开发人员提供开发先进的MIPS软件所需的所有工具。不管是基于MIPS处理器片上系统（SoC）的低端应用与开发，还是从Linux操作系统到裸机（bare metal）系统等各种复杂的应用程序软件开发，这一工具都能适用。MIPS proSDK包含最新的Codescape特性，除了广受欢迎的Codescape Debugger和Codescape Console以外，还有完整的程序库资源，以及以Imagination Technology公司合作伙伴Imperas公司开发的高速CPU模拟器为基础的最新处理器内核模型与平台IASim。MIPS SDK和MIPS proSDK都能与Imagination Technology公司及第三方厂商提供的各种工具搭配使用。

1.3.4 MIPS GDB调试工具

Codescape MIPS SDK支持MIPS架构的开源GNU编译器（GCC）和调试器（GDB）。因此，可以通过JTAG接口使用标准的GDB来进行程序调试，方法是在OpenOCD打开的GDB命令窗口中输入GDB命令。Codescape MIPS SDK支持的常用GDB命令如表1-1所示。GDB的具体使用方法可参看《GDB用户手册》（下载地址为http://www.gnu.org/software/gdb/documentation/）。

表1-1 常用GDB命令

命　令	说　明
monitor reset halt	处理器复位并停止程序的运行。该命令可简写为mo reset halt
break main	在main函数处设置断点。该断点通常在堆栈操作后设置，如果堆栈操作地址是0x80000644～0x80000650，则该断点地址为0x80000654。 注：在处理器运行时也可以设置该断点，但是此情况下该断点只在处理器停机（mo reset halt命令）后才会生效 该命令可简写为b main
b *0x800066c	在地址0x8000066c处设置断点
info breakpoint	列出所有设置的断点。该命令可简写为i b

续表

命　　令	说　　明
continue	在断点处继续处理器程序的运行。该命令可简写为 c
x/3i $pc	打印从当前指令开始的 3 条指令，此时 $pc 指向当前指令
x/3x $pc	以十六进制方式打印 3 条指令，开始的指令由 $pc 指示
stepi	单步执行一条指令。该命令可简写为 si
print switches	打印变量 switches 的值。该命令可简写为 p switches
p/x switches	以十六进制方式打印变量 switches 的值
p/x &switches	打印变量 switches 的地址
info registers	打印所有寄存器的值。该命令可简写为 i r
i r v0	打印寄存器 v0 的值
d 1	删除断点 1
monitor reset run	复位后运行处理器程序，该命令会清除设置的所有断点。该命令可简写为 mo reset run

第 2 章 实验 2：基于 MIPSfpga 的硬件平台搭建

2.1 实验目的

本实验的目的是利用 Vivado IP 集成方法搭建一个基于 MIPSfpga 处理器，并通过 AXI4 总线连接处理器各个部件的简单嵌入式系统硬件平台。在本实验中，要在 Vivado 中通过 IP 集成的方法搭建一个简单的 MIPSfpga 处理器系统，该系统主要包括 MIPSfpga 处理器、AXI4 总线、BRAM 内存以及 GPIO、UART 等基于 AXI4 总线接口规范的外设模块。然后，通过编写 MIPS 汇编程序或 C 语言程序对外设进行操作演示。

通过本实验，熟悉 Vivado IP 开发的流程，掌握 IP 封装、使用以及系统集成的基本方法，学习、了解有关 AXI4 总线标准、结构和基本工作原理，同时完成一个基于 MIPSfpga 处理器的简单硬件平台，为后面设计、集成更为复杂的基于 AXI4 总线接口的外设以支持操作系统的运行和蓝牙小车的应用奠定基础。

2.2 实验内容

2.2.1 基于 MIPSfpga 处理器的最简系统搭建

开始实验前，先到本书提供的网盘下载 system_ability 和 ahblite_axi_bridge_v3_0 两个文件夹（链接：https://pan.baidu.com/s/1zIplyo9N0XiY6z8sxu6BMw，提取码：r1p7）。

具体实验步骤如下：

(1) 更新 Vivado 2015.2 中的 AHB-Lite_to_AXI 桥 IP 模块，即用从网盘下载的 ahblite_axi_bridge_v3_0文件夹中找到 ahblite_axi_bridge_v3_0/hdl/src/vhdl 文件夹，替换该 IP 模块的 vhdl 文件夹，如图 2-1 所示。对于更高版本的 Vivado，这一步骤可以省略。

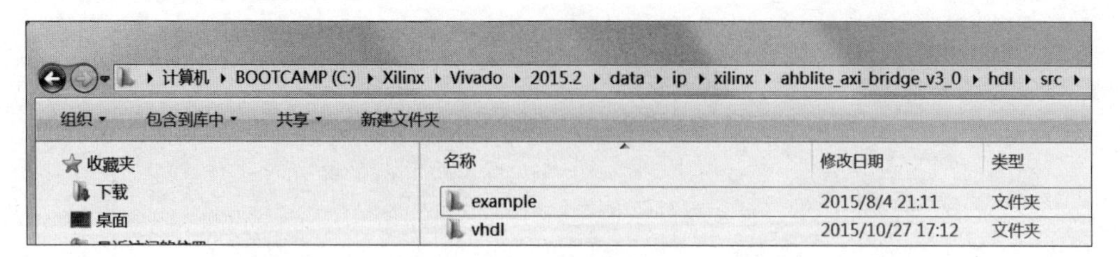

图 2-1 更新 Vivado 2015.2 中的 AHB-Lite_to_AXI 桥 IP 模块

(2) 打开 Vivado，新建一个工程，这里将其命名为 MIPSfpga_axi4，如图 2-2 所示。

(3) 选择 FPGA 器件。Nexys 4 DDR FPGA 开发板使用的 FPGA 器件型号是 xc7a100tcsg324-1，因此在器件选择界面中找到并选取该器件，如图 2-3 所示。如果可能（即已经在 Vivado 中添加了板卡信息），直接选取 Nexys 4 DDR 更好，如图 2-4 所示。

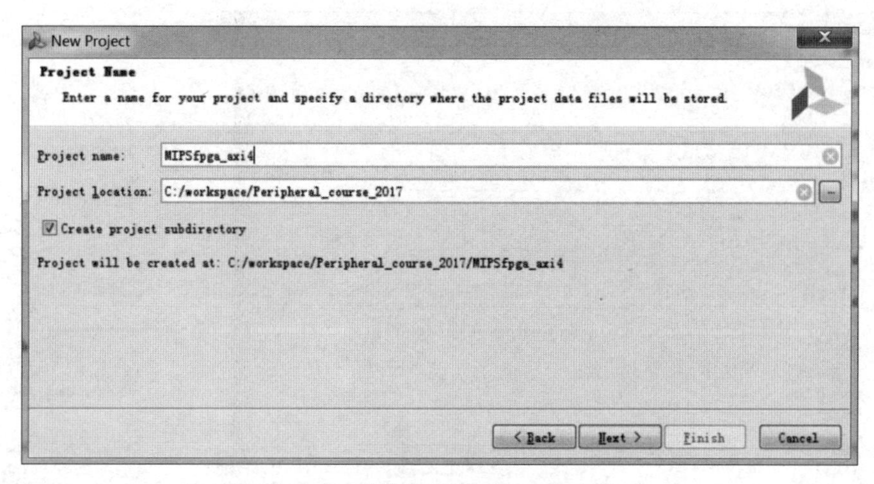

图 2-2　新建 MIPSfpga_axi4 工程

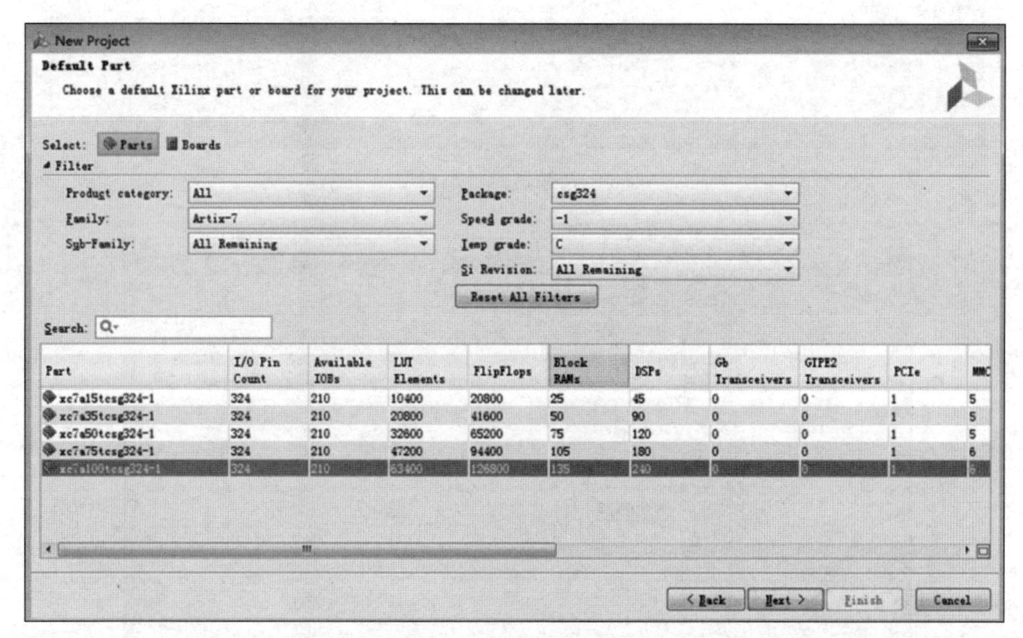

图 2-3　FPGA 器件选择

(4) 在工程中添加 MIPSfpga 处理器 IP 库。选择 Project Settings 选项，在弹出的 Project Settings 对话框的左部选择 IP，对 IP 库进行设置。单击对话框右部 IP Repositories (IP 库)下的加号添加 IP 库，如图 2-5 所示。

(5) 在弹出的对话框中选择 MIPSfpga 处理器的 IP 库所在的文件夹(即 system_ability 下的 ip_repo 文件夹)，单击 OK 按钮，将 MIPSfpga 处理器的 IP 库加入工程，如图 2-6 所示。

(6) 使用 Vivado 的 Block Design(图设计)方式完成 MIPSfpga 处理器硬件平台搭建。

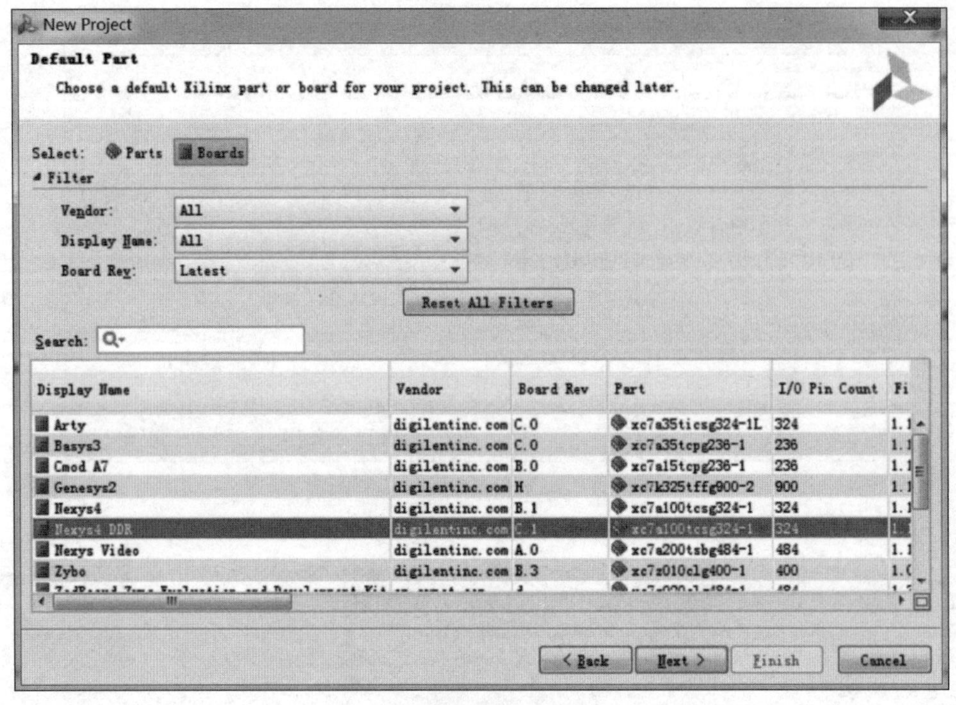

图 2-4　直接选择开发板型号

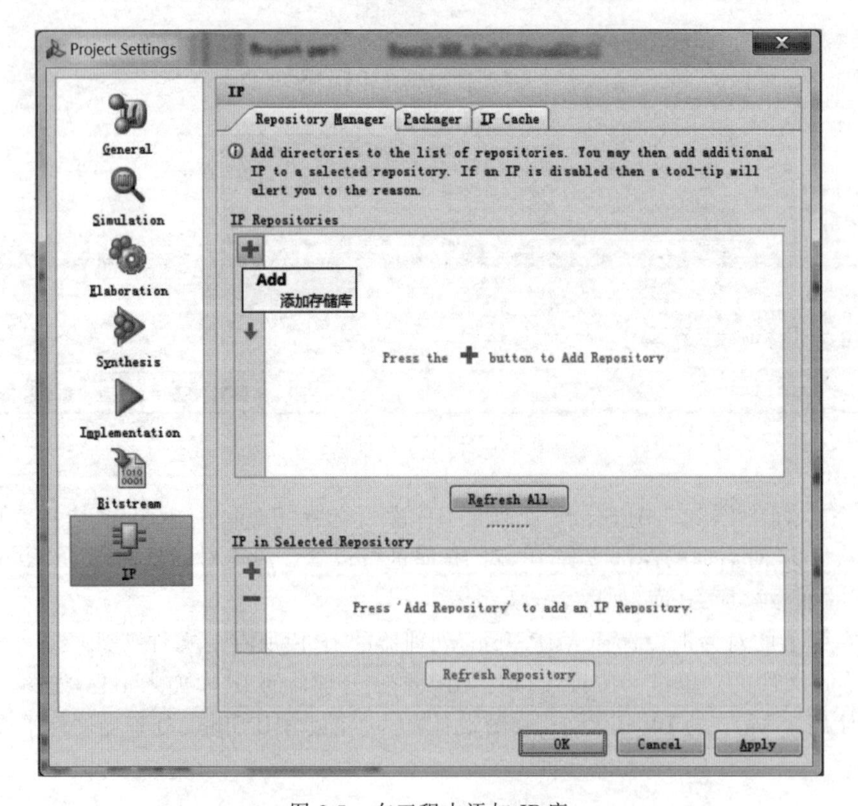

图 2-5　在工程中添加 IP 库

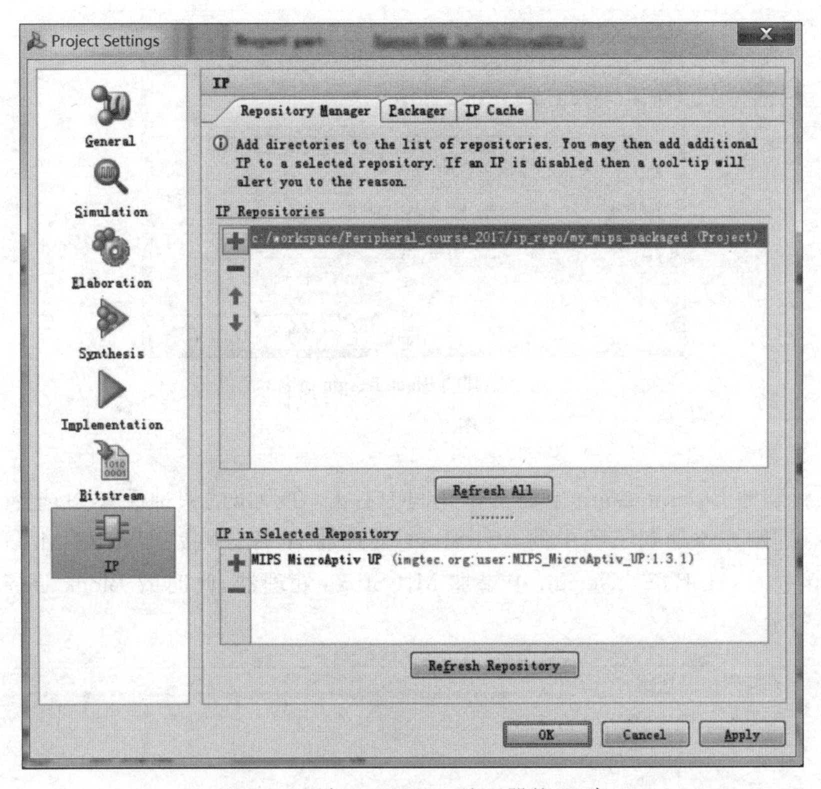

图 2-6 添加 MIPSfpga 处理器的 IP 库

选择 IP Integrator 下的 Create Block Design，新建一个 Block Design，并将其命名为 MIPSfpga_system，如图 2-7 所示。

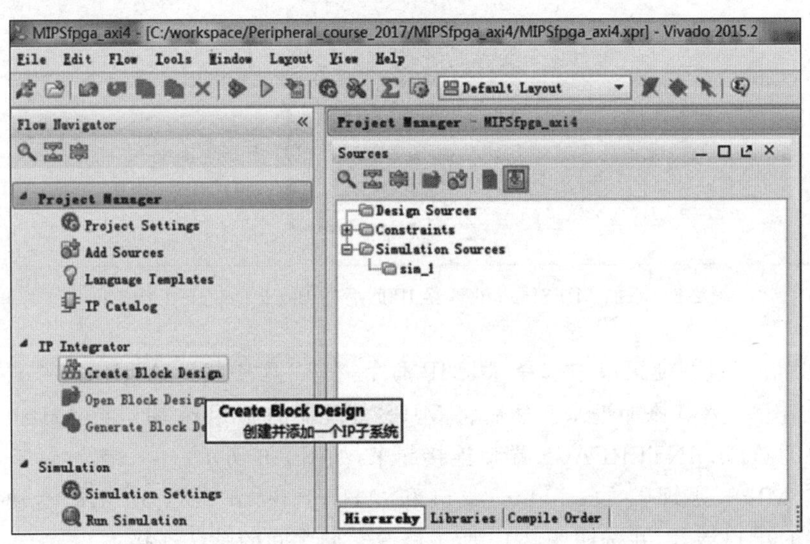

(a) 选择 Create Block Desgin

图 2-7 新建 Block Design 并为其命名

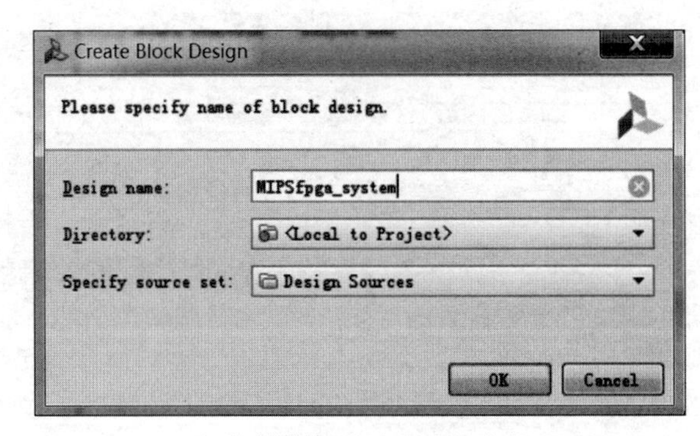

(b) 为新建的 Block Desgin 命名

图 2-7 （续）

（7）在新建的 Block Design 空白工作空间中右击，在弹出的快捷菜单中选择 Add IP 命令，在 IP 库（即刚才添加到工程中的 MIPSfpga 处理器 IP 库）中找到 MIPS MicroAptiv UP 模块，双击该模块，在 Block Design 中添加 MIPSfpga 处理器，此时的 Block Design 工作空间如图 2-8 所示。

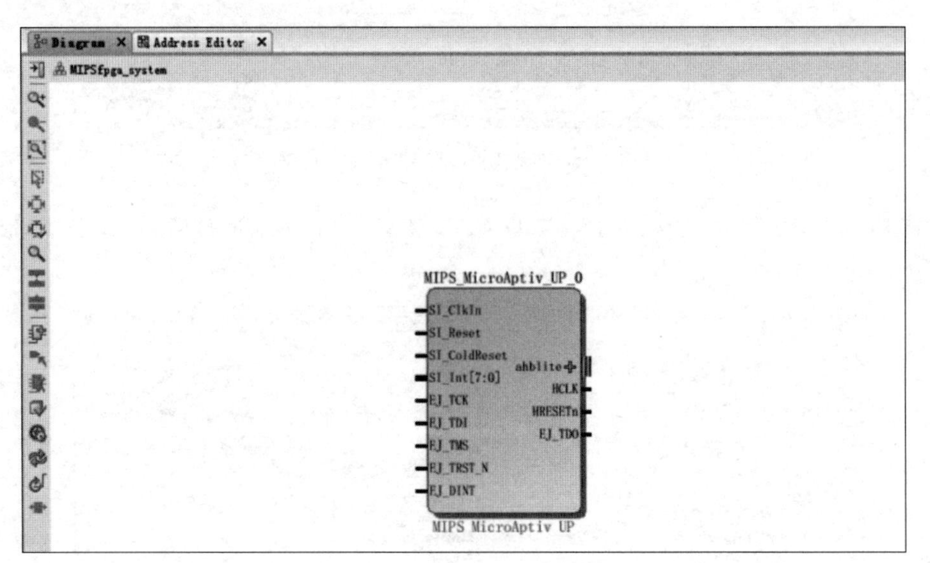

图 2-8 添加 MIPSfpga 处理器 IP 库后的 Block Design 工作空间

（8）再次在右键快捷菜单中选择 Add IP 命令，在 IP 库中找到 AHB-Lite to AXI Bridge 模块，双击该模块，将其添加进来。然后将 MIPS 处理器的 ahblite 端口与 AHB-Lite to AXI Bridge 模块的 AHB_INTERFACE 端口连接起来，如图 2-9 所示。

（9）将 MIPS 处理器的 ahblite 端口和 AHB-Lite to AXI Bridge 模块的 AHB_INTERFACE 端口展开，并按照图 2-10 所示修改它们之间的默认连接。

（10）再添加一个 Constant 模块。双击该模块，在打开的 Re-customize IP 对话框中对该模块的配置进行修改，如图 2-11 所示。

（11）将 Constant 模块连接到 AHB-Lite to AXI Bridge 模块的 s_ahb_hsel 信号上，使得

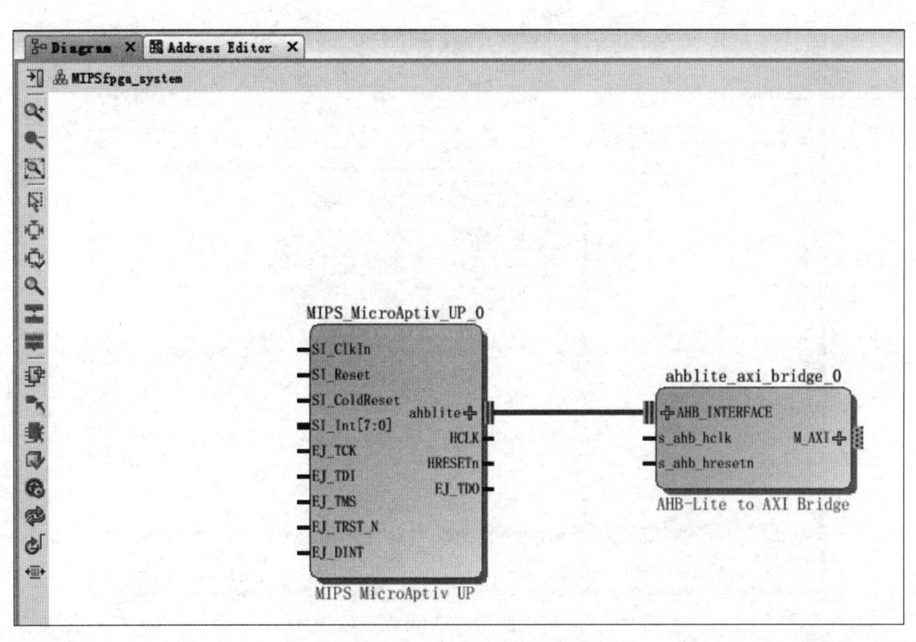

图 2-9　添加 AHB-Lite to AXI Bridge 模块并与 MIPS MicroAptiv UP 模块连接

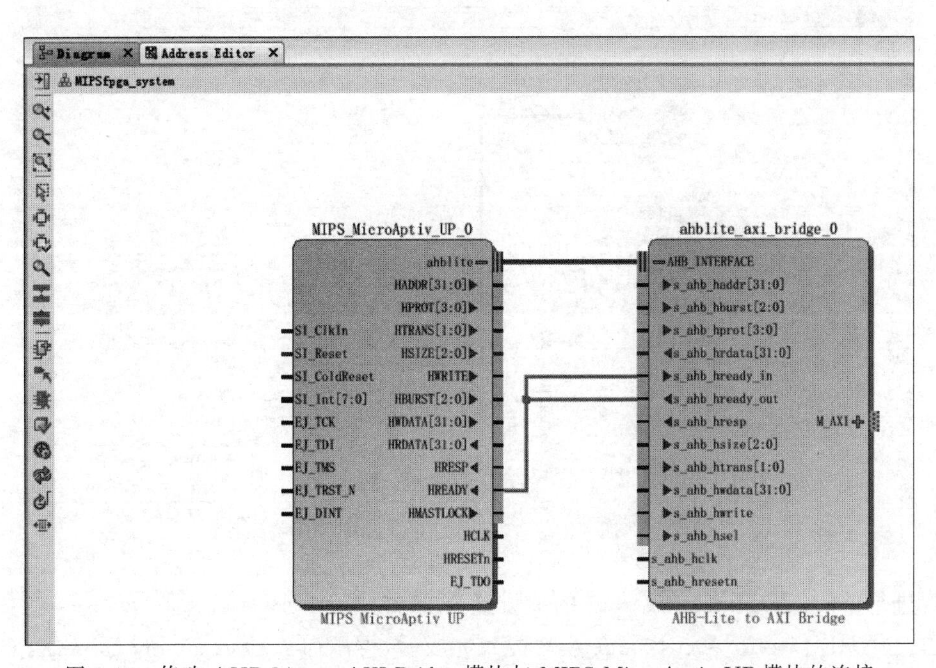

图 2-10　修改 AHB-Lite to AXI Bridge 模块与 MIPS MicroAptiv UP 模块的连接

该 AXI 桥工作于从设备的状态，并按照图 2-12 所示将 MIPS 处理器的 ahblite 端口的 HRESETn 连接到 AHB-Lite to AXI Bridge 模块的 s_ahb_hresetn，将前者的 HCLK 连接到后者的 s_ahb_hclk。

（12）双击 AHB-Lite to AXI Bridge 模块，在打开的 Re-customize IP 对话框中对该模块

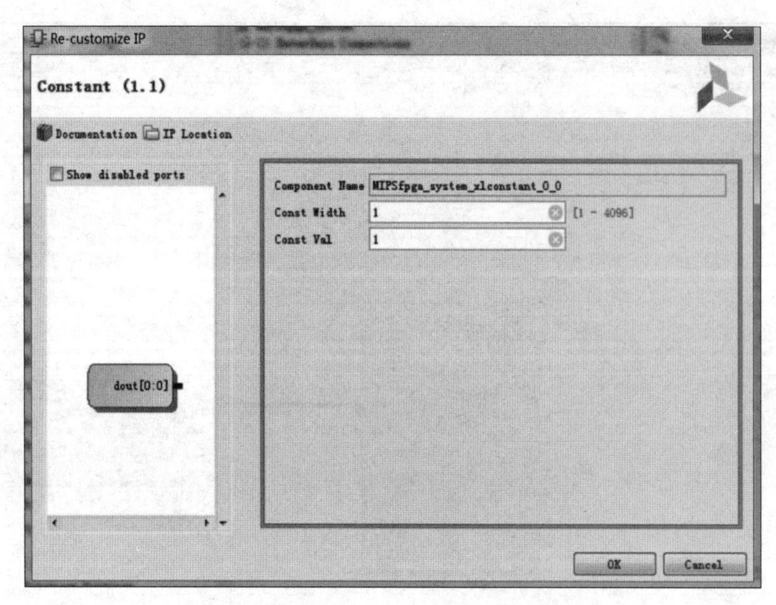

图 2-11　修改 Constant 模块的配置

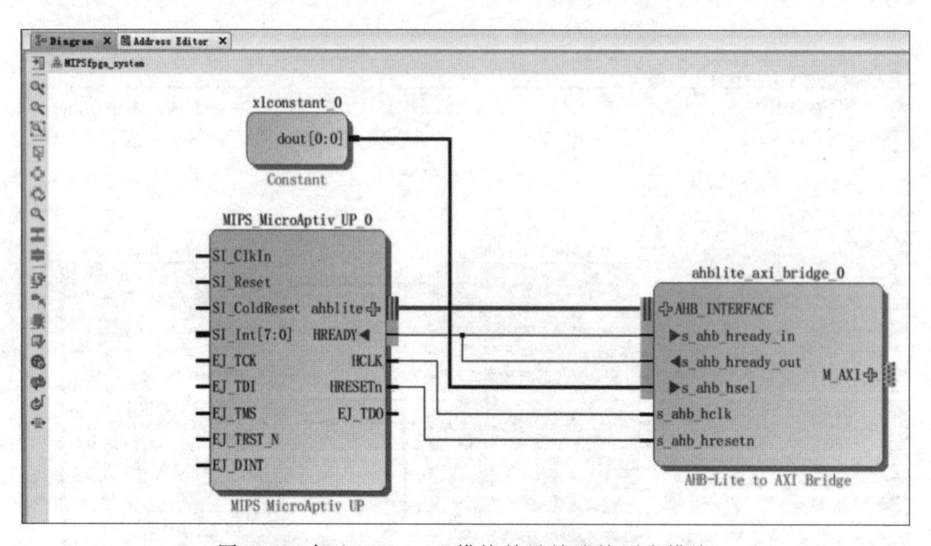

图 2-12　加入 Constant 模块并继续连接原有模块

的配置进行修改，将 Timeout Count 的值设置为 256，如图 2-13 所示。

(13) AHB-Lite to AXI Bridge 模块配置完成后，再添加 AXI Interconnect、AXI GPIO、AXI BRAM Controller 和 Block Memory Generator 等模块，并按照图 2-14 所示完成各模块间的连接。

(14) 双击 Block Memory Generator 模块，在打开的 Re-customize IP 对话框中将该模块的 Mode 选项设置为 Stand Alone，如图 2-15 所示。取消 Primitives Output Register 选项，并将存储器容量增加到 8192(即 8KB)，如图 2-16 所示。设置完成后，单击 OK 按钮退出设置。

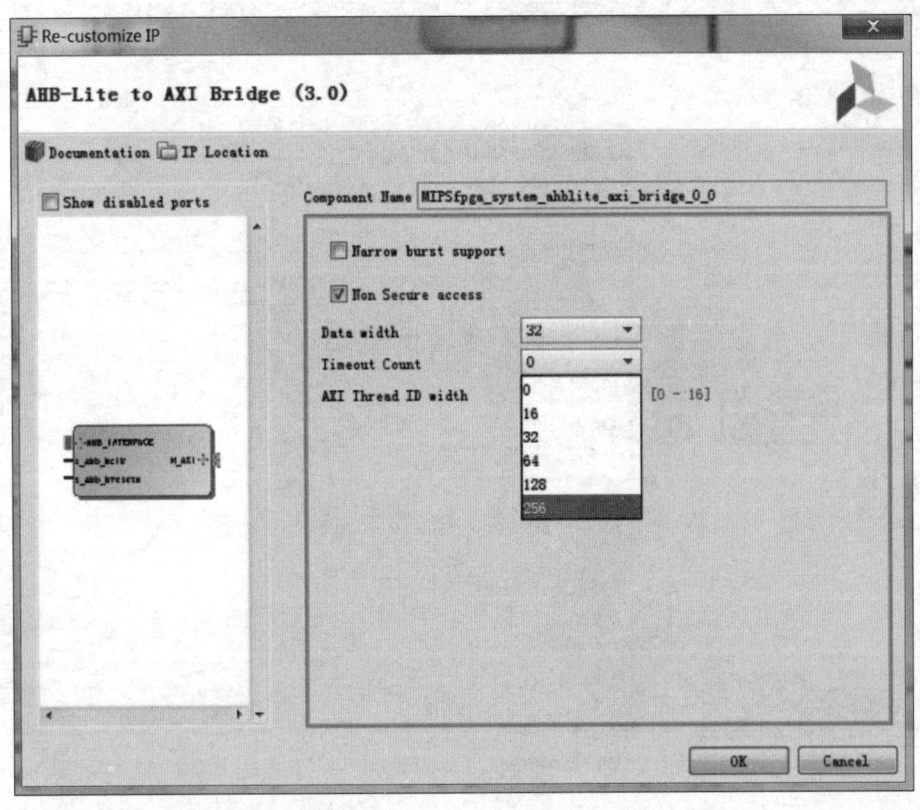

图 2-13　修改 AHB-Lite to AXI Bridge 模块的配置

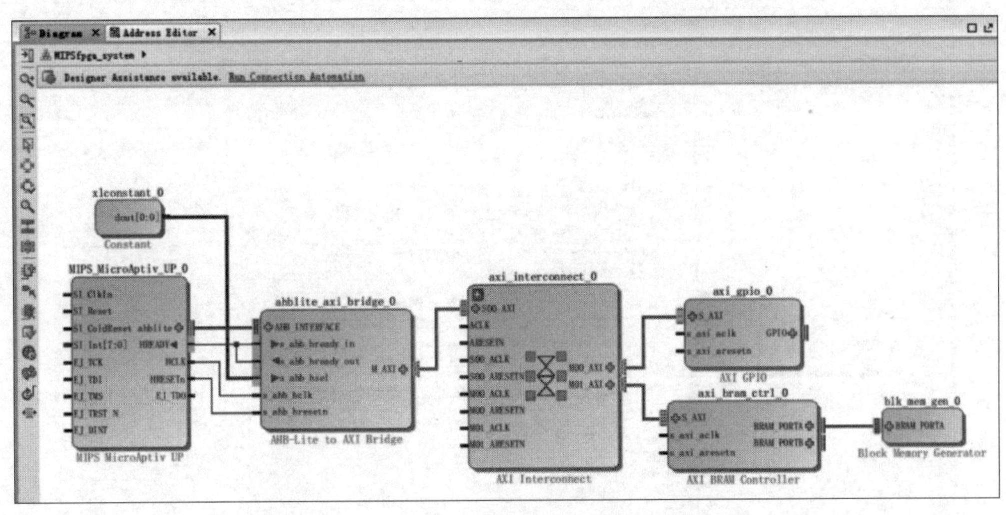

图 2-14　添加其他模块并完成各模块间的连接

(15) 对 AXI BRAM Controller 模块进行设置。双击 AXI BRAM Controller 模块，在打开的 Re-customize IP 对话框中将 Number of BRAM interface(BRAM 接口数)减为 1，如图 2-17 所示。完成设置后，单击 OK 按钮退出设置。

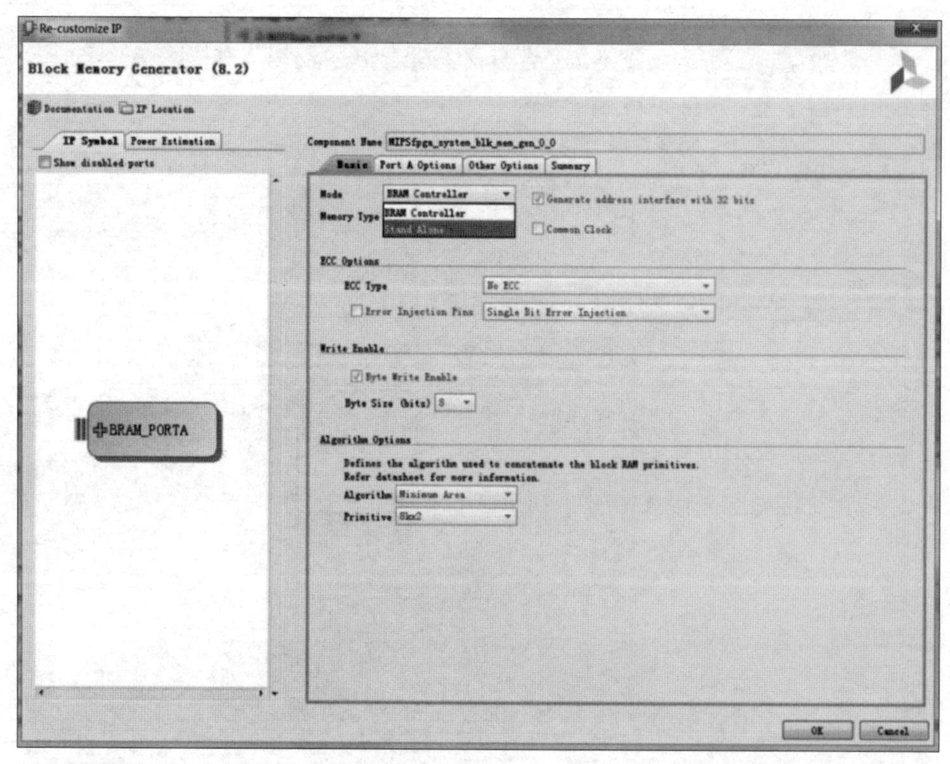

图 2-15　Block Memory Generator 模块 Mode 设置

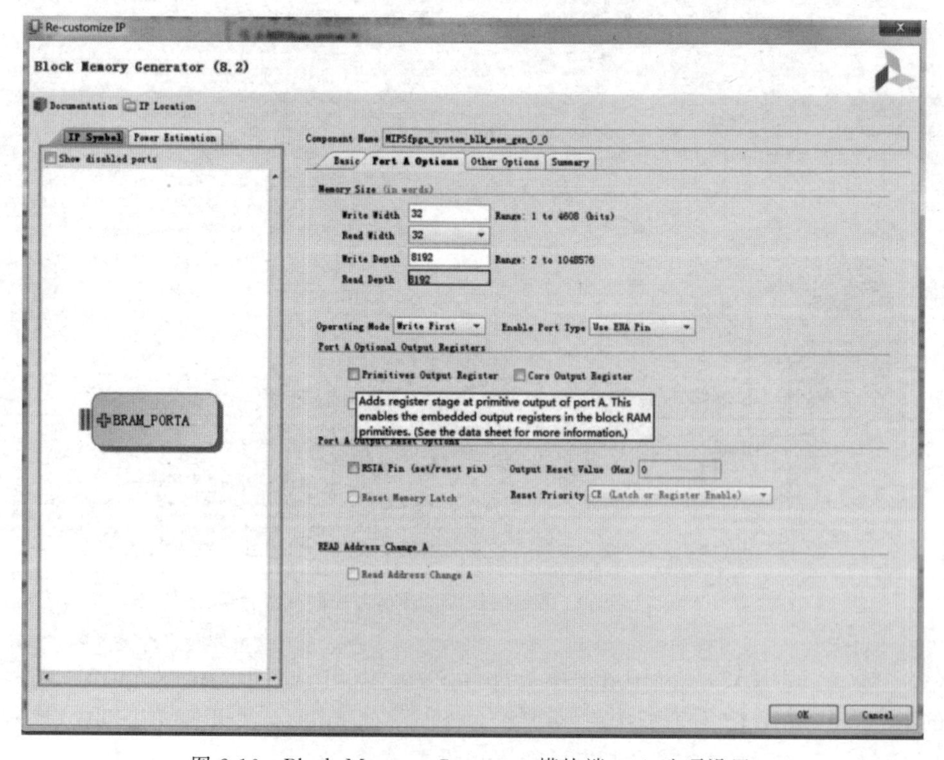

图 2-16　Block Memory Generator 模块端口 A 选项设置

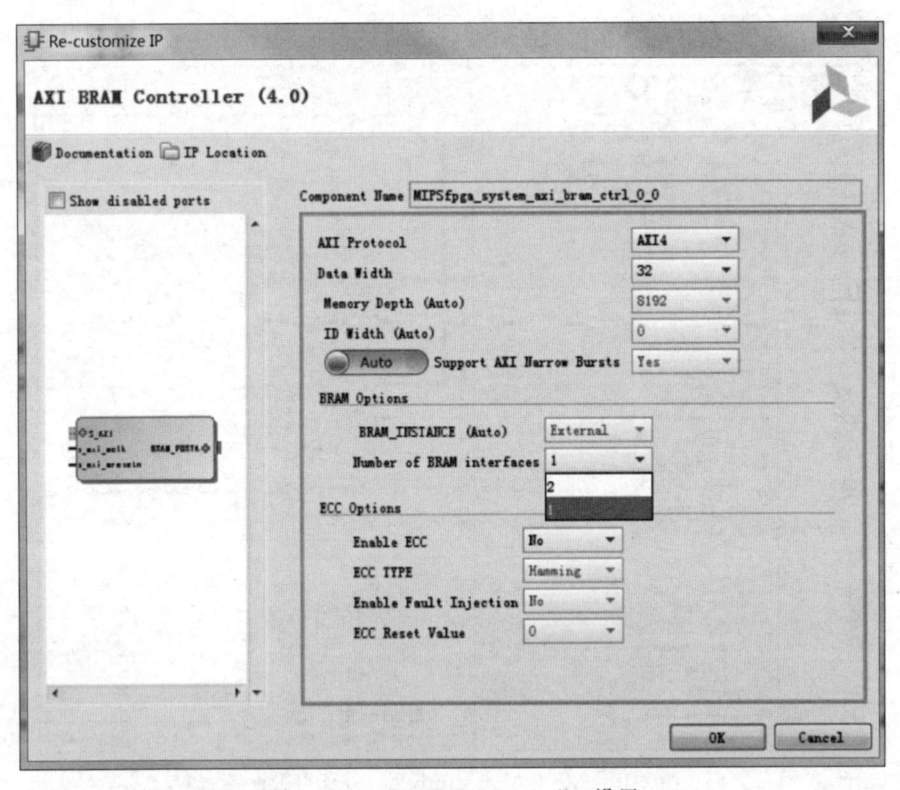

图 2-17　AXI BRAM Controller 设置

(16) 按照图 2-18 所示，连接所有的时钟和复位信号。

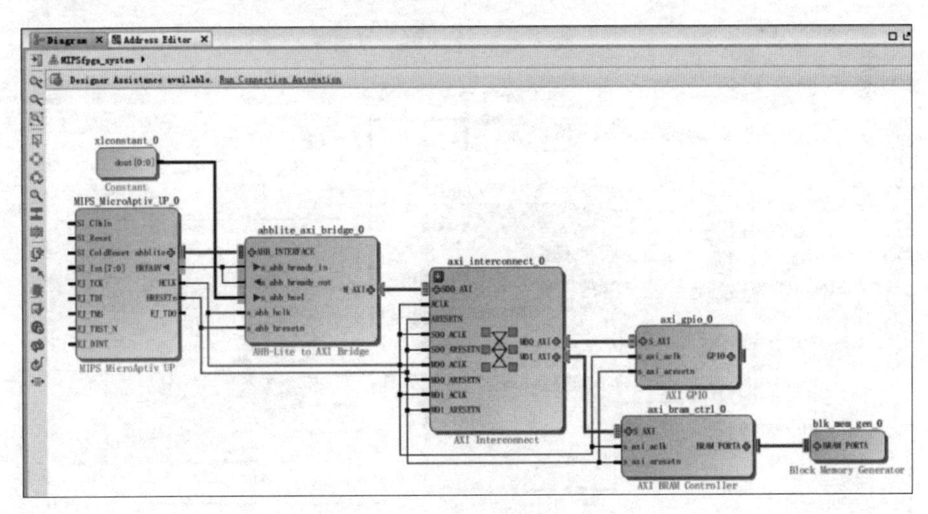

图 2-18　时钟和复位信号连接

(17) 找到 MIPS 处理器的 SI_ClkIn 引脚，在该引脚上右击，在弹出的快捷菜单中选择 Make External 命令，将其设置为外部引脚，如图 2-19 所示。

(18) 对 MIPS 处理器的其他引脚(除 SI_Int[7:0]和 EJ_DINT 外)进行同样的操作。外部引脚设置完成后如图 2-20 所示。

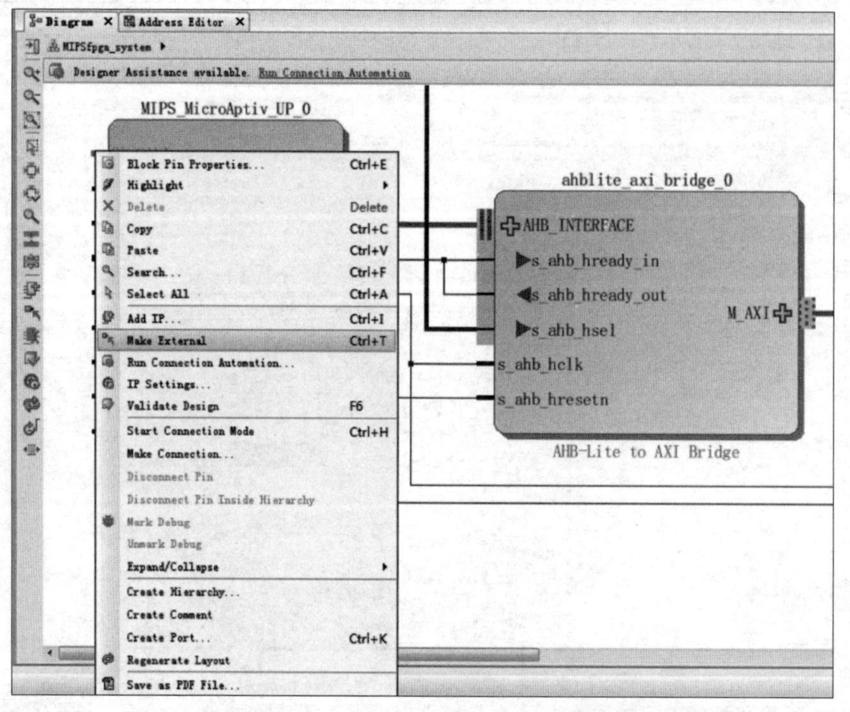

图 2-19　MIPS MicroAptiv UP 外部引脚设置

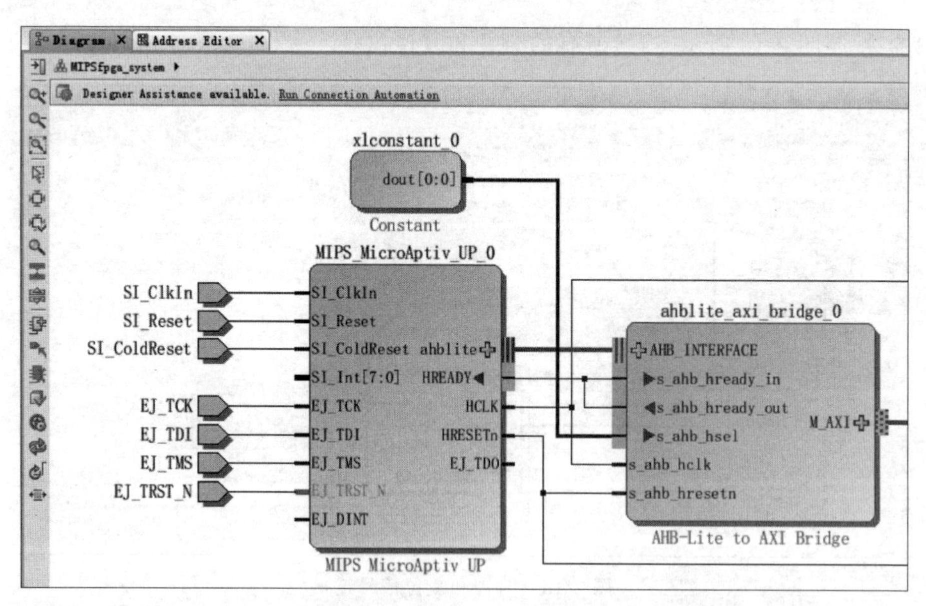

图 2-20　MIPS MicroAptiv UP 外部引脚设置完成

(19) 再添加一个 Utility Buffer 模块。双击该模块,在打开的 Re-customize IP 对话框中对该模块进行设置,将 C Size 设置为 1,将 C Buf Type 设置为 BUFG,如图 2-21 所示。

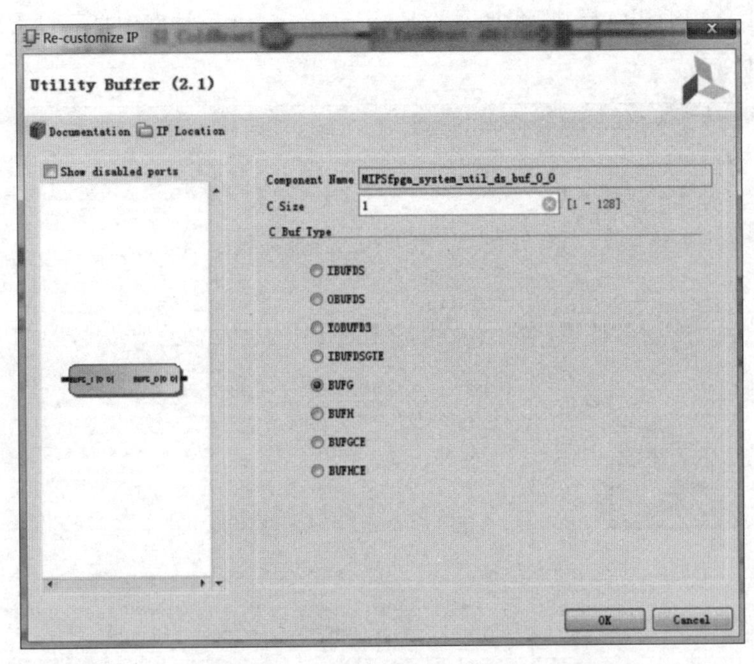

图 2-21　Utility Buffer 设置

（20）断开 EJ_TCK 信号的连接，将上面添加的 Utility Buffer 插在中间。再添加一个 Constant 模块，将其配置为 Const Width＝8，Const Val＝0，然后将其连接到 SI_Int 引脚。另外再添加一个 Constant 模块，将其配置为 Const Width＝1，Const Val＝0，然后将其连接到 EJ_DINT 引脚。注意，EJ_TDO 引脚由于是输出引脚，因此在 MIPS 处理器的右边右击，在弹出的快捷菜单中选择 Make External 命令，将其设置为外部引脚。MIPS MicroAptiv UP 外部引脚连接如图 2-22 所示。

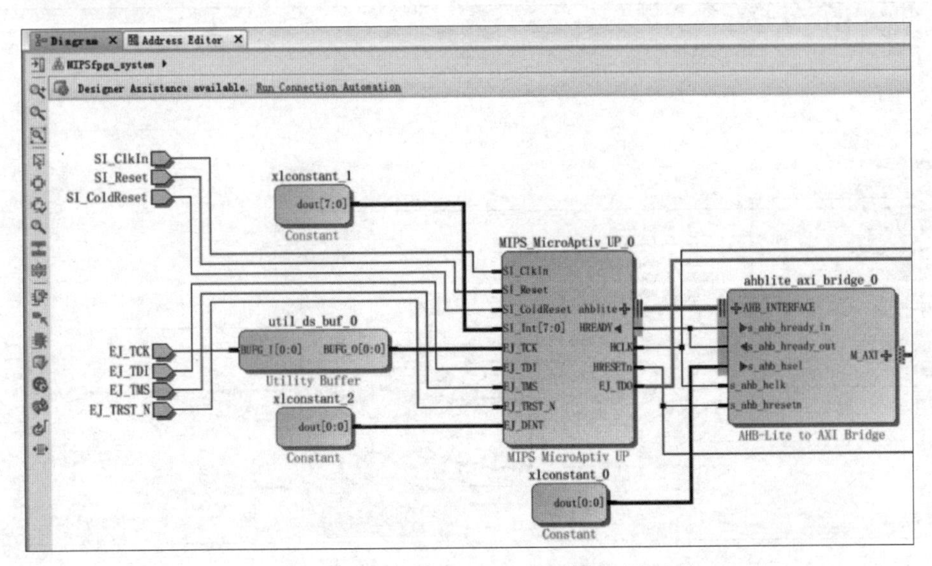

图 2-22　MIPS MicroAptiv UP 外部引脚连接

(21) 双击 AXI GPIO 模块,在打开的 Re-customize IP 对话框中将其设置为 16 位输出,如图 2-23 所示。

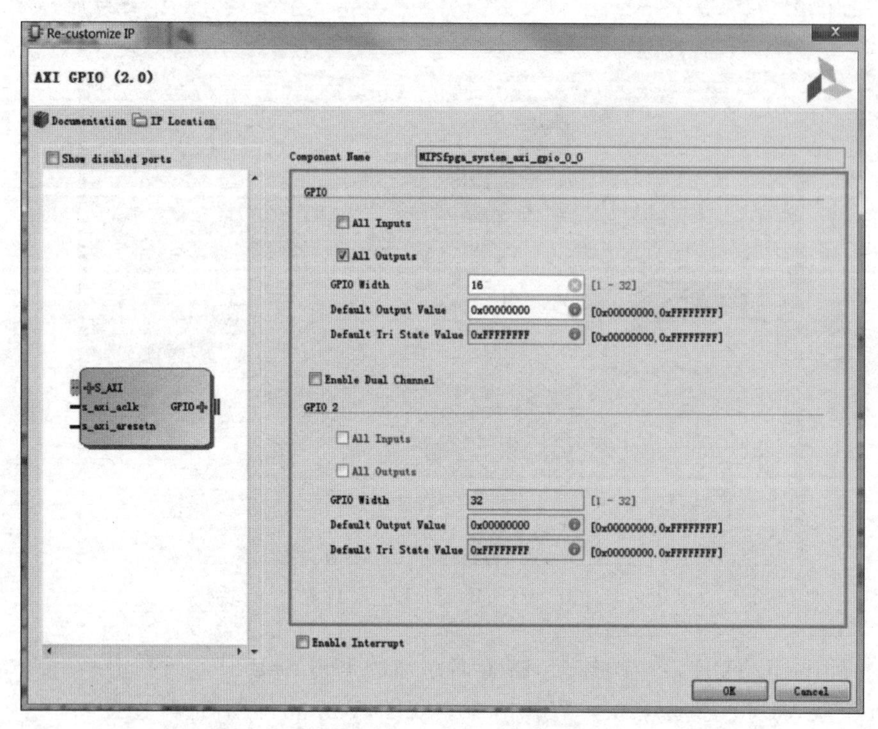

图 2-23 AXI GPIO 模块设置

(22) 展开 GPIO 模块的 GPIO 端口,右击 gpio_io_o[15:0],在弹出的快捷菜单中选择 Make External 命令,将其设置为外部引脚,并将其重新命名为 LED[15:0],如图 2-24 所示。

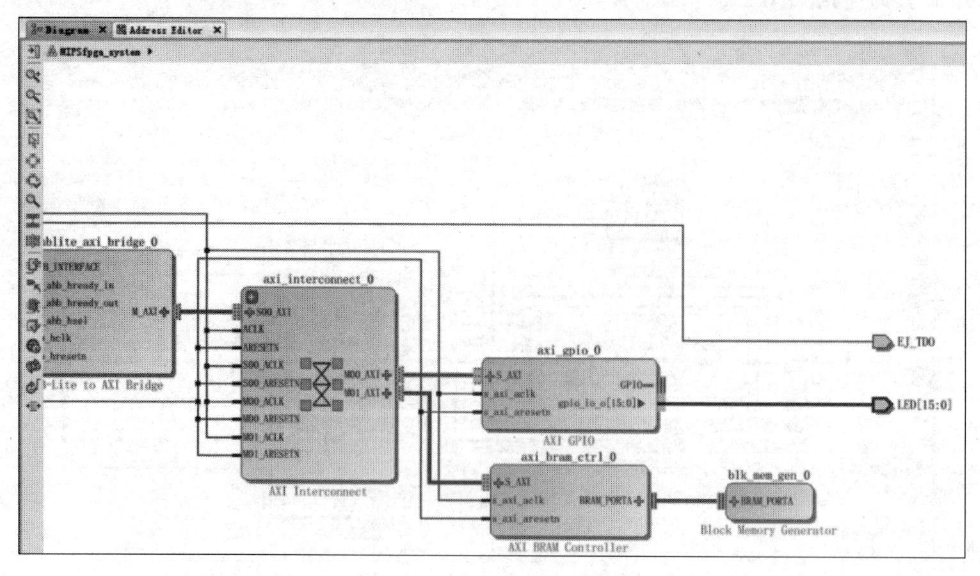

图 2-24 GPIO 外部引脚设置

（23）在 Vivado 工程管理窗口（Sources 窗口）中找到工程的顶层设计文件（由于目前工程的顶层文件是由 Block Design 生成的，因此名称为 MIPSfpga_system.bd），右击该文件，在弹出的快捷菜单中选择 Create HDL Wrapper 命令，如图 2-25 所示。在弹出的 Create HDL Wrapper 对话框中选择 Let Vivado manage wrapper and auto-update 单选按钮，即让 Vivado 自动对封装文件进行管理，如图 2-26 所示。如果在顶层封装文件生成过程中有警告，单击 OK 按钮，直接忽略该警告即可。

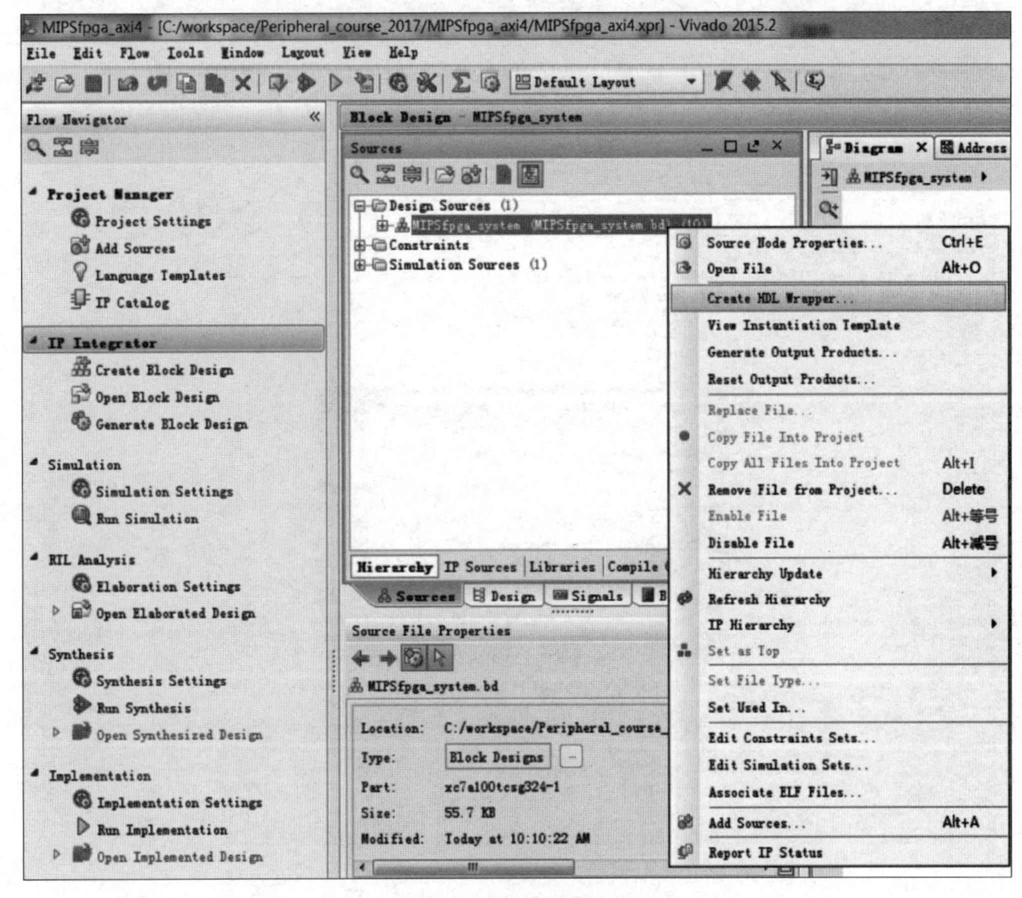

图 2-25 创建封装文件

（24）至此，MIPSfpga 处理器系统的搭建基本完成。但是，由于存储器中没有任何有用的内容，一个空的启动 ROM 对于处理器系统来说是没有任何价值的，因此需要对其进行初始化，即添加固化的程序代码。选择 Add Source 菜单命令，添加一个名为 ram_init.coe 的设计文件，如图 2-27 所示。

（25）在 Vivado 工程中打开 ram_init.coe 文件（也可以用其他的编辑器打开该文件），添加如图 2-28 所示的程序代码（该程序代码可以在下载的 system_ability 文件夹的同名文件中找到）。该代码为 MIPS 程序的机器指令码，以十六进制表示，MIPSfpga 处理器在启动时将执行它。

（26）在 Block Design 窗口中双击 Block Memory Generator 模块，弹出 Re-customize IP

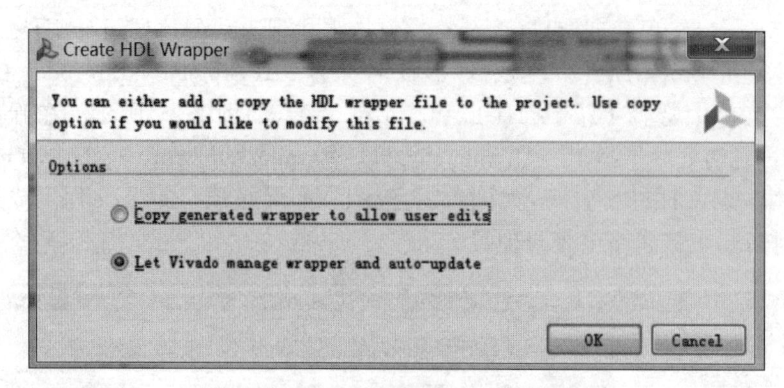

图 2-26　Create HDL Wrapper 对话框

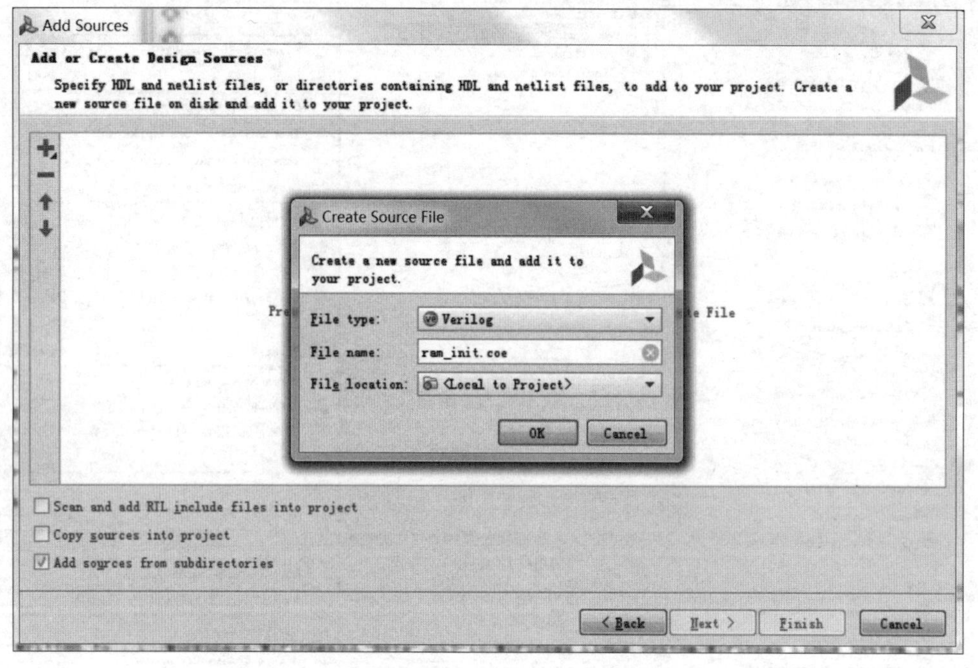

图 2-27　新建存储器初始化文件并将其添加到 Vivado 工程

对话框，在 Other Options 选项卡中勾选 Load Init File 复选框，将 ram_init.coe 文件装载到存储器作为初始化文件，如图 2-29 所示。

(27) 在 Block Design 窗口中添加时钟 IP 模块(即在 IP 库中选择 Clocking Wizard)。添加完成后，双击该时钟 IP 模块，按照图 2-30 和图 2-31 所示完成配置。在图 2-30 中，Primitive 选择为 PLL 工作方式。在图 2-31 中，将时钟 IP 模块的输出时钟频率设置为 50MHz，同时去除 reset 和 locked 引脚上的选项。

(28) 由于 Nexys 4 DDR FPGA 开发板上的 CPU 复位按键是低电平有效的，然而 MIPSfpga 处理器的复位信号则是高电平有效的，因此需要添加一个非门对复位信号进行转换。如图 2-32 所示，添加一个 Utility Vector Logic 模块，将其配置为 1 位的非门，插在 MIPSfpga 处理器复位信号 SI_Reset 的中间，并将复位引脚更名为 CPU_RESETN。对

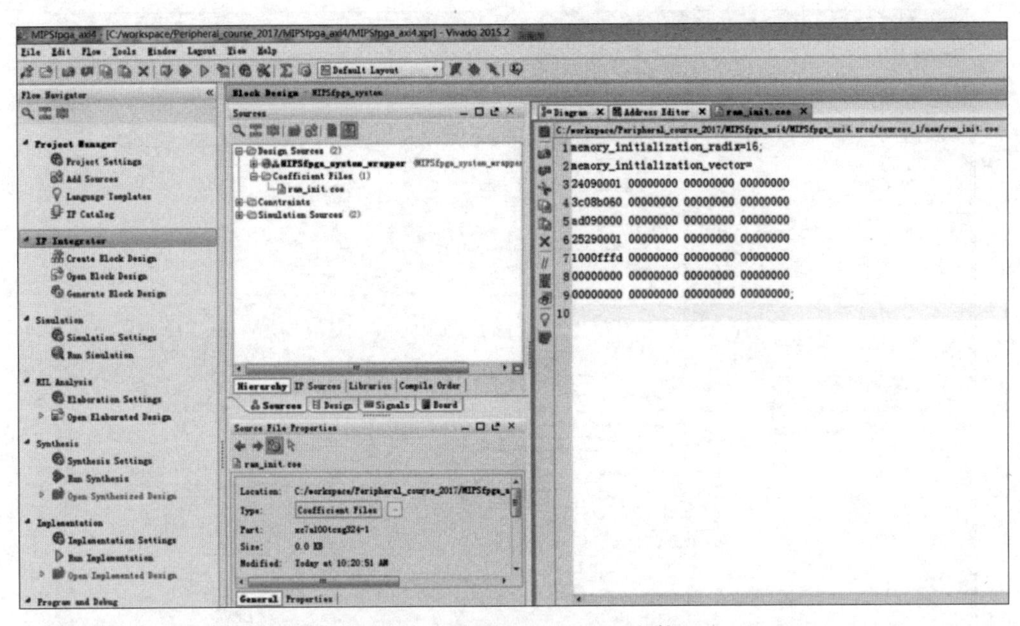

图 2-28　编辑 ram_init.coe 文件

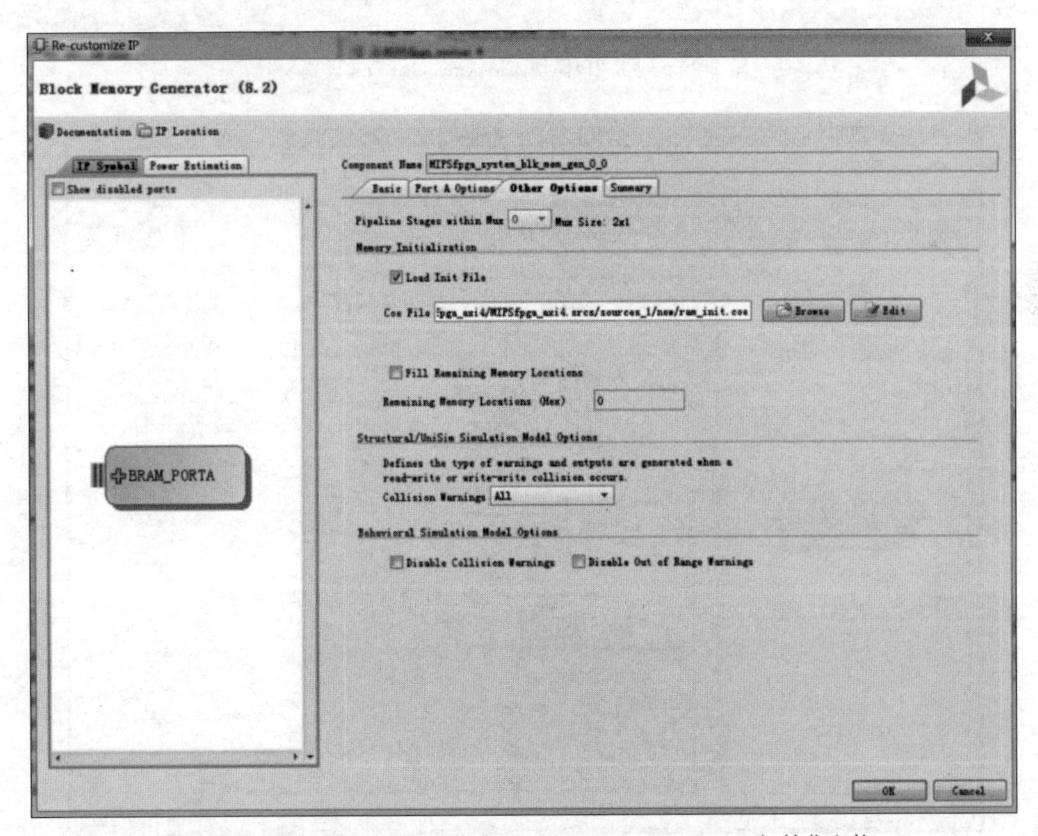

图 2-29　添加 ram_init.coe 作为 Block Memory Generator 初始化文件

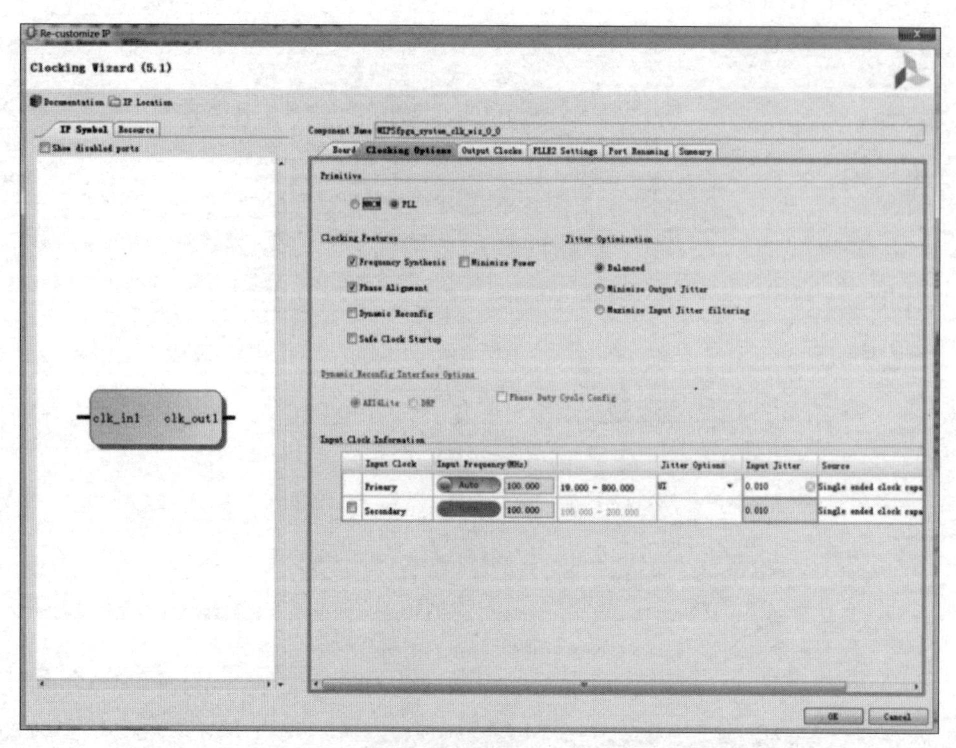

图 2-30　时钟 IP 模块 Clocking Options 设置

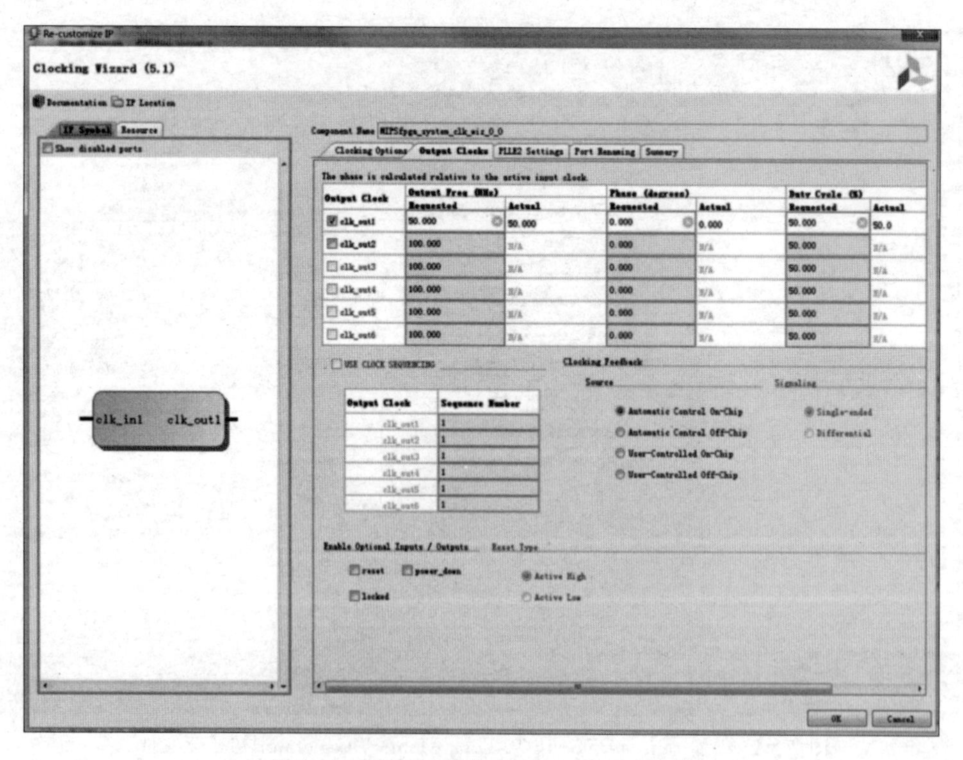

图 2-31　时钟 IP 模块 Output Clocks 设置

SI_ColdReset 信号进行同样的处理。最后将 CPU 时钟引脚更名为 CLK100MHZ。

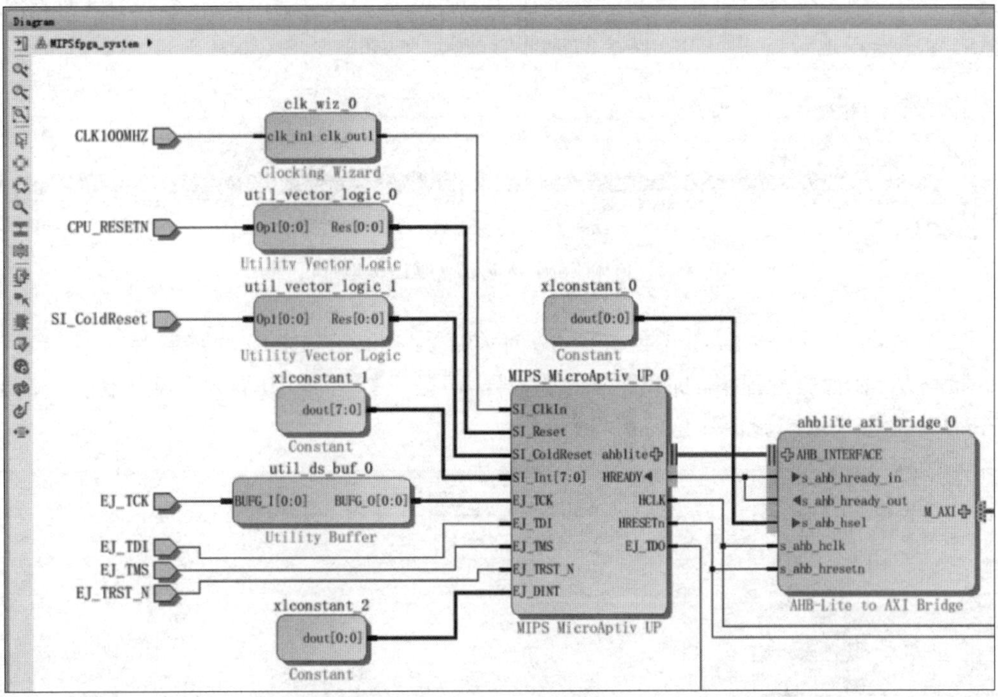

图 2-32 MIPS MicroAptiv UP 时钟及复位信号处理

（29）为了绑定引脚方便（当然也可以选择在约束文件中修改相应的引脚名称，在这里选择修改 Block Design 窗口中的引脚名称），将 SI_ColdReset 等信号分别进行更名。至此，基于 MIPSfpga 处理器的最简系统的 Block Design 已经完成，最终结果如图 2-33 所示。

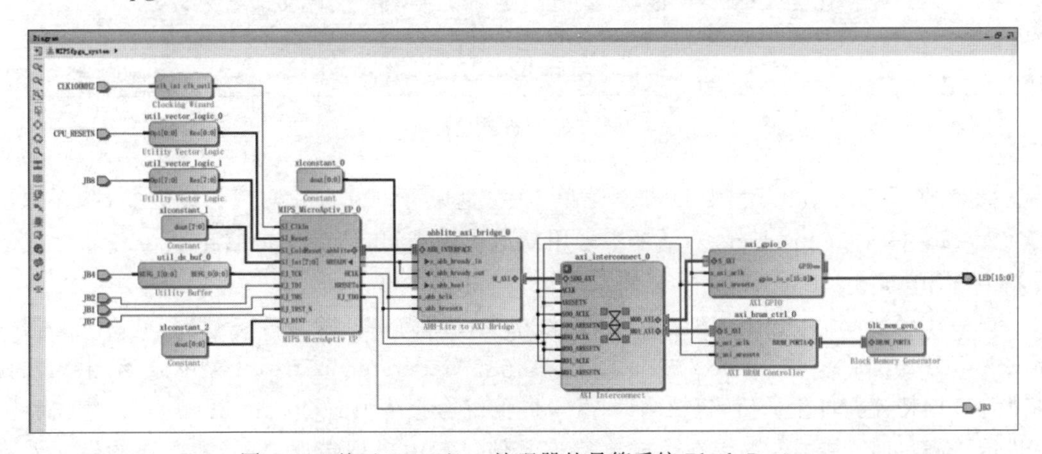

图 2-33 基于 MIPSfpga 处理器的最简系统 Block Design

（30）完成了 MIPSfpga 处理器系统的基本连接和设置之后，需要对 CPU 总线设备的地址进行设置和分配。在 Block Design 窗口选择 Address Editor 选项卡，目前的 MIPSfpga 处理器系统的总线设备只有 BRAM 和 GPIO 两个模块，还没有为它们分配地址。右击模块，在弹出的快捷菜单中选择 Auto Assign Address(自动分配地址)命令,然后对自动分配的地址进行手动修改,将 BRAM 模块的地址修改为 0x1FC0_0000(这个地址是 MIPS 处理器复位后的程序入口地址),将 GPIO 模块的地址修改为 0x1060_0000,如图 2-34 所示。

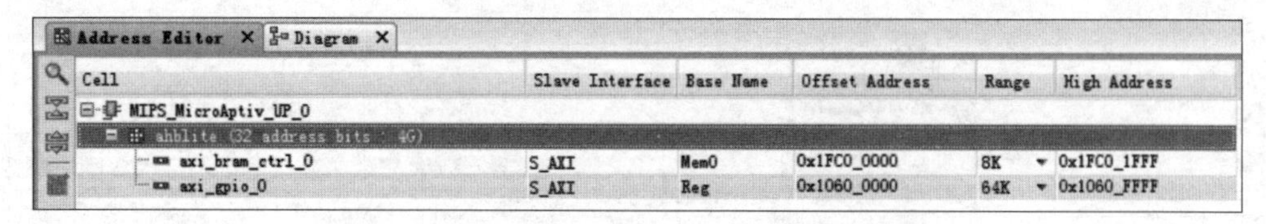

图 2-34 MIPSfpga 处理器总线设备地址设置

(31) 选择 Validate Design 菜单命令,对完成的 Block Design 的正确性进行检验,如图 2-35 所示。在检验过程中,如果只是出现警告,但是没有错误,则单击 OK 按钮,忽略这些警告(最好能够采取措施消除这些警告)。

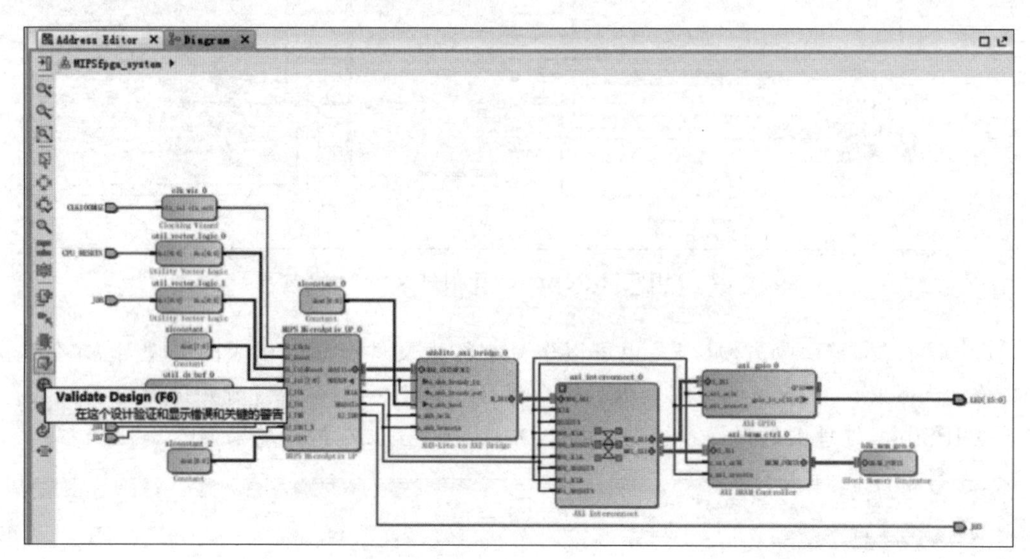

图 2-35 检验设计

(32) 选择 Generate Block Design 菜单命令,生成可以综合和实现的设计文件,在弹出的 Generate Output Products 对话框中采用默认设置即可,然后单击 Generate 按钮生成并更新 MIPSfpga_system_wrapper 文件,如图 2-36 和图 2-37 所示。

(33) 在 Vivado 工程中添加约束文件(约束文件的内容可以参考 system_ability 文件夹下名为 MIPSfpga_system.xdc 的文件)。然后选择 Generate Bitstream 菜单命令,生成比特流文件。比特流文件生成后,建议阅读 Vivado 的综合报告(Project Summary),观察比特流文件能否满足时序要求。如果在生成比特流文件过程中出现错误,可能需要在约束文件中添加如下约束:

```
set_property CLOCK_DEDICATED_ROUTE FALSE [get_nets JB4_IBUF];
```

然后再次生成比特流文件。

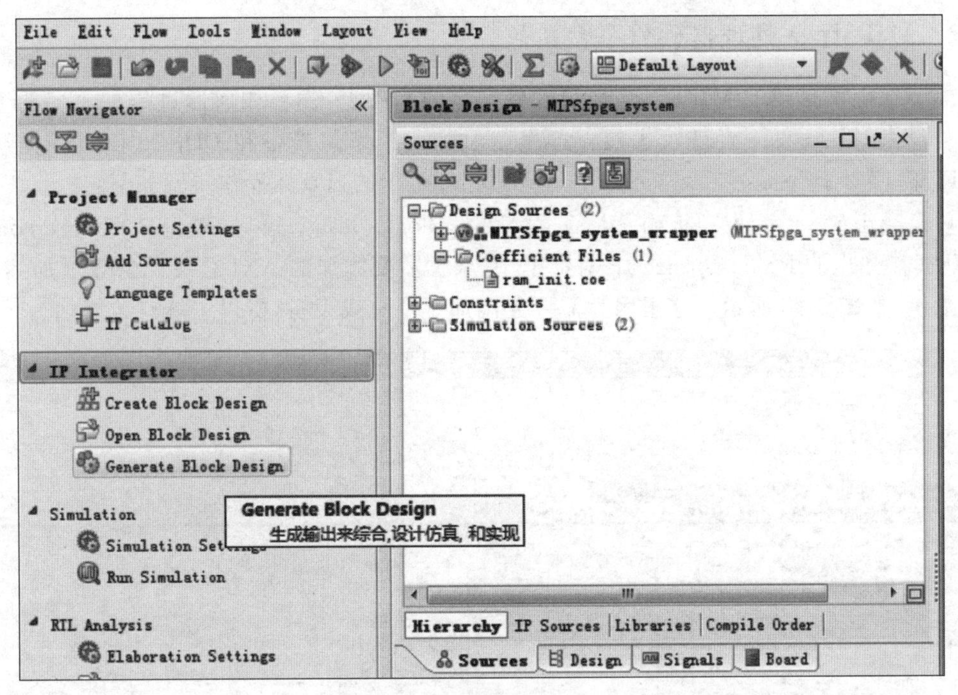

图 2-36　生成设计文件

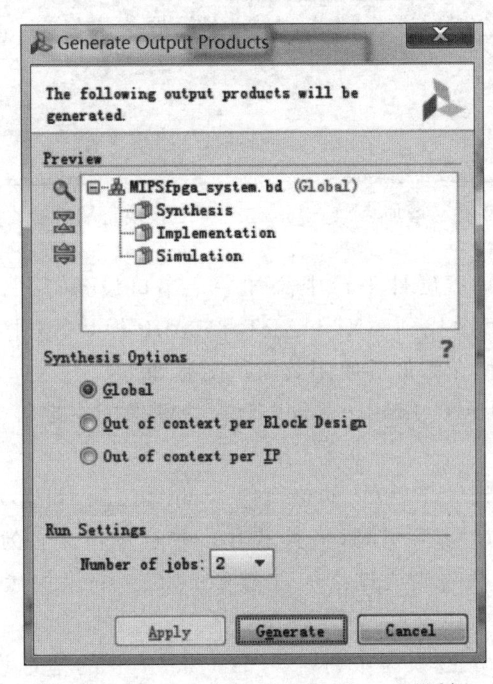

图 2-37　Generate Output Products 对话框

(34) MIPSfpga 最简硬件平台比特流文件生成后，就可以按照第 1 章中给出的实验步骤，对硬件平台搭建的正确性进行实验和测试。

2.2.2 MIPSfpga 处理器硬件平台扩展

本节在上面搭建的 MIPSfpga 最简硬件平台的基础上，学习如何通过添加更多的 IP 模块或外设来对该硬件平台进行扩展。这里以添加一个串口设备和 DDR2 内存控制器为例（DDR2 内存对于后面支持操作系统的运行是必不可少的），具体操作步骤如下：

（1）打开 2.2.1 节建立的 Vivado 工程，进入 Block Design 窗口，双击 AXI Interconnect IP 模块，在弹出的 Re-customize IP 对话框中，根据需要添加的 AXI 总线设备数增加其主端口的数量，如图 2-38 所示。这里因为需要先添加一个总线设备，所以主端口数增加为 3。

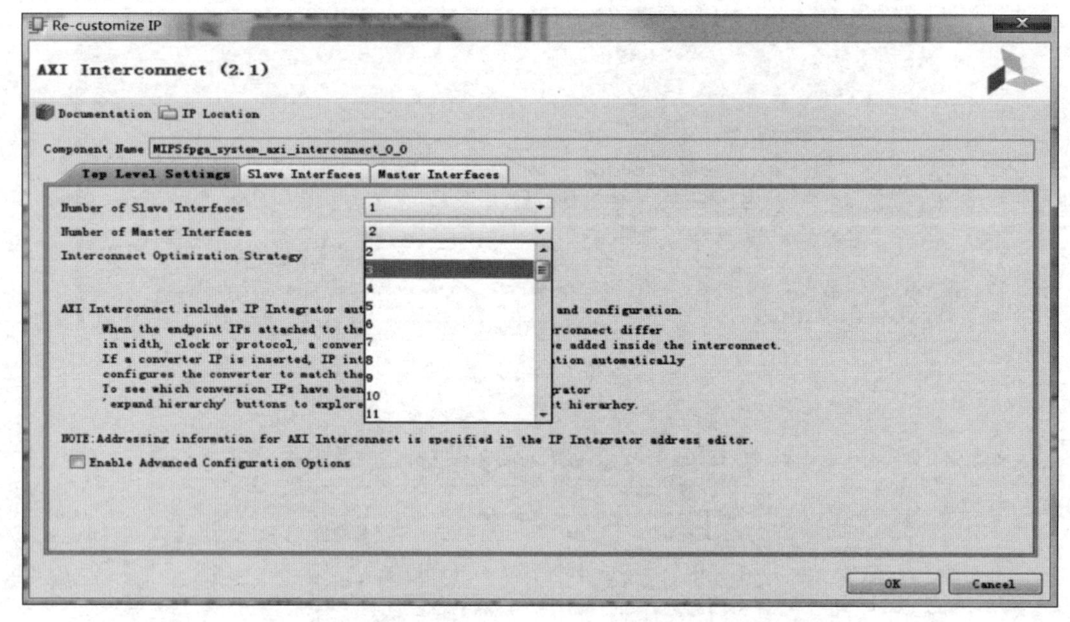

图 2-38　增加 AXI Interconnect IP 模块主端口的数量

（2）在 MIPSfpga 处理器硬件平台中添加一个串口设备，用来与 PC 主机通信。选择 Add IP 菜单命令，在 IP 库中找到 AXI UART16550 IP 模块，双击该模块，将其添加进来。AXT UART16550 IP 模块在添加后使用其默认配置即可。

（3）将该模块连接到 AXI Interconnect IP 模块新增的主端口上，同时连接相应的时钟和复位信号。

（4）将 AXI UART16550 IP 模块的接口信号 sin 和 sout 设置为外部引脚（如果这两个信号不可见，选择模块的 UART 引脚，将其展开），并且重新命名为 UART_RXD_OUT 和 UART_TXD_IN。freeze 信号则通过添加一个 Constant IP 模块接低电平。连接完成后的 AXI UART16550 IP 模块如图 2-39 所示。

（5）在 Address Editor 选项卡中将 axi_uart16550_0 的地址设置为 0x1040_0000，如图 2-40 所示。

（6）添加串口设备后的 MIPSfpga 硬件平台如图 2-41 所示。

（7）添加 DDR2 内存控制器 IP 模块（以下简称 MIG IP 模块）。选择 Add IP 菜单命令，

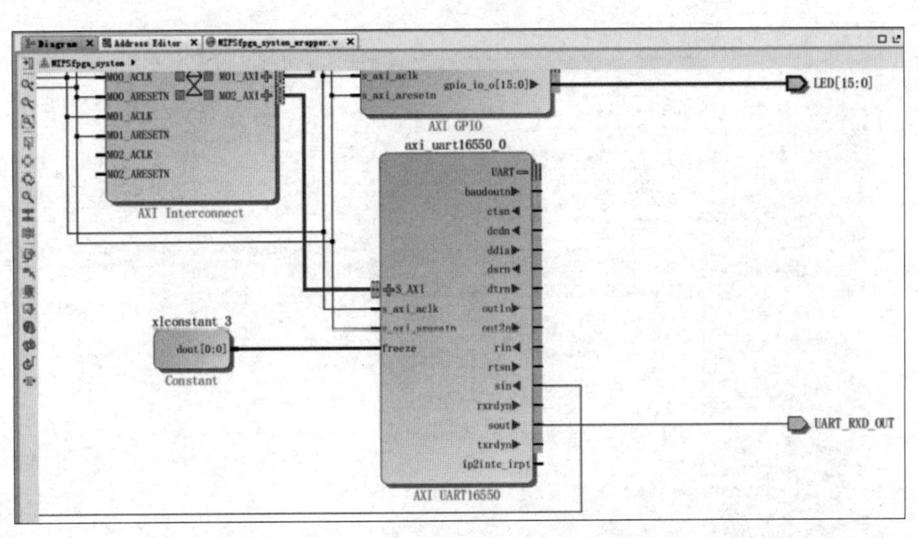

图 2-39　连接完成后的 AXI UART16550 IP 模块

Cell	Slave Interface	Base Name	Offset Address	Range	High Address
MIPS_MicroAptiv_UP_0					
ahblite (32 address bits : 4G)					
axi_bram_ctrl_0	S_AXI	Mem0	0x1FC0_0000	8K	0x1FC0_1FFF
axi_gpio_0	S_AXI	Reg	0x1060_0000	64K	0x1060_FFFF
axi_uart16550_0	S_AXI	Reg	0x1040_0000	64K	0x1040_FFFF

图 2-40　AXI UART16550 IP 模块地址分配

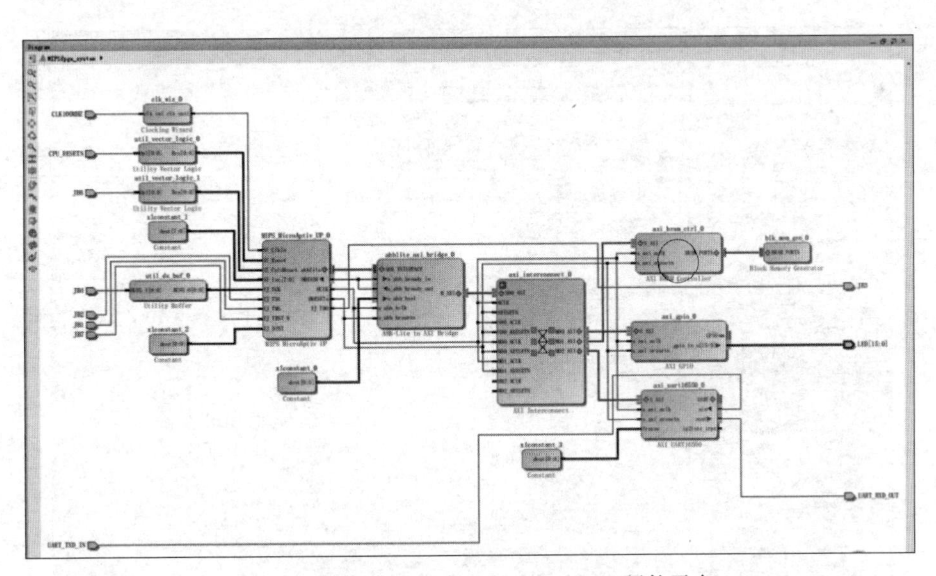

图 2-41　添加串口设备后的 MIPSfpga 硬件平台

添加 Memory Interface Generator IP 模块。然后双击该模块，进行相应的配置。

(8) 按照图 2-42 所示，选择 Create Design 单选按钮，Number of Controller 设为 1。单击 Next 按钮。

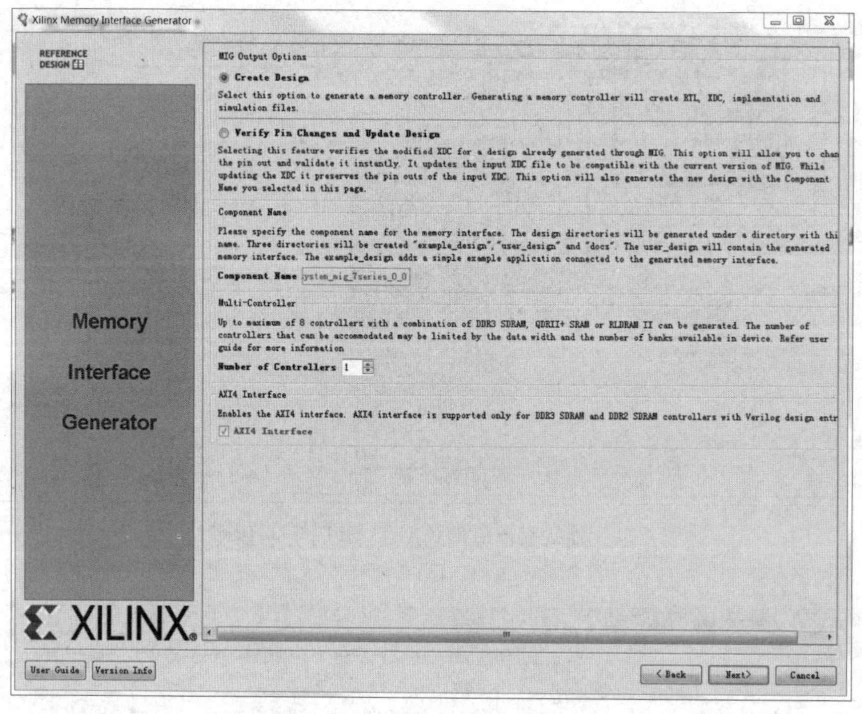

图 2-42 MIG IP 模块配置界面(一)

(9) 选择内存控制器类型为 DDR2 SDRAM,如图 2-43 所示。单击 Next 按钮。

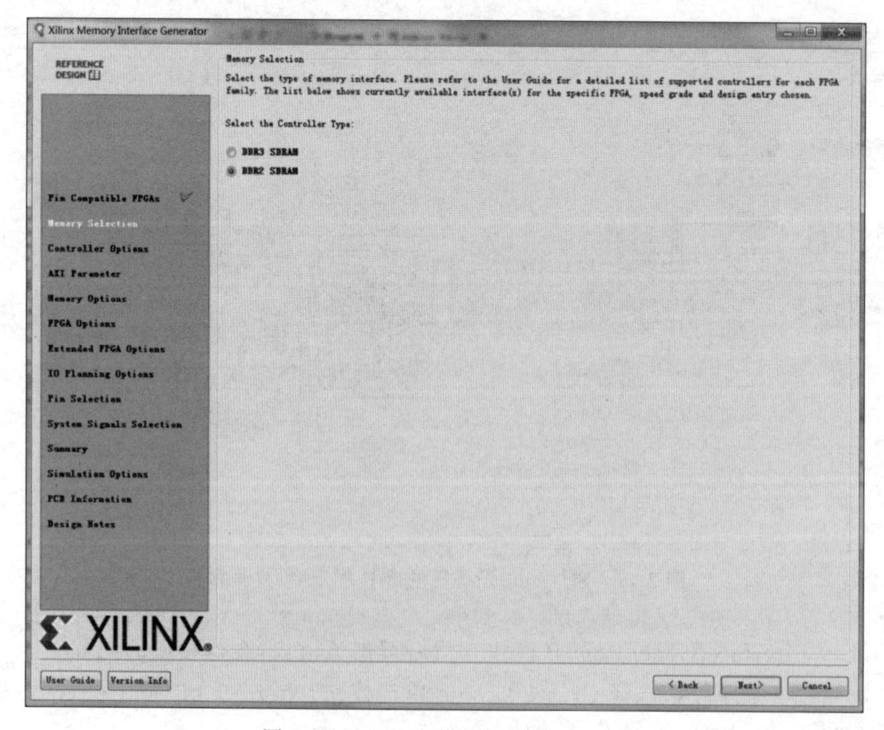

图 2-43 MIG IP 模块配置界面(二)

(10) 按照图 2-44 所示，将时钟的 Clock Peried 设置为 3077ps，将 Memery Part 设置为 MT47H64M16HR-25E(这是内存芯片的型号，具体可以查看 Nexys 4 DDR FPGA 开发板的说明书)，并单击 Create Custom Part 按钮，将 Data Width 设置为 16 位，将 ORDERING 设置为 Normal。单击 Next 按钮。

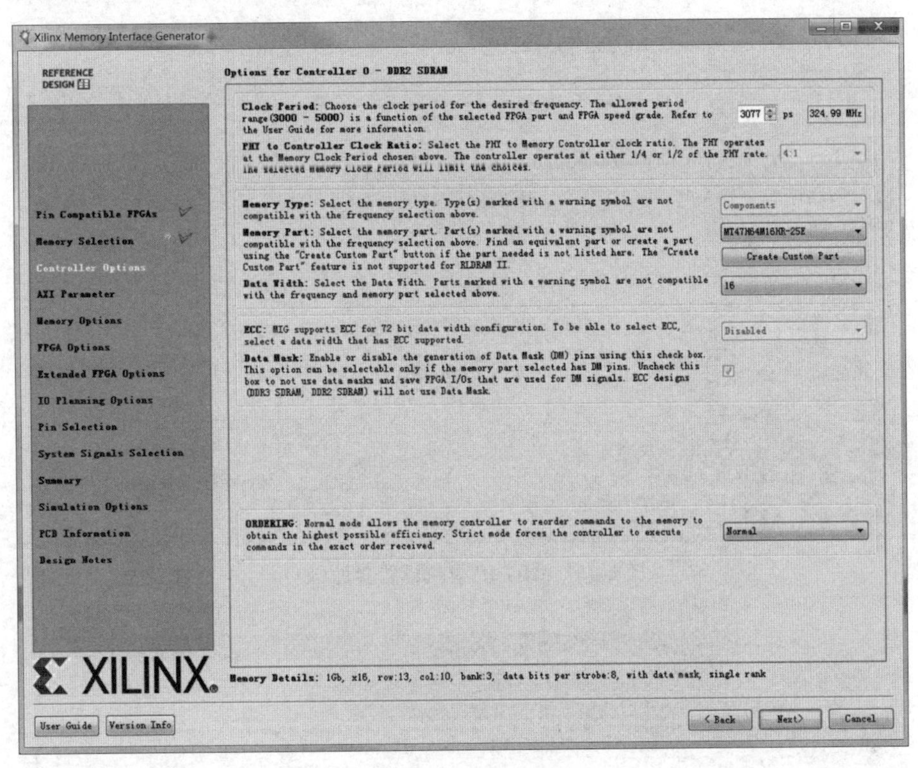

图 2-44　MIG IP 模块配置界面(三)

(11) 在图 2-45 所示的界面中，将 Data Width 设置为 64 位，将 Arbitration Scheme 设置为 RD_PRI_REG，其他保留默认设置即可。单击 Next 按钮。

(12) 按照图 2-46 所示，将 Input Clock Period 设置为 5000ps(即 200MHz)，将 Burst Type 设置为 Sequential，将 Output Drive Strength 设置为 Fullstrength，将 Controller Chip Select Pin 设置为 Enable，将 RTT(nominal) - ODT 设置为 50ohms。单击 Next 按钮。

(13) 如图 2-47 所示，将 System Clock 设置为 No Buffer，将 Reference Clock 设置为 Use System Clock，将 System Reset Polarity 设置为 ACTIVE LOW，勾选 Internal Vref 复选框，将 IO Power Reduction 设置为 ON，将 XADC Instantiation 设置为 Enabled。单击 Next 按钮。

(14) 在图 2-48 所示的界面中，将 Internal Termination Impedance 设置为 50ohms。单击 Next 按钮。

(15) 选择 Fixed Pin Out：Pre-existing pin out is know and fixed 单选按钮，如图 2-49 所示。单击 Next 按钮。

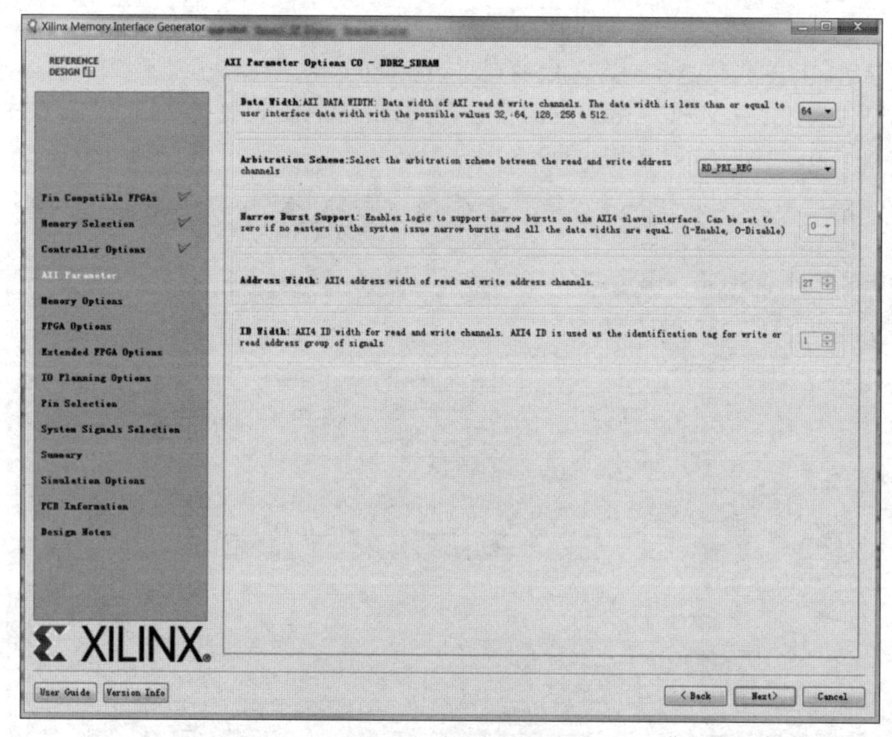

图 2-45　MIG IP 模块配置界面(四)

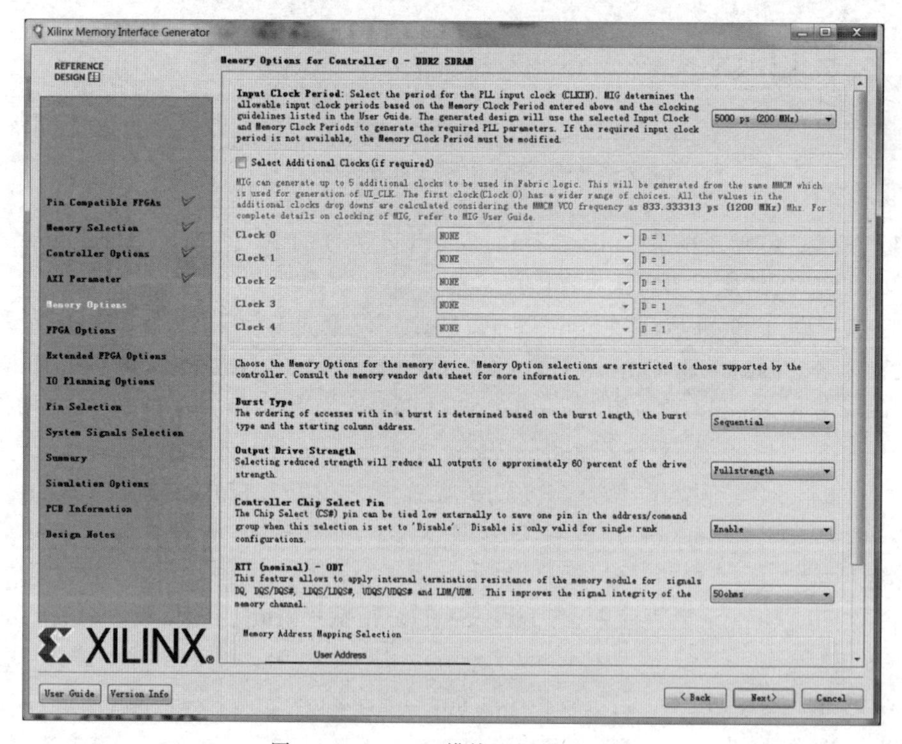

图 2-46　MIG IP 模块配置界面(五)

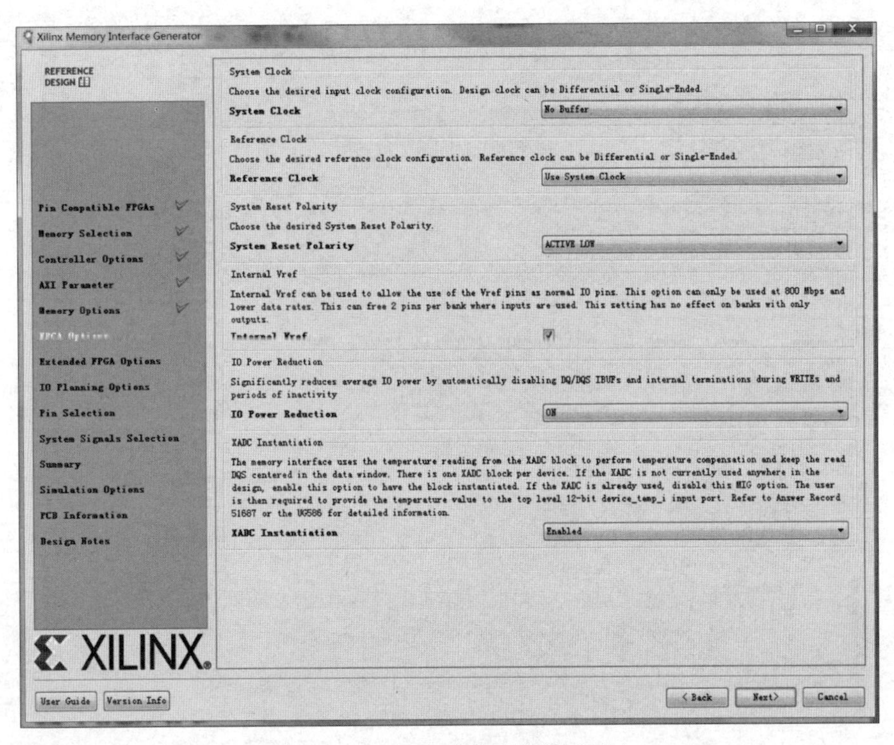

图 2-47 MIG IP 模块配置界面(六)

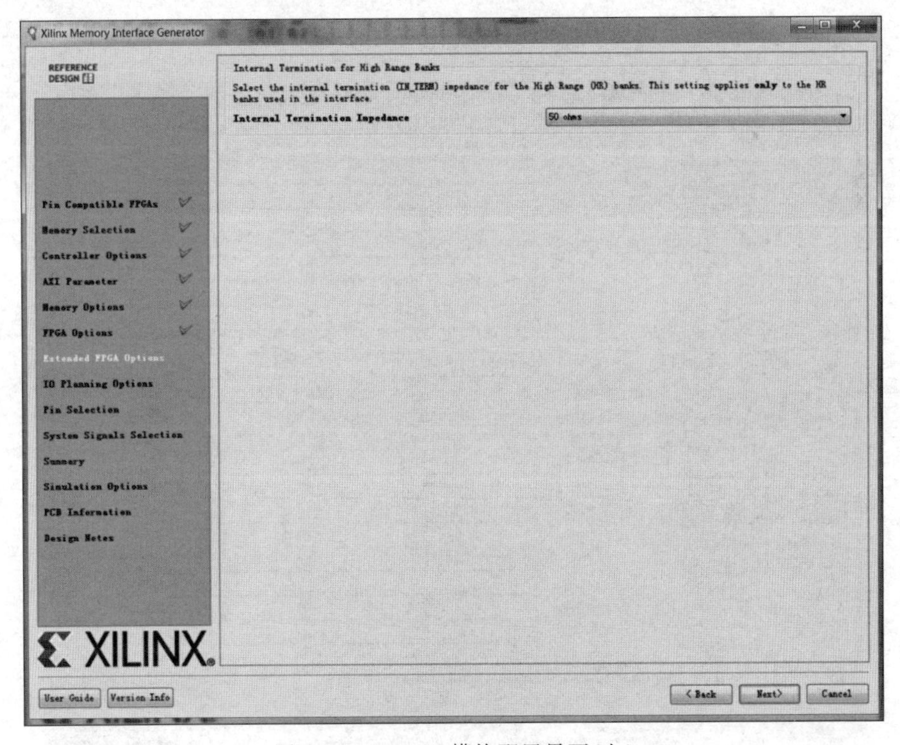

图 2-48 MIG IP 模块配置界面(七)

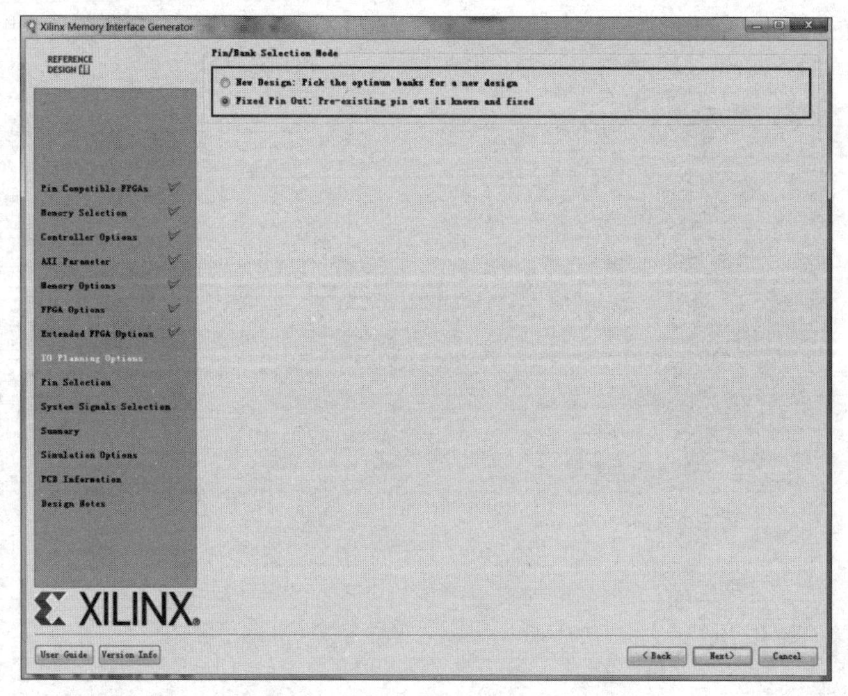

图 2-49　MIG IP 模块配置界面(八)

(16) 此时,需要对 DDR2 内存控制器芯片的引脚进行设置,在本实验中使用现成的约束文件进行引脚的分配。如图 2-50 所示,选择左侧的 Read XDC/UCF 选项,会弹出一个文

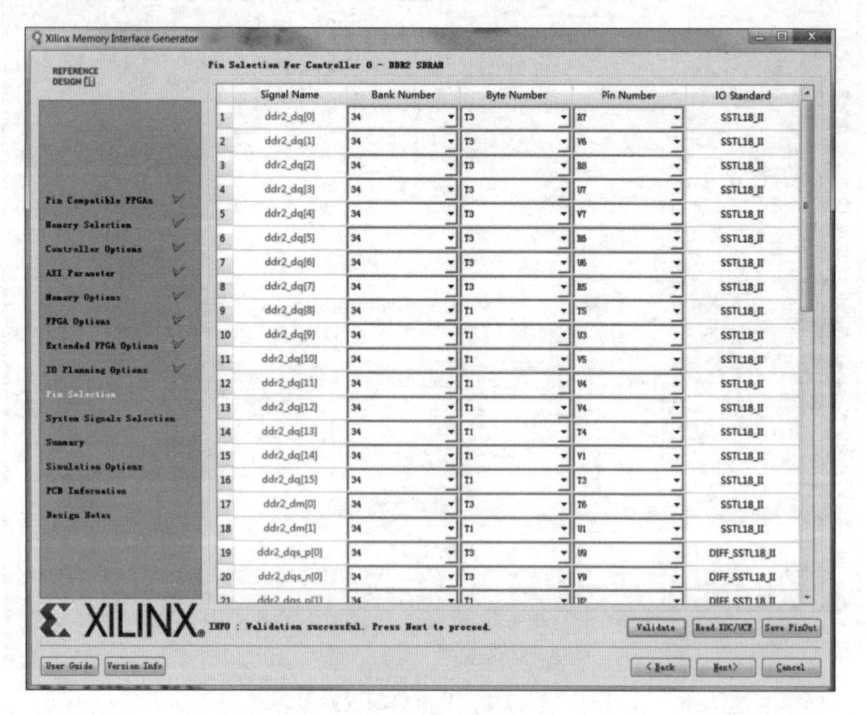

图 2-50　MIG IP 模块配置界面(九)

件浏览对话框，找到并选择 Nexys4DDR_for_MIG.ucf 文件（该文件在 system_ability 文件夹中可以找到），然后单击 Validate 按钮进行检验。检验通过后，单击 Next 按钮继续进行配置。

（17）接下来的配置都采用默认设置即可，直接单击 Next 按钮，直至最后单击 Finish 按钮完成 MIG IP 模块的自动配置。

（18）完成 MIG IP 模块配置之后，需要给该 DDR2 内存控制器提供一个频率为 200MHz 的时钟作为其系统时钟（这是因为在 MIG IP 模块配置中将 Input Clock Period 设置为 5000ps，即 200MHz）。双击 Block Design 窗口中的 Clock Wizard 模块，按照图 2-51 所示，增加一个频率为 200MHz 的时钟输出。

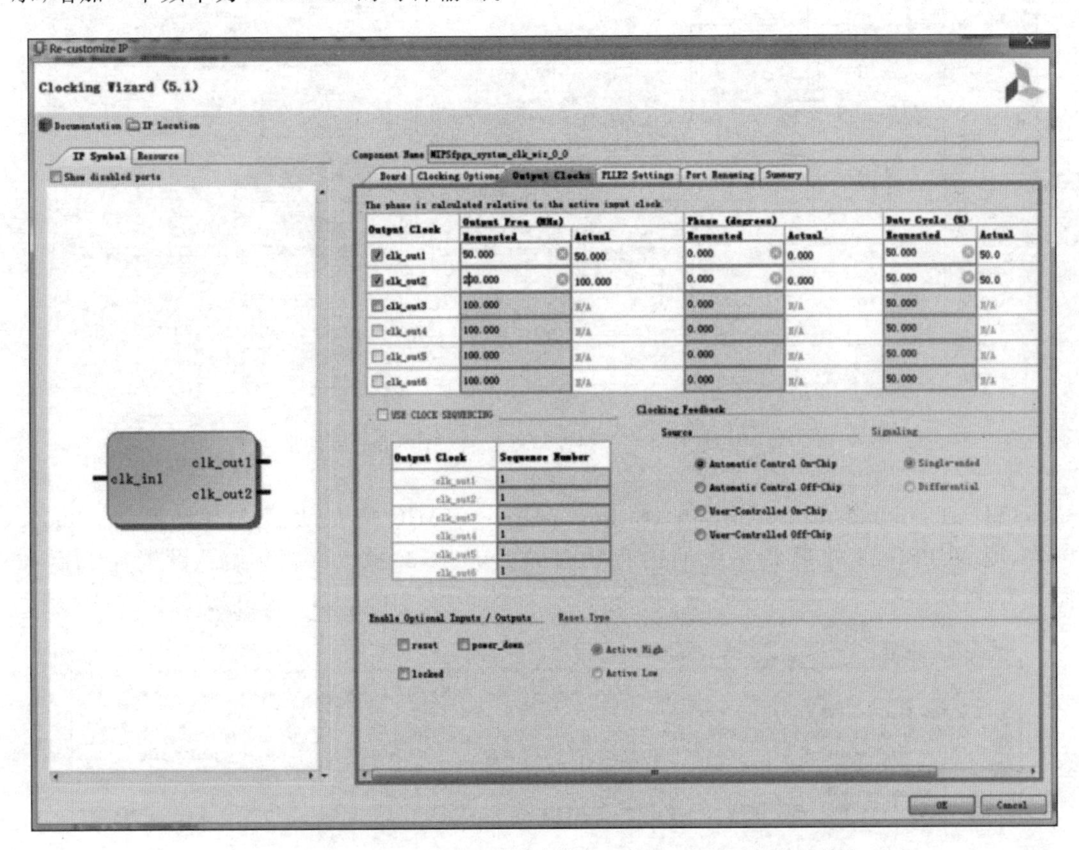

图 2-51　在 Clock Wizard 模块中增加一个 200MHz 的时钟输出

（19）将时钟模块的 200MHz 时钟输出连接到 MIG IP 模块的 sys_clk_i 引脚，如图 2-52 所示。

（20）双击 AXI Interconnect IP 模块，再增加一个 AXI 主端口，将该 AXI 主端口与 MIG IP 模块上的 AXI 从端口相连，将 MIG IP 模块的 ui_clk 信号连接到该 AXI 主端口的时钟引脚上（在图 2-52 中这个时钟引脚为 M03_ACLK），MIG IP 模块的 ui_clk_sync_rst 引脚则通过一个非门（使用 Utility Vector Logic IP 模块，配置成 not）连接到该 AXI 主端口相应的复位信号上(这里的复位信号为 M03_ARESETN,由于这个信号是低电平有效的,而 MIG IP 模块输出的复位信号是高电平有效的,因此需要加一个非门,对该信号进行转换),将 MIG IP 模块的复位信号 aresetn 连接到任意一个 s_axi_resetn 引脚上,将系统复位信号 sys_rst 连接到外部引脚 CPU_RESETN 上。再右击其 DDR2 信号,在弹出的快捷菜单中选择 Make External 命令,将其设为外部引脚,并更名为 DDR2_SDRAM。添加 DDR2 内存控制器后 MIPSfpga 硬件平台如图 2-52 所示。

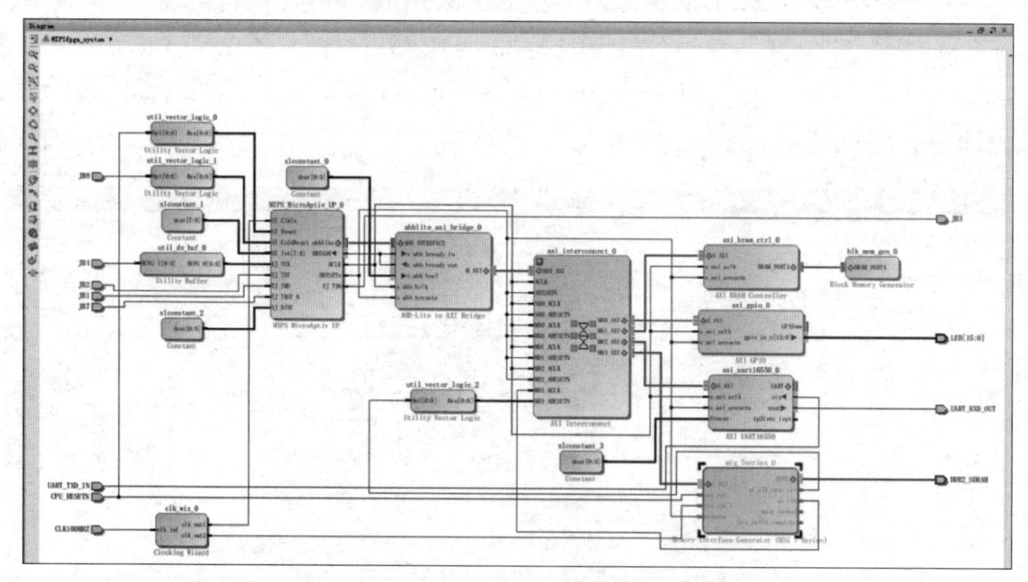

图 2-52 添加 DDR2 内存控制器后的 MIPSfpga 硬件平台

(21) 在 Address Editor 窗口中,将 mig_7series_0(MIG IP 模块)的地址设置为 0x0000_0000,即 MIPSfgpa 处理器系统的内存物理地址从 0x0000_0000 开始。设置完成后如图 2-53 所示。

Cell	Slave Interface	Base Name	Offset Address	Range	High Address
MIPS_MicroAptiv_UP_0					
ahblite (32 address bits : 4G)					
axi_bram_ctrl_0	S_AXI	Mem0	0x1FC0_0000	8K	0x1FC0_1FFF
axi_gpio_0	S_AXI	Reg	0x1060_0000	64K	0x1060_FFFF
axi_uart16550_0	S_AXI	Reg	0x1040_0000	64K	0x1040_FFFF
mig_7series_0	S_AXI	memaddr	0x0000_0000	128M	0x07FF_FFFF

图 2-53 设置内存地址

(22) 选择 Validate Design 菜单命令,对 Block Design 设计的正确性进行检验。在检验过程中,如果只是出现警告信息,同样可以通过单击 OK 按钮忽略。

(23) 完成设计检验之后,选择 Generate Block Design,如图 2-54 所示。在弹出的 Generate Output Products 对话框中,单击 Generate 按钮,更新 MIPSfpga_system_wrapper 文件,如图 2-55 所示。

(24) 根据新添加的外部设备,相应地修改约束文件。修改完成后,选择 Generate Bitstream 菜单命令,生成比特流文件。

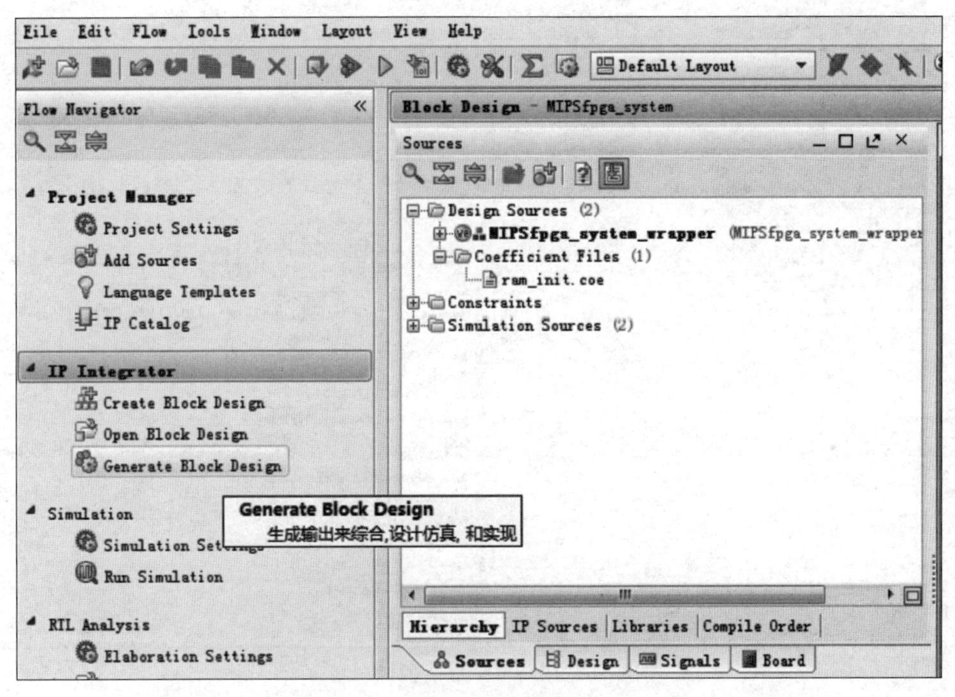

图 2-54　选择 Generate Block Design

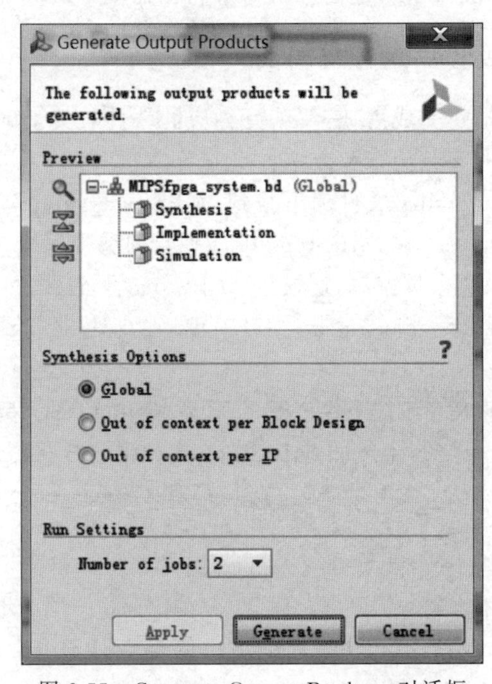

图 2-55　Generate Output Products 对话框

(25) 比特流文件生成后，查看 Vivado 生成的综合报告(Project Summary)，确认时序能否满足 CPU 运行的要求，如图 2-56 所示。

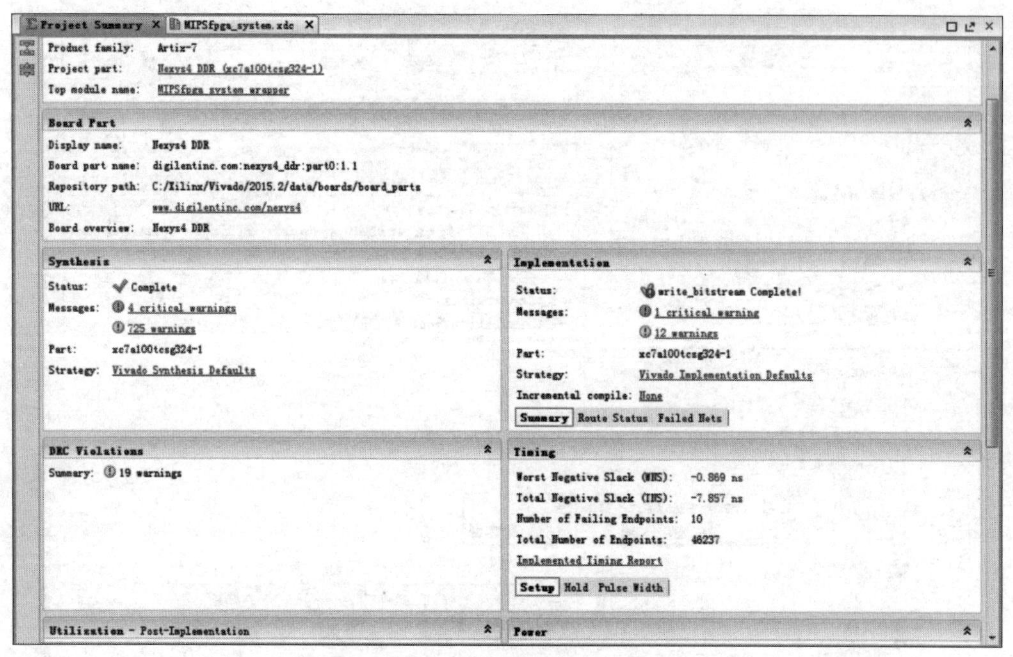

图 2-56　比特流生成后的综合报告

如果需要，可以参照 3.2.2 节所述的方法添加自己需要的现成部件或外设。

2.2.3　硬件平台测试及程序运行与调试

MIPSfpga 硬件平台搭建完成后，需要编写相应的软件对其正确性进行测试。下面以串口的测试为例，说明具体的实验步骤和方法：

(1) 在下载的 system_ability 文件夹下找到 MIPSfpga_axi4_C 文件夹，仔细阅读该文件夹下的所有程序和文件，学习了解 MIPSfpga 硬件平台的编程框架。

(2) 在主机上打开 cmd 命令窗口，切换到 MIPSfpga_axi4_C 文件夹，然后输入 make 命令，对程序进行编译(也可以用 make clean 命令对编译的程序进行清除，详见 1.2.3 节)，生成可执行的 ELF 文件。

(3) 连接 Nexys4 DDR FPGA 开发板的下载线和 JTAG 调试器，打开 Vivado，向 Nexys4 DDR FPGA 开发板烧写生成的 MIPSfpga 硬件平台比特流文件(详见 1.2.2 节)。

(4) 在主机上打开另一个 cmd 命令窗口，切换到 Codescape_Scripts 所在文件夹，然后在该命令窗口中输入如下命令：

```
loadMIPSfpga.batC:\workspace\Peripheral_course_2018\MIPSfpga_axi4_C
```

在上面的命令中，loadMIPSfpga.bat 后面给出的是 MIPSfpga_axi4_C 文件夹所在的路径，详见 1.2.3 节。

(5) 在主机上打开一个串口终端(例如 PuTTY.exe)，将波特率设置为 115 200baud，然后观察串口终端的输出情况(串口的端口号可在 Windows 的设备管理器中查到，详见 1.2.3 节)。

(6) 对 MIPSfpga_axi4_C 文件夹中的程序进行修改，可以对 MIPSfpga 硬件平台的其他功能进行测试。如果程序运行不正确，可以参照1.3.4节中提供的GDB调试方法对该程序进行调试。

2.3 实验背景及原理

2.3.1 MIPSfpga处理器简介

1. 概述

MIPS是世界上很流行的一种RISC处理器。MIPS的意思是无互锁流水级微处理器(Microprocessor without Interlocked Piped Stages)，其机制是尽量利用软件办法避免流水线中的数据相关问题。它最早是在20世纪80年代初期由斯坦福大学的John Hennessy教授领导的研究小组研制的。随后他们成立MIPS计算机公司，完成了MIPS处理器的商业化。

MIPS计算机公司成立于1984年，1986年推出R2000处理器，1988年推出R3000处理器，1991年推出第一款64位商用微处理器R4000。1992年，SGI公司收购了MIPS计算机公司；1998年，MIPS公司脱离SGI公司，并更名为MIPS技术公司。随后，MIPS公司的战略发生变化，把重点放在嵌入式系统开发上。1999年，MIPS公司发布MIPS32和MIPS64架构标准，为未来MIPS处理器的开发奠定了基础。2013年，MIPS公司被Imagination Technologies公司收购。2017年，Imagination Technologies公司破产。2018年，MIPS公司从已破产的Imagination Technologies公司中分离出来，由位于美国硅谷的Wave Computing公司收购。

MIPS处理器在20世纪80年代和90年代是SGI高性能图形工作站的核心。MIPS R3000拥有5级流水线，是MIPS公司第一个在商业上取得成功的处理器。随后是R4000，该处理器新增了64位指令。R8000是超标量处理器。R10000进而实现了乱序执行流水线。它们均是高性能处理器的代表。

MIPS处理器架构在高性能处理器领域取得成功的同时，也开始进军消费类市场，衍生出低功耗、低成本的处理器，应用领域包括消费电子产品、网络和微控制器。其中，M4K系列是基于经典的5级流水结构的处理器；M14K则在M4K的基础上通过增加16位的microMIPS指令集来减少应用程序的代码大小，以便更好地应用于成本敏感的嵌入式系统；microAptiv则对M14K进行了进一步延伸，添加了可选的数字信号处理指令。microAptiv其实是微控制器(Micro Controller，UC)和微处理器(Micro Processor，UP)的变种，通过在微处理器中增加高速缓存和虚拟内存来支持操作系统，以便运行Linux或Android等操作系统。市场上广泛应用的美国微芯科技公司(Microchip)的PIC32微控制器系列就是基于M4K架构的产品。

MIPS M4K、M14K和microAptiv是Imagination Technologies公司以微体系结构(Micro Architecture，MA)方式提供的最简单的处理器核，但是，它们与Imagination Technologies公司的中档处理器(interAptiv)和高端处理器(proAptiv)以及以这些处理器为核心构成的多核处理器在软件方面是兼容的。中档的interAptiv系列处理器定位为ARM公司Cortex-A5/A7/A9的竞争产品。interAptiv是32位处理器核，流水线深度为9级，不支持乱序执行,但是,其硬件支持多线程以及双发射超标量的 64 位 MIPS I6400 体系结构。高端的 proAptiv 系列包括 1～6 个核,每个核都是一个超标量并支持乱序执行的处理器,拥有 32 位 MIPS P5600 架构和可扩展 SIMD(Single Instruction Multiple Data,单指令多数据)等高级功能。

MIPSfpga 则是 Imagination Technologies 公司推出的应用于教学的处理器,它是在 MIPS32 microAptiv 处理器架构上,通过增加高速缓存和 MMU 而形成的,以 Verilog HDL 源代码方式提供,因此可以在 FPGA 开发板上进行仿真和执行。

2. MIPSfpga 处理器核

MIPSfpga 处理器核基于 microAptiv 处理器。microAptiv 处理器广泛应用于工业、办公自动化、汽车、消费电子、无线通信等商业领域。MIPSfpga 处理器核用 Verilog HDL 描述,因此是处理器软核,而不是处理器芯片。用于描述 MIPSfpga 的 Verilog HDL 程序代码量为 1 万多行。具体来说,MIPSfpga 处理器核有如下特点:

(1) 5 级流水线结构。

(2) 运行 MIPS32 ISA 指令集,性能 1.5DMIPS/MHz。

(3) 4KB 的两路组相联指令缓存和数据缓存。

(4) 带 16 个 TLB 表项的 MMU。

(5) AHB-Lite 总线接口。

(6) EJTAG 编程/调试接口,支持两条指令和一个数据断点。

(7) 性能计数器。

(8) 输入信号同步。

(9) CorExtend 接口(可供用户自定义指令)。

(10) 包括数字信号处理(Digital Signal Processing, DSP)扩展、协处理器 2(CP2)接口和影子寄存器(Shadow Registers,SR)。

MIPSfpga 仅可用于教学目的,而不能用于商业用途。它可以用来学习微处理器是如何工作的,通过仿真或者在 FPGA 中实现来观察微处理器的工作情况,通过阅读代码了解和学习微处理器的微体系结构是如何实现的,利用汇编语言或 C 语言程序来了解程序在 Verilog HDL 仿真器或 FPGA 开发板上的运行过程。在这里,可以通过其总线来连接外部设备,学习接口技术;也可以修改其源代码来实现新的指令,或者对其微体系结构进行扩展;还可以运行 Linux 操作系统来学习微处理器系统从 Verilog HDL 设计代码直至在操作系统上运行的整个过程。

MIPSfpga 处理器的内核结构如图 2-57 所示。它包含以下 5 个主要结构:执行单元(Execution Unit,EU)是处理器的核心,它负责执行指令的操作命令,例如进行加法运算或减法运算;乘/除单元(Multiply/Divide Unit,MDU)用于乘法和除法运算;指令译码部件(Instruction Decoder,ID)用于对从指令高速缓存中读取的指令进行译码处理,产生相应的控制信号对执行单元进行控制;系统协处理单元(system co-processor unit)用于为协处理器提供系统时钟、复位等系统级的接口信号;通用寄存器(General Purpose Registers,GPR)用于存放指令的操作数。

图 2-57 顶部的其他 3 个接口分别是用户定义指令(User Defined Instruction,UDI)接

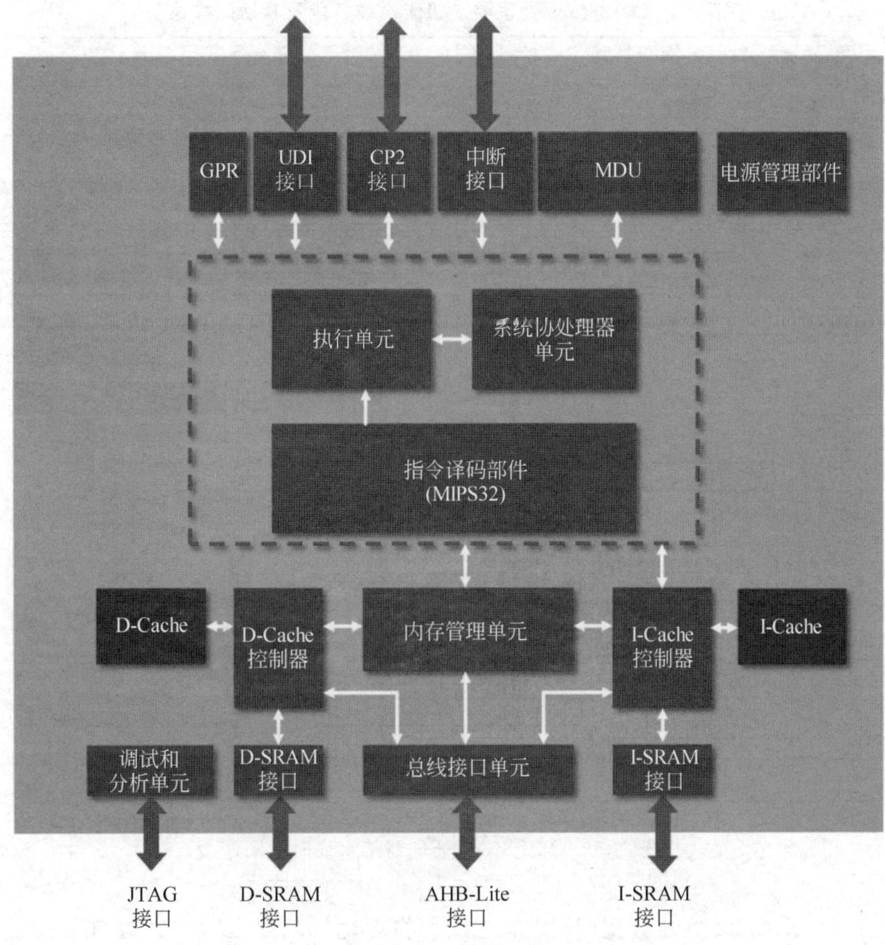

图 2-57　MIPSfpga 处理器内核结构

口、2 号协处理器(CP2)接口和中断接口(interrupt interface),它们分别用于使处理器能够运行用户自定义指令、与 2 号协处理器互连和接收外部中断信号。

指令和数据高速缓存(I-Cache 和 D-Cache)分别通过各自的控制器连接到内存管理单元(Memory Management Unit,MMU)。MMU 负责内存的地址变换,以及当指令或数据不在高速缓存中时将其从内存搬运到高速缓存中来。总线接口单元(Bus Interface United,BIU)使得用户可以通过 AHB-Lite 总线协议给处理器外接存储器或者采用内存映射方式的外部设备。

数据和指令中间结果暂存寄存器(Scratchpad RAM,SRAM)接口分别简称 D-SRAM 和 I-SRAM,它们使得处理器能够以低延迟访问片上存储器(on-chip memory)。调试和分析器单元(debug and profiler unit)提供用于调试的 EJTAG 接口,下载程序代码,并对处理器的性能进行监控。

MIPSfpga 处理器采用 5 级流水线,但是与标准的 MIPS 处理器的 5 级流水线结构稍有不同。MIPSfpga 处理器 5 级流水线各段及其功能描述如表 2-1 所示,流水线的时空图如图 2-58 所示。

表 2-1　MIPSfpga 处理器 5 级流水线各段及其功能描述

序号	流水级	名称	功能描述
1	I	取指	处理器取指令
2	E	执行	处理器从内存取出操作数并进行算术逻辑运算
3	M	访存	根据指令，处理器从内存取出操作数或向内存存入操作数
4	A	对齐	根据指令，处理器将从内存中取出的数进行 32 位边界对齐
5	W	写回	根据指令，处理器将结果写回寄存器

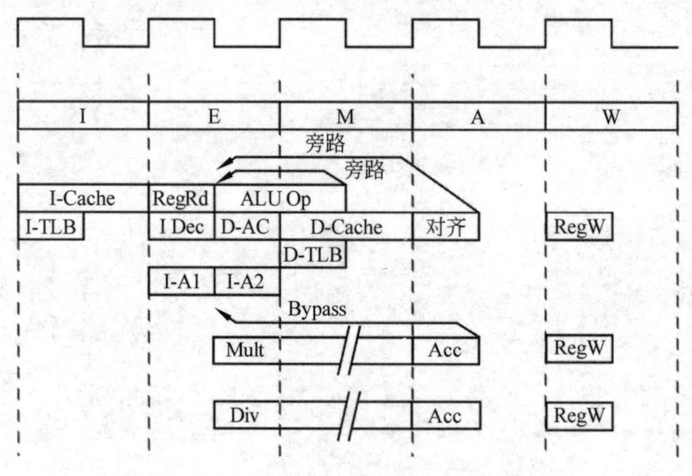

图 2-58　MIPSfpga 处理器流水线时空图

MIPSfpga 采用 32 位地址空间(虚拟地址和物理地址均是 32 位)。处理器有 3 种运行模式，分别为内核模式、用户模式和调试模式。处理器复位后处于内核模式，并且跳到复位地址 0xBFC00000(虚拟地址)开始运行程序。图 2-59 是 MIPSfpga 处理器虚拟地址映射。其中，复位地址 0xBFC00000 位于 kseg1 段(0xA0000000～0xBFFFFFFF)，属于不映射、不缓存地址段，这意味着该段地址中的指令或数据直接取自外部存储器而不是高速缓存，同时虚拟地址直接映射到物理地址，而不是通过 MMU 进行地址变换。这一点非常重要，因为复位时处理器 MMU 和高速缓存都还没有完成初始化，不能正常工作。kseg1 段虚拟地址采用直接减 0xA0000000 的方式映射到物理地址，即复位地址 0xBFC00000 将映射到主存的物理地址 0x1FC00000。kseg0 段虚拟地址(0x80000000～0x9FFFFFFF)，属于缓存但不映射地址段，即该段虚拟地址同样不通过 MMU 进行地址变换，而采用直接减 0x80000000 的方式映射到物理地址，但是指令或数据来自高速缓存。kuseg 段虚拟地址(0x00000000～0x7FFFFFFF)则是用户虚拟地址空间。

图 2-60 给出了 MIPSfpga 处理器最简系统的关键部件框图。该系统的时钟信号(SI_ClkIn)、复位信号(SI_Reset_N)和 EJTAG 编程信号来自 FPGA 开发板或者仿真模拟器测试平台。在系统最简化的情况下，可以仅外接发光二极管或开关，由处理器通过 AHB 总线接口驱动。在图 2-60 所示的最简系统中，除 MIPSfpga 处理器核(m14k_top)外，仅包含

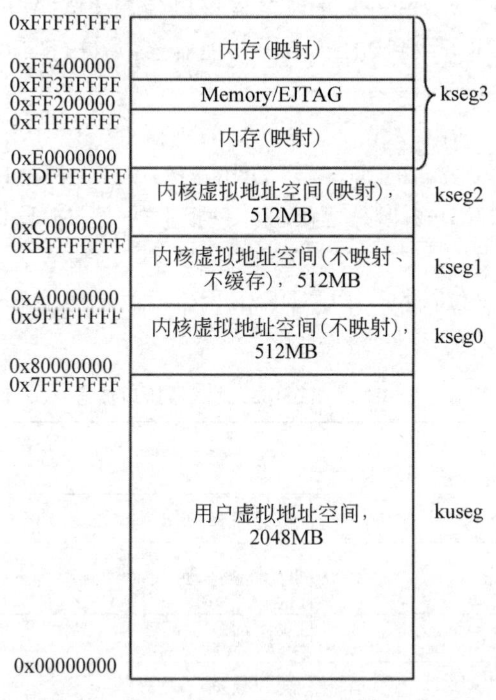

图 2-59 MIPSfpga 处理器虚拟地址映射

mipsfpga_ahb 模块，该模块内含 RAM、GPIO 和 AHB-Lite 总线接口。

mipsfpga_ahb 模块的物理地址分配如图 2-61 所示。它包括一个起始地址（物理地址）从 0x1FC00000 开始的 128KB RAM（用于存放处理器复位后将执行的程序代码）和一个起始地址从 0x00000000 开始的 256KB RAM（用于存放其他的程序代码或数据）。另外，它还包括 4 个 GPIO 寄存器，用于控制发光二极管和开关的输入和输出。

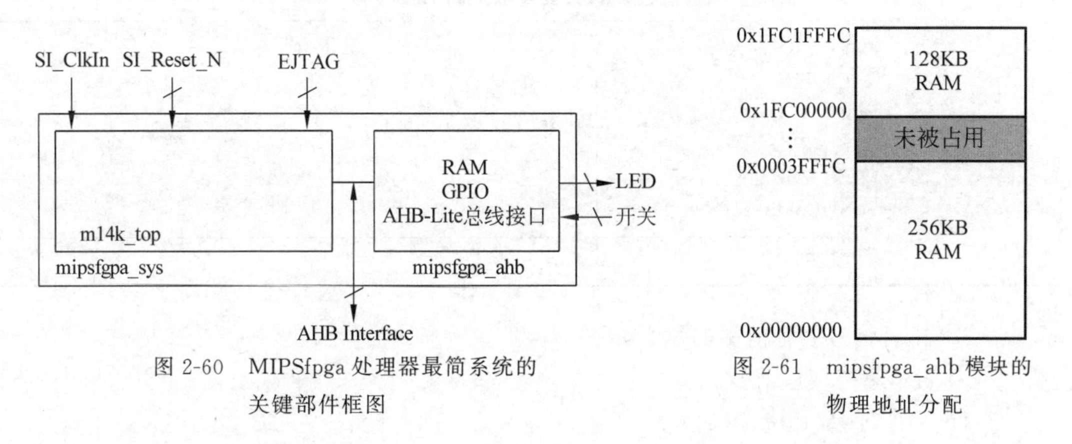

图 2-60 MIPSfpga 处理器最简系统的关键部件框图

图 2-61 mipsfpga_ahb 模块的物理地址分配

3. MIPSfpga 处理器的接口

MIPSfpga 处理器的接口主要有 3 个：AHB-Lite 总线接口、FPGA 开发板输入输出引脚和 EJTAG 接口。MIPSfpga 处理器核通过 AHB-Lite 总线与存储器和外设连接；FPGA

开发板输入输出引脚使得 MIPSfpga 处理器核可以控制 FPGA 开发板上的开关和 LED；EJTAG 接口则用于将程序下载到 MIPSfpga 处理器核，并进行实时调试。下面对这 3 个主要的接口进行详细介绍。

MIPSfpga 处理器接口信号如表 2-2 所示。时钟信号（SI_ClkIn）是 MIPSfpga 处理器的系统时钟；如果使用 Xilinx 公司的 Nexys 4 DDR FPGA 开发板，MIPSfpga 处理器可以正常运行的最大时钟频率为 62MHz，但是建议将开发板上的 100MHz 时钟分频为 50MHz 输入使用。复位信号（SI_Reset_N）低电平有效（带后缀“_N”的信号表示低电平有效），Nexys 4 DDR FPAG 开发板上的复位按钮（CPU_RESETN）可用于连接该信号引脚。MIPSfpga 处理器上电后必须先复位，才能正常运行程序。

表 2-2　MIPSfpga 处理器接口信号

信号分类	MIPSfpga 接口信号名称	备　注
系统信号	SI_Reset_N	处理器复位信号
	SI_ClkIn	时钟信号，最大时钟频率为 62MHz，建议使用 50MHz
AHB-Lite 总线信号	HADDR[31:0]	总线地址
	HRDATA[31:0]	读的数据
	HWDATA[31:0]	写的数据
	HWRITE	读/写控制信号
开发板输入输出信号	IO_Switch[17:0]	接开发板上的滑动开关
	IO_PB[4:0]	接开发板上的按钮
	IO_LEDR[17:0]	接开发板上的 LED
	IO_LEDG[8:0]	接开发板上的 LED
EJTAG 接口信号	EJ_TRST_N_probe EJ_TDI EJ_TDO EJ_TMS EJ_TCK SI_ColdReset_N	接开发板上的 EJTAG 端口
	EJ_DINT	接地

表 2-2 中各信号名称前缀的意义如下：

- SI 表示系统接口信号。
- H 表示 AHB-Lite 总线信号。
- IO 表示开发板输入输出信号。
- EJ 表示 EJTAG 接口信号。

AHB（Advanced High-performance Bus）是一个开源总线接口规范，广泛应用于嵌入式系统。AHB 能够方便微处理器连接多个部件或外设。AHB-Lite 是 AHB 的简化版本，仅支持单一的总线主设备。本节仅对 MIPSfpga 处理器系统使用的 AHB-Lite 总线的基本操作进行简要介绍。

MIPSfpga 处理器使用的 AHB-Lite 总线如图 2-62 所示。AHB-Lite 总线上只有一个主设备，即 MIPSfpga 处理器；有 3 个从设备，分别是 RAM0、RAM1 和 GPIO。RAM0 和 RAM1 是两个内存模块(用 FPGA 的 BRAM 模块实现)，GPIO 则是用于访问 FPGA 开发板上开关和 LED 的输入输出模块。MIPSfpga 处理器作为主设备发送时钟(HCLK)、写使能(HWRITE)、地址(HADDR)和要写的数据(HWDATA)；接收来自其中一个从设备的输入数据(HRDATA0～HRDATA2)。MIPSfpga 处理器具体读入哪个从设备的数据，要根据地址译码得到的 HSEL 信号进行选择。

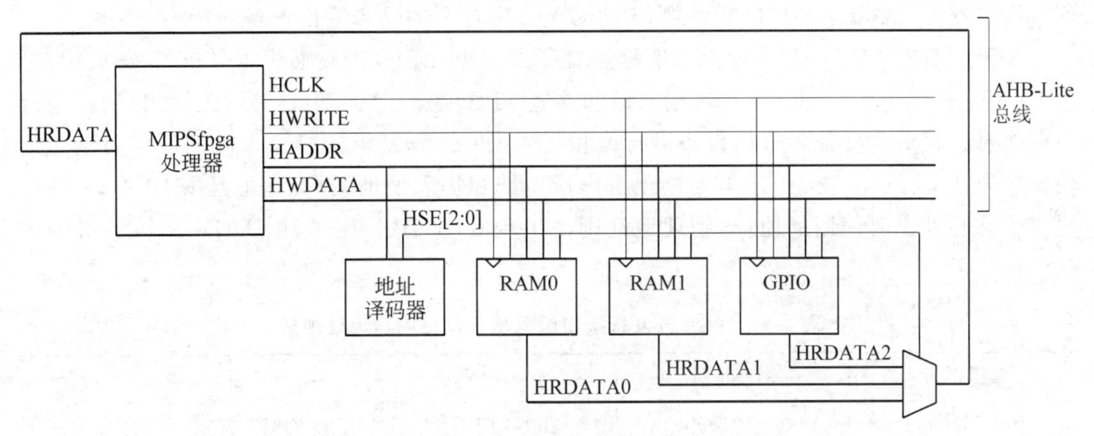

图 2-62 MIPSfpga 处理器使用的 AHB-Lite 总线

一个 AHB-Lite 总线传送过程包括两个时钟周期：第一个为地址周期，第二个为数据周期。在地址周期，MIPSfpga 处理器作为主设备送出要访问的地址(HADDR)。如果是写数据，使能读写控制信号(HWRITE)有效；否则使该信号无效。在数据周期，如果是写数据，则在总线上送出要写的数据(HWDATA)，否则读取总线上由从设备送入的数据(HRDATA0～HRDATA2)。

图 2-63 是 AHB-Lite 总线写数据的时序图，图 2-64 是 AHB-Lite 总线读数据的时序图。

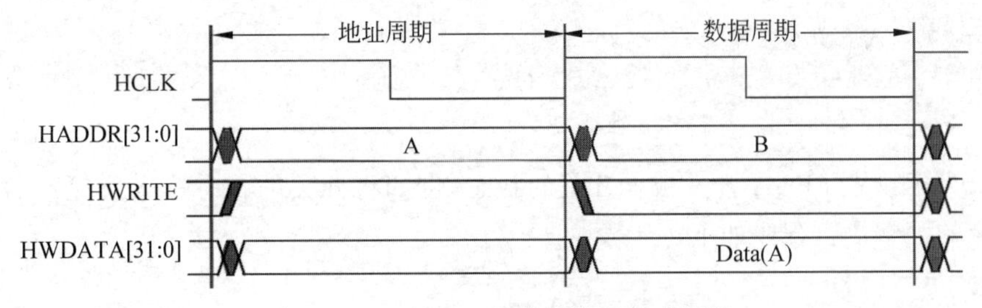

图 2-63 AHB-Lite 总线写数据的时序图

MIPSfpga 处理器的从设备模块和地址译码器模块在 MIPSfpga_ahb 模块中实现(具体见 MIPSfpga 处理器核源代码中的 MIPSfpga_ahb.v 文件)。RAM0 中应该存放 MIPSfpga 处理器的启动运行代码。复位时，MIPSfpga 处理器的 PC 指向复位地址，即物理地址

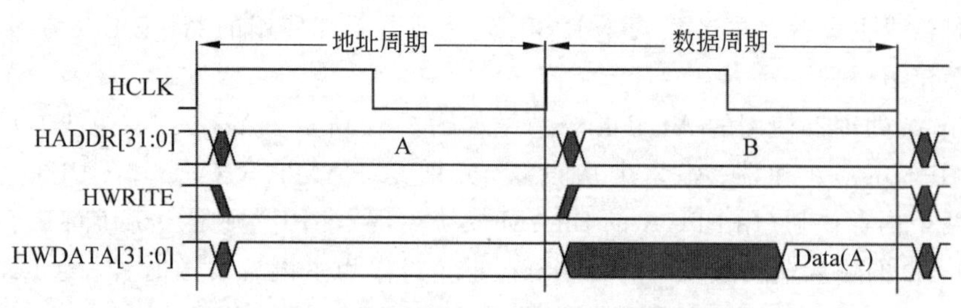

图 2-64　AHB-Lite 总线读数据的时序图

0x1FC00000(虚拟地址为 0xBFC00000)。RAM1 模块的起始物理地址为 0x00000000,用于存放用户程序和数据。GPIO 模块则与 FPGA 开发板上的输入输出设备连接。

由于所有的 FPGA 开发板上一般都会提供开关和 LED,因此通过 FPGA 开发板接口,AHB-Lite 总线上的 GPIO 模块可用来访问这些 FPGA 开发板上简单的输入输出设备,通过内存映射方式对这些输入输出设备进行读和写。FPGA 开发板接口输入输出设备内存地址映射如表 2-3 所示。表 2-3 中同时给出了虚拟地址和物理地址,虚拟地址是 MIPSfpga 处理器指令访问外设时使用的地址,物理地址则是出现在 AHB-Lite 总线 HADDR 信号引脚上的地址。

表 2-3　FPGA 开发板接口输入输出设备内存地址映射

虚拟地址	物理地址	信号名称	备　注
0xBF800000	0x1F800000	IO_LEDR	连接 FPGA 开发板上的 LED
0xBF800004	0x1F800004	IO_LEDG	连接 FPGA 开发板上的 LED
0xBF800008	0x1F800008	IO_SW	连接 FPGA 开发板上的开关
0xBF80000C	0x1F80000C	IO_PB	连接 FPGA 开发板上的按钮

因此,为了控制 FPGA 开发板上的 LED,需要程序代码向相应的地址写入正确的数据。例如,为了控制 12 个 LED 的亮灭,可以向 0xBF800000 地址写入相应的数据,这里假设向 LED 写入 0x543,相应的汇编语言程序如下:

```
addiu $7, $0, 0x543      #$7 =0x543
lui   $5, 0xBF80         #$5 =0xBF800000 (LED 地址)
sw    $7, 0($ 5)         #LEDs 地址为 0x543
```

同样,为了读入 FPGA 开发板上开关的状态,例如将开关的状态读入处理器的 10 号寄存器,相应的汇编语言程序如下:

```
lui   $5,  0xBF80        #$5 =0xBF800000
lw    $10, 8($5)         #$10 为开关的状态
```

至于 MIPSfpga 处理器内存映射 I/O 方式是如何具体实现的,可参看 MIPSfpga 的源程序代码,在 MIPSfpga_ahb_gpio.v 文件中,这里不再赘述。

EJTAG(Enhanced Joint Test Action Group,增强联合测试行动组织)是 MIPS 公司根

据 IEEE 1149.1 协议的基本构造和功能扩展制定的规范，是一个硬件/软件子系统，在处理器内部实现了一套基于硬件的调试特性，用于支持片上调试。EJTAG 接口利用 JTAG 的 TAP(Test Access Port，测试访问端口)访问方式，将测试数据传入或者传出处理器核(相关内容可参看 1.3.2 节)。EJTAG 可实现的功能主要包括访问处理器的寄存器、访问系统内存空间、设置软件/硬件断点、单步/多步执行等。EJTAG 调试功能模块由 4 部分组成：处理器核内部的组件扩展、硬件断点单元、调试控制寄存器(Debug Control Register，DCR)以及 TAP 接口。EJTAG 并不需要与处理器紧密结合，但处理器必须提供调试寄存器、进入调试模式和在调试模式下执行指令的能力。更重要的是，调试异常(exception)的优先级必须高于其他处理器的异常优先级。EJTAG 调试通过处理器调试异常将处理器从非调试模式(non-debug mode)转到调试模式(debug mode)。

EJTAG 接口信号的名称及功能具体如下(绝大多数情况下，MIPSfpga 处理器的用户不需要对 EJTAG 接口有比较深入的了解)：

- EJ_TCK 为测试时钟信号。
- EJ_TMS 为测试模式选择信号。
- EJ_TDI 为测试数据输入信号，将数据输入处理器。
- EJ_TDO 为测试数据输出信号，由处理器输出数据。
- EJ_TRST_N_probe 为测试复位信号，低电平有效，即复位 EJTAG 控制器。
- EJ_DINT 为调试中断请求信号。

4. MIPSfpga 处理器系统

MIPSfpga 处理器的总线接口为 AHB-Lite。AHB 主要应用于高性能、高时钟频率的系统模块，实现高性能模块(如 CPU、DMA 和 DSP 等)之间的连接，从而构成高性能的系统骨干总线。然而，AHB 如果作为种类繁多、速度各异的外部设备的总线接口，其实并不十分合适。由上面的介绍可知，MIPSfpga 处理器通过 AHB-Lite 总线接口仅连接了简单的外部设备(内存、开关、LED)，从而构成简单的计算机系统；如果要构建拥有数量较大且多种类型的外部设备的复杂计算机系统，基于 AHB-Lite 总线接口是很不方便和高效的。因此，需要采用更为方便和合适的总线接口形式。

2.3.2　基于 AXI4 接口模块的 MIPSfpga 处理器系统

1. MIPSfpga 处理器 IP 封装

Block Design 功能是 Vivado 非常强大的一个用于 IP 集成的设计工具，为了能够使用 Block Design 功能搭建 MIPSfpga 处理器系统，首先要在 Vivado 中完成 MIPSfpga 处理器的 IP 封装。封装后的 MIPSfpga 处理器如图 2-65 所示。其具体封装过程不在这里进行详细的说明，在 system_ability 文件夹下的 ip_repo 文件夹中直接提供了封装好的该模块。读者也可以由 MIPSfpga 的源码自行完成该模块的封装。

2. MIPSfpga 处理器总线接口转换

如图 2-65 所示，封装后的 MIPSfpga 处理器的总线接口还是 AHB-Lite。为了方便使用 Vivado 提供的 IP 模块，需要将其转换为 AXI4 总线接口。具体转换方法是使用 Vivado 提供的 AHB-Lite to AXI Bridge 模块，然后按照图 2-66 所示完成总线接口转换即可。

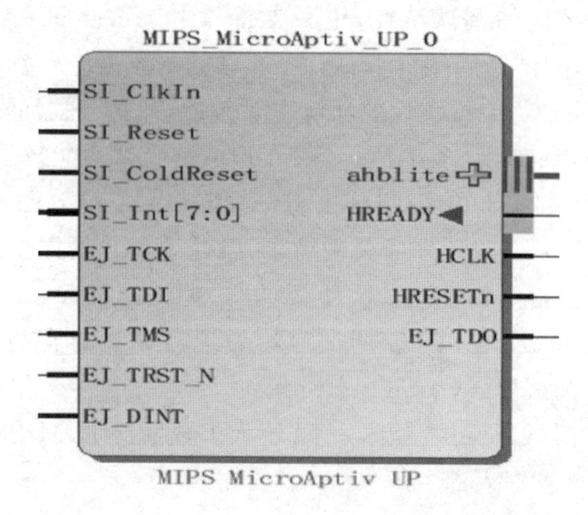

图 2-65　封装后的 MIPSfpga 处理器

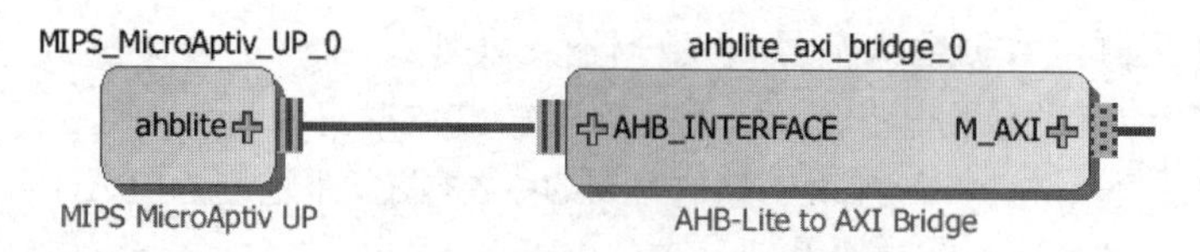

图 2-66　MIPSfpga 处理器总线接口转换

3. MIPSfpga 处理器系统集成

一旦将 MIPSfpga 处理器的总线接口转换为 AXI4 总线接口，就可以直接利用 Vivado 现成的模块搭建相应的处理器系统。图 2-67 给出了通过 IP 集成方式搭建的 MIPSfpga 处理器简单系统的实例，其中的 MIPSfpga 处理器通过 AXI4 总线接口互连结构连接了一个 GPIO 外设模块和一个 RAM 存储器。

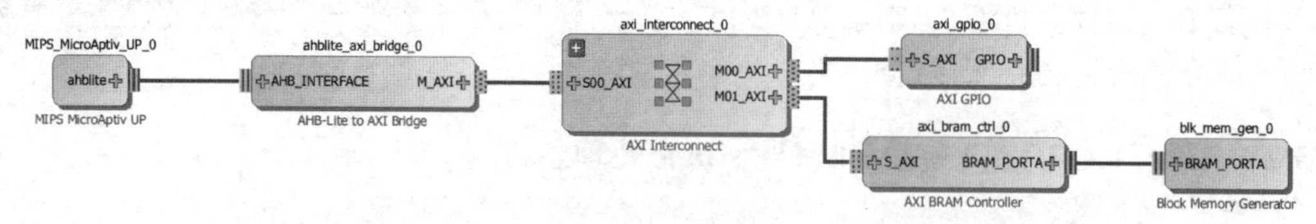

图 2-67　基于 AXI4 总线接口的 MIPSfpga 处理器简单系统的实例

第3章　实验3：自定制接口模块的设计

3.1　实验目的

在本实验中，在深入理解 MIPSfpga 处理器和 AXI 总线协议以及掌握了基于 Vivado IP 集成方法搭建 MIPSfpga 处理器系统的流程的基础上，实现一个基于 AXI4 总线接口标准的外设模块，并将该模块添加到 MIPSfpga 处理器系统中。需要按照下述步骤完成本实验：

(1) 编写并封装一个带中断输出信号的基于 AXI4 总线接口标准的 PWM 外设模块（该模块的中断功能将在后续的实验中用到，在本实验中不会使用）。

(2) 将该自定制接口模块添加到实验 2 搭建的 MIPSfpga 处理器硬件平台上。

(3) 生成新建的包括该自定制接口模块的 MIPSfpga 处理器硬件平台比特流文件，并将其烧写到 Nexsy 4 DDR FPGA 开发板上。

(4) 编写 C 语言程序，对 MIPSfpga 处理器硬件平台进行测试。

通过本实验，应加深对 AXI4 总线接口标准的理解，掌握基于 Vivado IP 集成开发流程设计实现处理器自定制外设模块的方法，学会编写、编译并调试 MIPSfpga 处理器外设驱动程序和应用测试程序，为后续设计实现更加复杂的 MIPSfpga 处理器硬件平台奠定基础。

3.2　实验内容

3.2.1　基于 AXI4 总线接口的自定制外设模块封装

开始实验前，先复制实验 2 的工程，即复制实验 2 的工程文件夹 MIPSfpga_axi4 并将复制后的文件夹更名为 MIPSfpga_CustomIP，然后按照下述步骤开始实验：

(1) 启动 Vivado，打开 MIPSfpga_CustomIP 工程（因为只修改了该工程的文件夹名称，因此该工程的名称仍然是 MIPSfpga_axi4），然后选择 Tools→Create and Package IP 菜单命令，如图 3-1 所示。

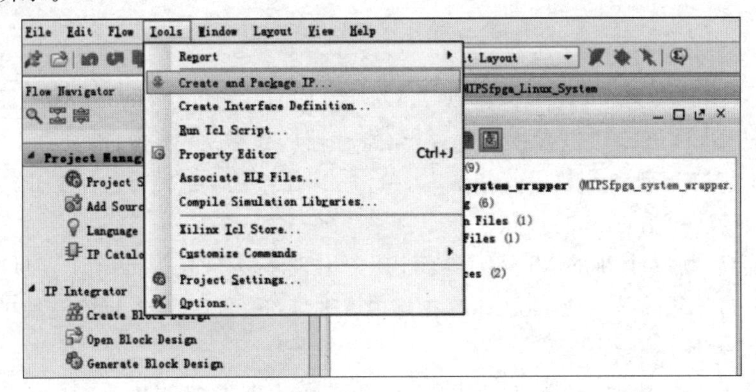

图 3-1　选择 Tools→Create and Package IP 菜单命令

(2) 出现 Create and Package New IP 对话框后，单击 Next 按钮，在下一步的界面中选择 Create a new AXI4 peripheral 单选按钮，如图 3-2 所示。

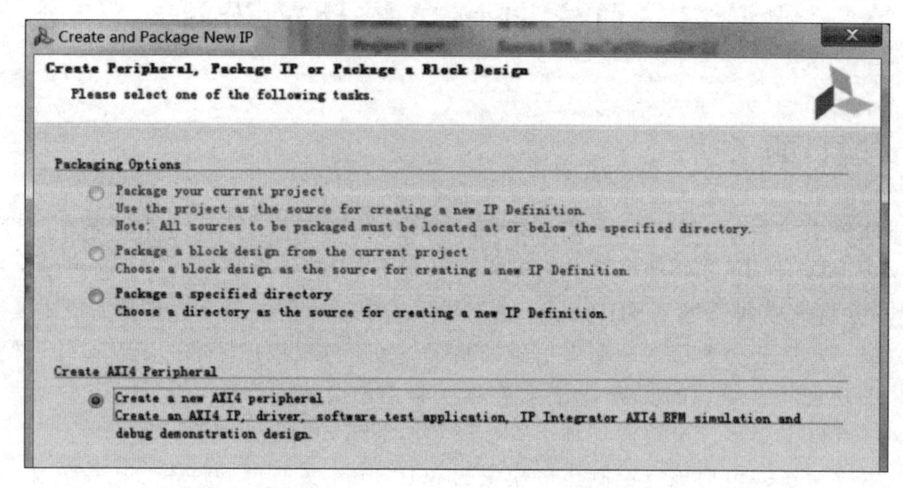

图 3-2　选择 Create a new AXI4 peripheral 单选按钮

(3) 如图 3-3 所示，在下一步的界面中输入模块的名称、版本号等信息，然后单击 Next 按钮。

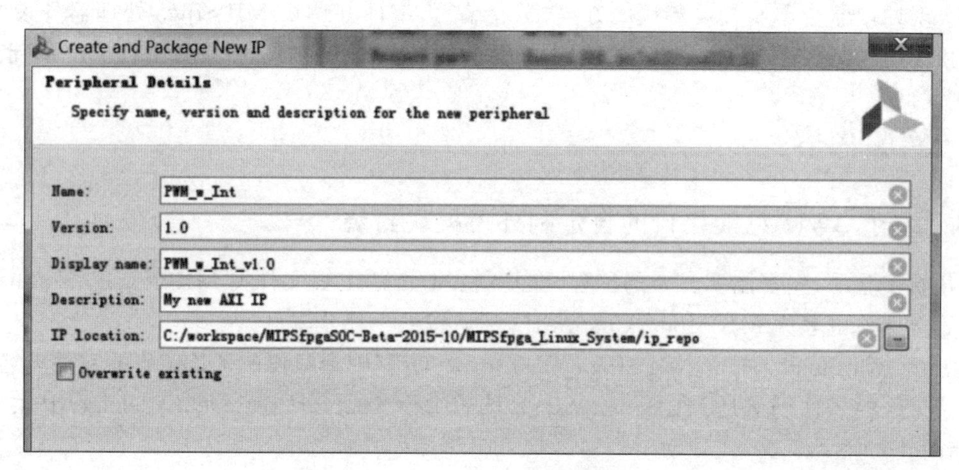

图 3-3　输入模块的相关信息

(4) 在下一步的界面中，设定该模块 AXI4 接口的类型和参数。这里选择接口类型为 AXI4-Lite 的从端口，该接口包含 4 个寄存器，寄存器的位数为 32 位，如图 3-4 所示。

(5) AXI4 接口类型和参数设置完成后，单击 Next 按钮，接下来选择 Edit IP 单选按钮，如图 3-5 所示，然后单击 Finish 按钮。

(6) 这时会启动一个新的 Vivado 界面，其中出现了一个名为 edit_PWM_w_Int_v1_0 的工程(该工程位于图 3-3 中 IP location 指定的文件夹下，且工程名与该模块的名称和版本号对应)，如图 3-6 所示。

至此，就有了一个基于 AXI4 总线接口的自定制外设模块的模板，接下来就需要对该

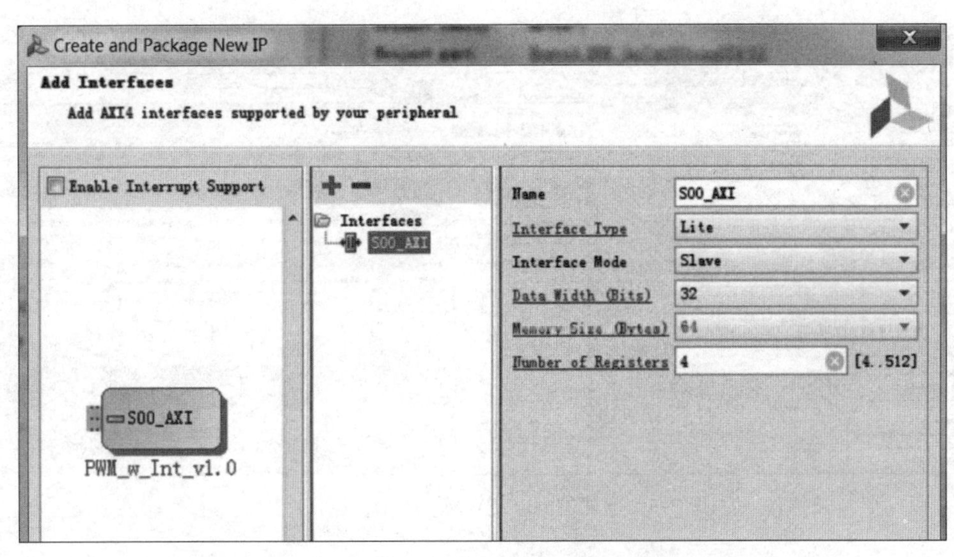

图 3-4 AXI4 接口类型和参数设置

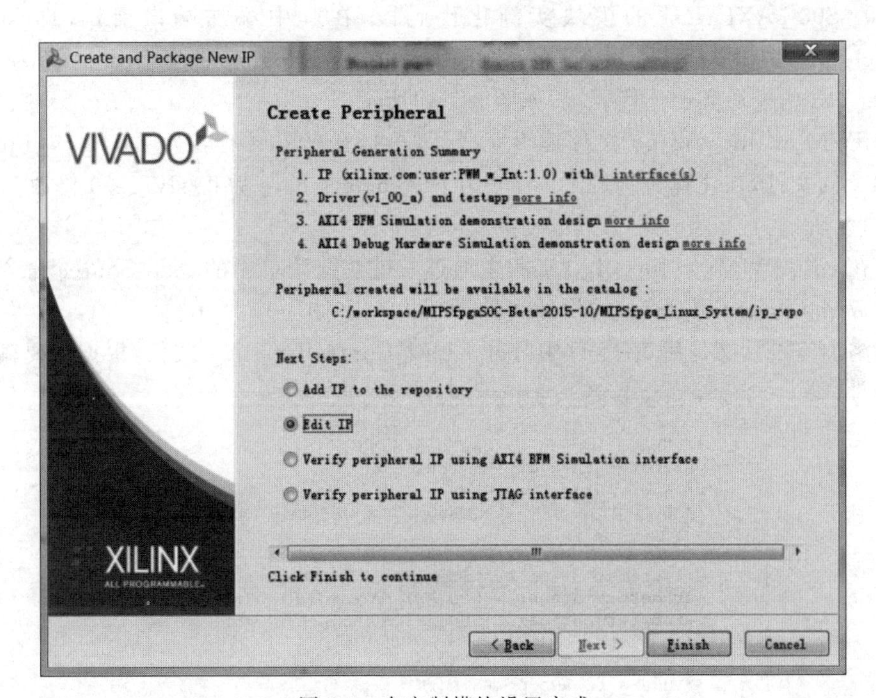

图 3-5 自定制模块设置完成

edit_PWM_w_Int_v1_0 工程进行相应的修改和完善，从而设计出需要的自定制外设模块。

以本实验的 PWM 外设模块的设计为例，需要进行以下修改(详细的程序代码请参看 3.3 节)，具体步骤如下：

(1) 在 edit_PWM_w_Int_v1_0 工程中打开名为 PWM_w_Int_v1_0.v 的文件，找到注释行//Users to add parameters here，在该行下面添加整型参数 PWM_PERIOD = 20，然后在注释行//Users to add ports here 下面添加线网型输出端口 Interrupt_out、LEDs、PWM_

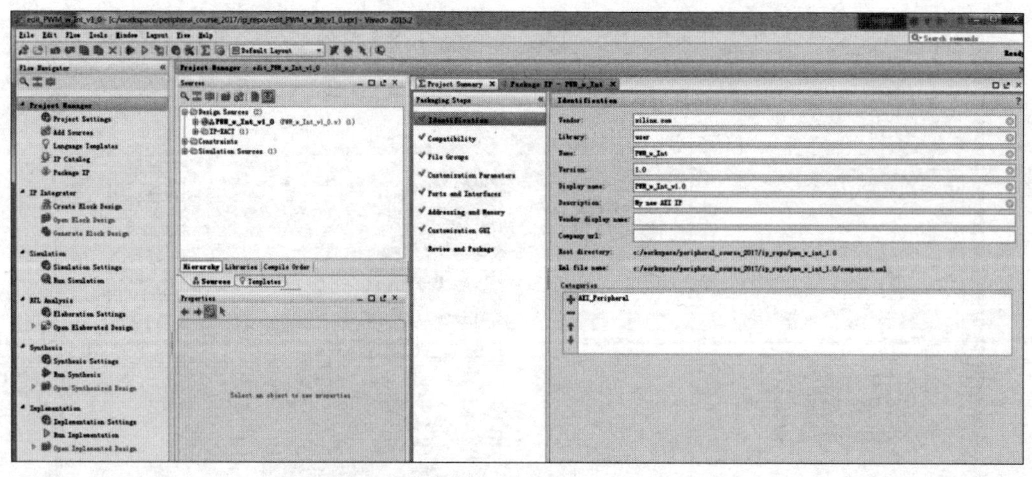

图 3-6　新建的 edit_PWM_w_Int_v1_0 工程

Counter 和 DutyCycle，如图 3-7(a)所示；在 PWM_w_Int_v1_0.v 文件中找到名为 PWM_w_Int_v1_0_S00_AXI_inst 的模块实例化代码段，在其中添加端口引用，即.slv_reg0(DutyCycle)，如图 3-7(b)所示；在注释行(//Add user logic here)后添加名为 PWM_Controller_Int 的模块实例化代码段，如图 3-7(c)所示。

(2) PWM_w_Int_v1_0.v 文件编辑完成后，再打开其下层的名为 PWM_w_Int_v1_0_S00_AXI.v 的文件，在注释行//Users to add parameters here 后将 slv_reg0 修改为输出端口，如图 3-8 所示。

(3) 在 edit_PWM_w_Int_v1_0 工程中通过右键快捷菜单中的 Add Source 命令添加一个名为 PWM_Controller_Int.v 的设计文件，如图 3-9 和图 3-10 所示。

(4) 添加完设计文件后，在工程中打开 PWM_Controller_Int.v 文件，根据需要输入程序

```
module PWM_w_Int_v1_0 #
(
    // Users to add parameters here
    parameter integer PWM_PERIOD = 20,
    // User parameters ends
    // Do not modify the parameters beyond this line


    // Parameters of Axi Slave Bus Interface S00_AXI
    parameter integer C_S00_AXI_DATA_WIDTH   = 32,
    parameter integer C_S00_AXI_ADDR_WIDTH   = 4
)
(
    // Users to add ports here
    output wire Interrupt_out,
    output wire [1:0] LEDs,
    output wire [PWM_PERIOD-1:0] PWM_Counter,
    output wire [31:0] DutyCycle,

    // User ports ends
    // Do not modify the ports beyond this line
```

(a) 修改 PWM_w_Int_v1_0.v 之一

图 3-7　PWM_w_Int_v1_0.v 文件的修改

```
// Instantiation of Axi Bus Interface S00_AXI
    PWM_w_Int_v1_0_S00_AXI # (
        .C_S_AXI_DATA_WIDTH(C_S00_AXI_DATA_WIDTH),
        .C_S_AXI_ADDR_WIDTH(C_S00_AXI_ADDR_WIDTH)
    ) PWM_w_Int_v1_0_S00_AXI_inst (
        .S_AXI_ACLK(s00_axi_aclk),
        .S_AXI_ARESETN(s00_axi_aresetn),
        .S_AXI_AWADDR(s00_axi_awaddr),
        .S_AXI_AWPROT(s00_axi_awprot),
        .S_AXI_AWVALID(s00_axi_awvalid),
        .S_AXI_AWREADY(s00_axi_awready),
        .S_AXI_WDATA(s00_axi_wdata),
        .S_AXI_WSTRB(s00_axi_wstrb),
        .S_AXI_WVALID(s00_axi_wvalid),
        .S_AXI_WREADY(s00_axi_wready),
        .S_AXI_BRESP(s00_axi_bresp),
        .S_AXI_BVALID(s00_axi_bvalid),
        .S_AXI_BREADY(s00_axi_bready),
        .S_AXI_ARADDR(s00_axi_araddr),
        .S_AXI_ARPROT(s00_axi_arprot),
        .S_AXI_ARVALID(s00_axi_arvalid),
        .S_AXI_ARREADY(s00_axi_arready),
        .S_AXI_RDATA(s00_axi_rdata),
        .S_AXI_RRESP(s00_axi_rresp),
        .S_AXI_RVALID(s00_axi_rvalid),
        .S_AXI_RREADY(s00_axi_rready),
        .slv_reg0(DutyCycle)
    );
```

(b) 修改 PWM_w_Int_v1_0.v 之二

```
// Add user logic here
PWM_Controller_Int #(
    .period(PWM_PERIOD)
) PWM_inst (
    .Clk(s00_axi_aclk),
    .DutyCycle(DutyCycle),
    .Reset(s00_axi_aresetn),
    .PWM_out(LEDs),
    .Interrupt(Interrupt_out),
    .count(PWM_Counter)
);
// User logic ends

endmodule
```

(c) 修改 PWM_w_Int_v1_0.v 之三

图 3-7 （续）

```
// Users to add ports here
output reg [C_S_AXI_DATA_WIDTH-1:0] slv_reg0,
// User ports ends
// Do not modify the ports beyond this line
```

图 3-8　PWM_w_Int_v1_0_S00_AXI.v 文件的修改

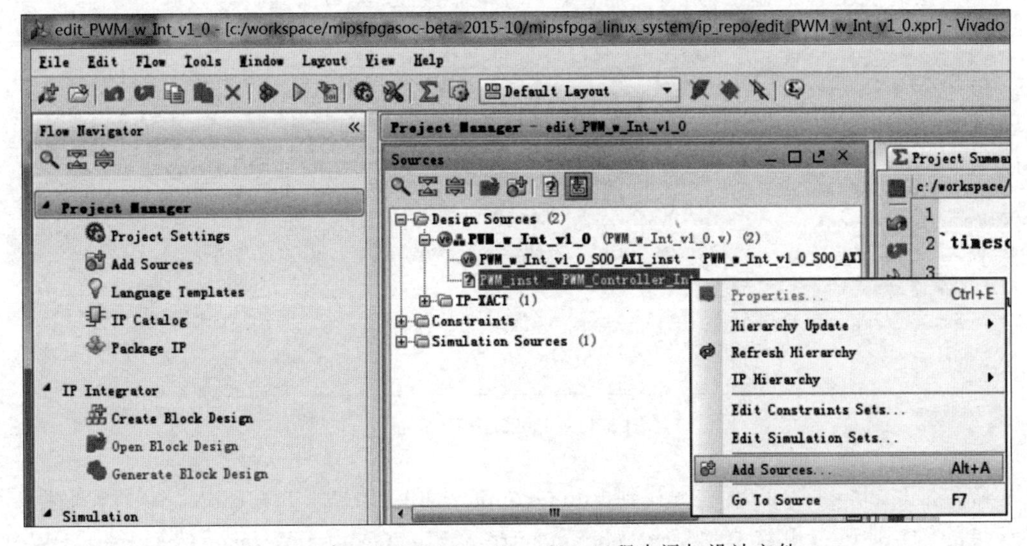

图 3-9　在 edit_PWM_w_Int_v1_0 工程中添加设计文件

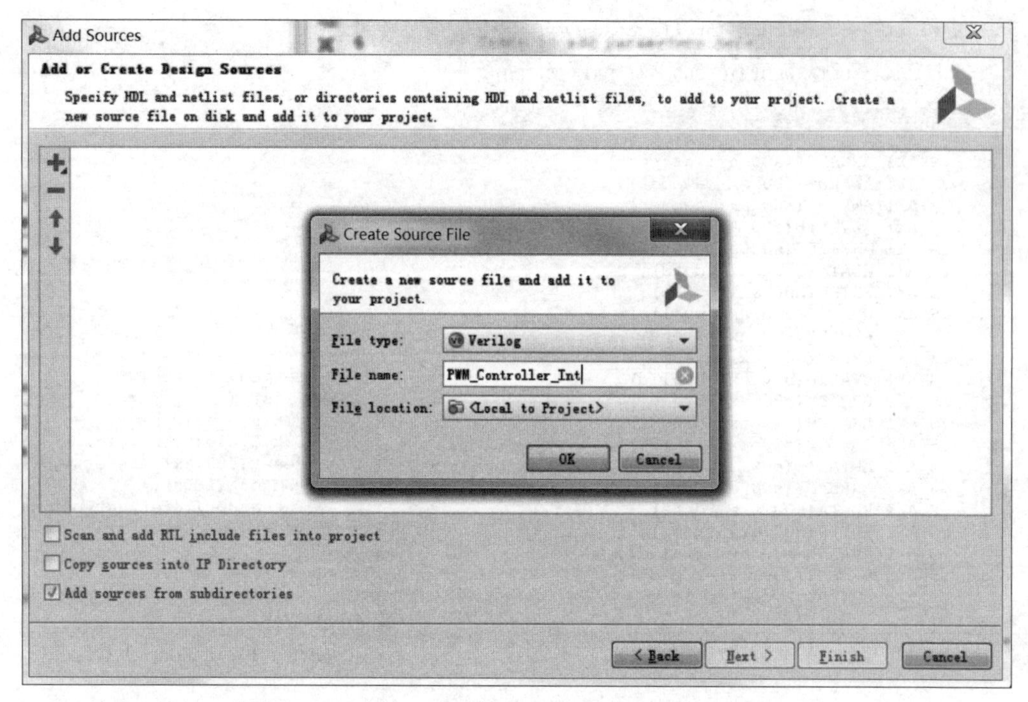

图 3-10　创建名为 PWM_Controller_Int.v 的设计文件

源码(具体参看 3.3 节)。

(5) 然后编写相应的仿真测试程序,对外设模块设计的正确性进行功能仿真验证。仿真验证正确后可以综合。综合无误后就可以对该模块进行 IP 封装了。

(6) IP 封装通过 Vivado 的 Package IP 功能实现,其界面如图 3-11 所示(如果图 3-11 所示的界面没有在工程中显示,则可以通过选择 Package IP 菜单命令打开该界面)。

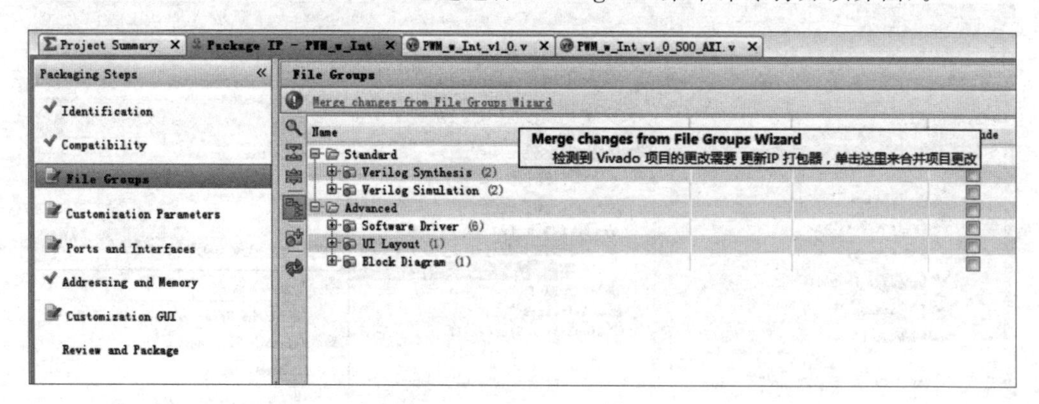

图 3-11　Package IP 界面

(7) 在 Package IP 界面左侧找到 File Groups 选项。如果 File Groups 选项的图标上不是绿色的钩,则在右侧选择 Merge changes from File Groups Wizard,然后检查 PWM_Controller_Int.v 文件是否已经加入 File Groups 中。如果选择 Merge changes from File Groups Wizard 后 PWM_Controller_Int.v 文件没有自动加入,则需手工添加该文件。

（8）PWM_Controller_Int.v 文件添加成功后的 File Groups 窗口如图 3-12 所示。如果添加的 PWM_Controller_Int.v 文件不是如图 3-12 所示的相对路径，而是绝对路径，则需要手工删除该文件，然后重新添加该文件。

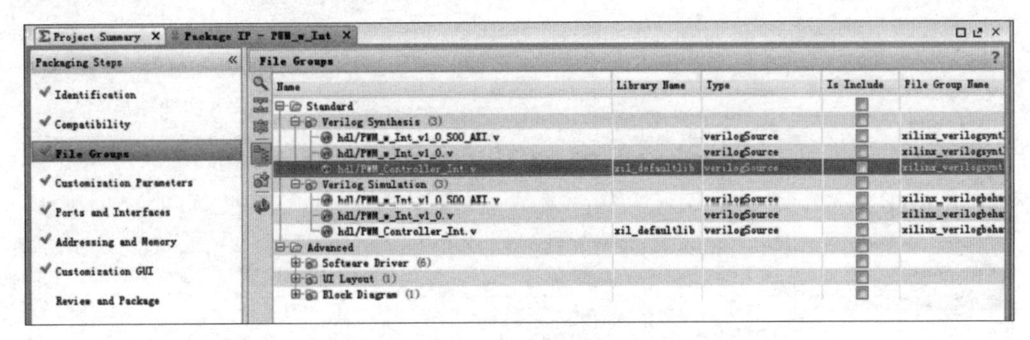

图 3-12　PWM_Controller_Int.v 文件已正确添加到 File Groups 中

（9）在 Package IP 界面左侧选择 Ports and Interfaces 选项，检查模块的 Interrupt_out 和 LEDs 信号引脚是否已经设置为输出引脚。如果 Ports and Interfaces 选项的图标上不是绿色的钩，则在该选项上单击，即可自动加入；也可以右击该选项，在弹出的快捷菜单中选择 Import IP Ports 命令，找到模块的顶层设计文件，即 PWM_w_Int_v1_0.v，通过选定顶层设计文件添加输出引脚，如图 3-13 所示。引脚正确添加后的结果如图 3-14 所示。

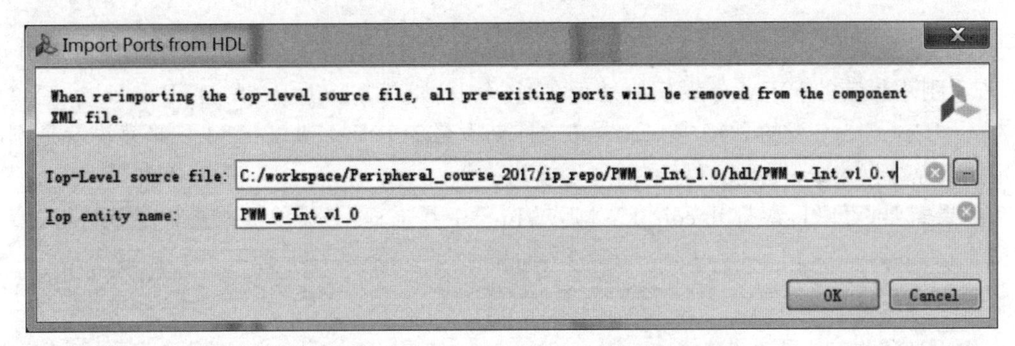

图 3-13　通过选定顶层设计文件添加输出引脚

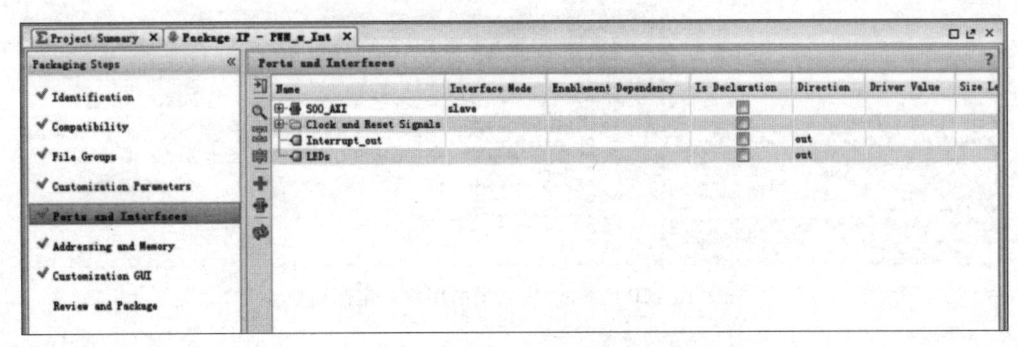

图 3-14　引脚正确添加后的结果

(10) 最后选择 Review and Package 选项，确认设置正确无误后单击 Re-Package IP 按钮，等待 Vivado 完成 edit_PWM_w_Int_v1_0 工程模块的封装(IP 封装完成后，通常当前的 Vivado 工程会自动关闭并退出)，如图 3-15 所示。

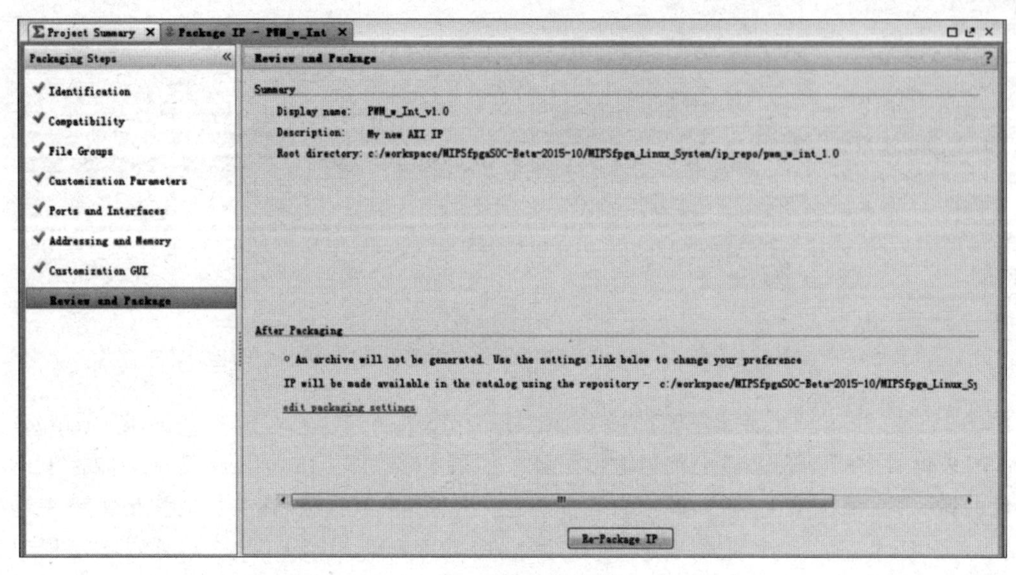

图 3-15 完成 IP 封装

IP 封装完成后，需要回到 MIPSfpga_CustomIP 工程，选择 IP Catalog 菜单命令打开 IP 库，查看刚才封装的 PWM 外设模块是否在 IP 库中，如图 3-16 所示，此时 IP Catalog 窗口中的 User Repository 下的 AXI Peripheral 文件夹下名为 PWM_w_Int_v1.0 的模块就是刚刚自定制的基于 AXI4 总线接口标准的外设模块。

如果需要，可以再次打开 edit_PWM_w_Int_v1_0 工程，对模块进行修改和重新封装。

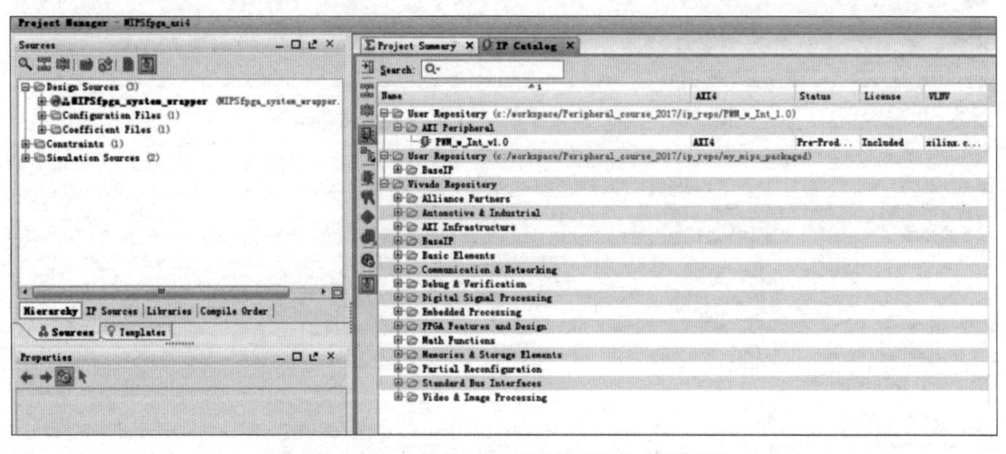

图 3-16 IP Catalog 中新增的用户自定制模块

3.2.2 在 MIPSfpga 硬件平台中使用自定制模块

具体实验步骤如下：

(1) 在 Vivado 的 Project Manager 下选择 Open Block Design，打开 MIPSfpga_CustomIP 工程，如图 3-17 所示。

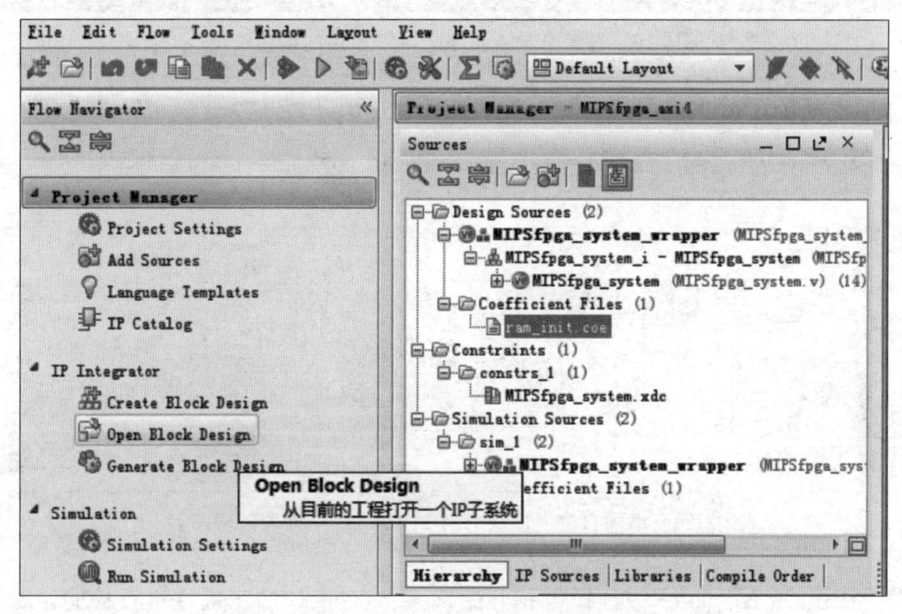

图 3-17 选择 Open Block Design 打开工程

(2) 右击工作空间，在弹出的快捷菜单中选择 Add IP 命令，在 IP 库中找到用户自定制模块 PWM_w_Int_v1.0，双击该模块，将其添加到工程中，并按照图 3-18 所示将其连接到 MIPSfpga 处理器系统中(具体连接方法参看实验 2)。

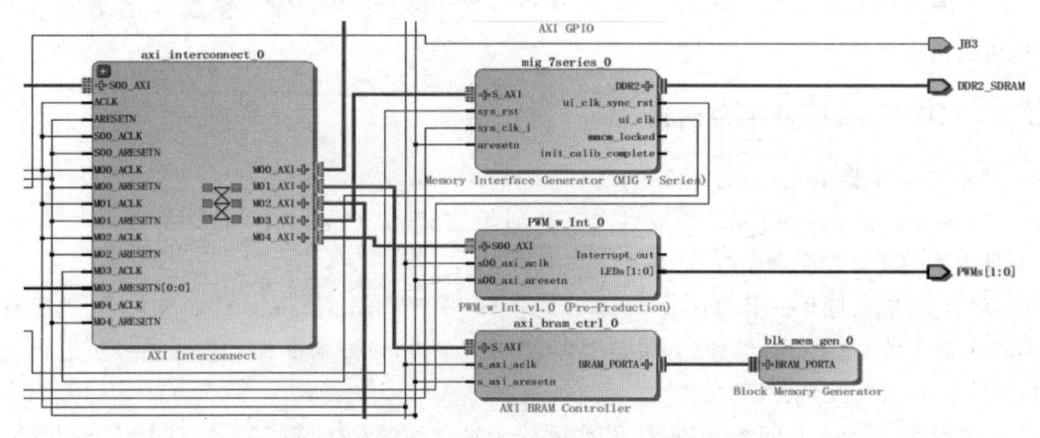

图 3-18 添加 PWM_w_Int_v1.0 模块

(3) PWM_w_Int_v1.0 模块连接完成后，切换到 Address Editor，将模块的偏移地址(Offset Address，即该 IP 模块的物理地址)设置为 0x10C0_0000，如图 3-19 所示。

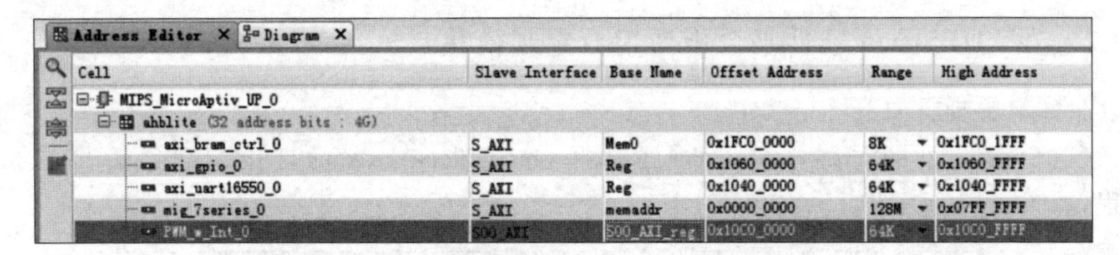

图 3-19　设置 PWM_w_Int_v1.0 模块的偏移地址

完成上面的操作后，MIPSfpga 处理器硬件平台如图 3-20 所示。

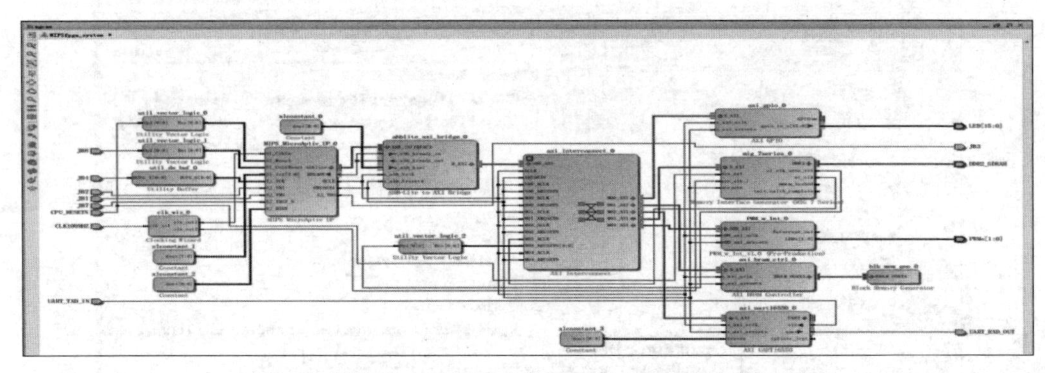

图 3-20　添加自定制模块后的 MIPSfpga 处理器硬件平台

(4) 在 Project Manager 中选择 Validate Design，对设计的正确性进行检验。检验过程中如果只是出现警告，单击 OK 按钮忽略即可，然后在 Project Manager 中选择 Generate Block Design，在弹出的对话框中单击 Generate 按钮，更新 MIPSfpga_system_wrapper 文件。

(5) 相应地修改约束文件，为新添加的 PWM 外设模块增加引脚绑定。

(6) 单击 Generate Bitstream 按钮，生成比特流文件。比特流文件生成后，注意观察时序能否满足设计要求。

3.2.3　MIPSfpga 硬件平台测试

具体实验步骤如下：

(1) 在下载的 system_ability 文件夹下找到 MIPSfpga_CustomIP_C 文件夹，仔细阅读该文件夹下的所有程序和文件。

(2) 在主机上打开一个 cmd 命令窗口，切换到 MIPSfpga_CustomIP_C 文件夹，然后输入 make 命令，对程序进行编译(如果需要，可以用 make clean 命令先对编译的程序进行清除，详见 1.2.3 节) 生成 ELF 文件。

(3) 连接 Nexys 4 DDR FPGA 开发板的下载线和 JTAG 调试器。打开 Vivado，向 Nexys 4 DDR FPGA 开发板烧写添加自定制外设模块后的 MIPSfpga 硬件平台的比特流文件。

(4) 再打开一个 cmd 命令窗口，切换到 Codescape_Scripts 文件夹，然后在该 cmd 命令窗口中输入如下命令：

```
loadMIPSfpga.bat C:\workspace\Peripheral_course_2017\MIPSfpga_CustomIP_C
```

在上面的命令中，loadMIPSfpga.bat 后面给出的是 MIPSfpga_CustomIP_C 文件夹所在的路径。

(5) 在主机上打开一个串口终端(例如 PuTTY.exe)，将波特率设置为 115 200baud，然后观察程序运行情况，特别要注意观察 PWM 模块的输出。

(6) 如果程序运行不正确，使用 GDB 工具进行调试，找出原因后进行修正。

(7) 对 MIPSfpga_CustomIP_C 文件夹下的程序进行修改和完善，尝试进行更全面的测试或添加新的功能，思考如何为 PWM 外设模块提供相应的驱动程序。

3.3 实验背景及源码

3.3.1 AXI 总线协议

1. AMBA 标准

AMBA(Advanced Microcontroller Bus Architecture，高级微控制器总线体系结构)是由 ARM 公司推出的片上总线。它提供了一种特殊的机制，可将 RISC 处理器方便地与其他 IP 核或外设集成。第一代 AMBA 标准(即 AMBA 1.0)定义了两组总线协议，即高级系统总线(Advanced System Bus，ASB)和高级外设总线(Advanced Peripheral Bus，APB)。AMBA 2.0 则在此基础上增加了高级高性能总线(Advanced High-performance Bus，AHB)。

AMBA 3.0 标准定义了 4 个总线协议，这些协议针对高数据吞吐量、低带宽通信，要求低门数、低功耗以及执行片上测试和调试访问的数据集中处理。这 4 个总线协议除 AHB、ASB、APB 外，还包括新增的 AXI(Advanced eXtensible Interface，高级扩展接口)总线协议，它丰富了 AMBA 标准的内容，能够满足超高性能和复杂的片上系统设计的需求。

AMBA 4.0 标准在 AMBA 3.0 的基础上对 AXI 总线协议进行了扩充，分别定义了 3 个总线接口协议，即 AXI4、AXI4-Lite 和 AXI4-Stream。

AXI4 协议是对 AXI3 协议的更新，在用于多个主端口系统时，可提高互连的性能和利用率。其主要特点是增强了以下功能：

(1) 对于突发长度，支持最多 256 位。

(2) 能够发送服务质量信号。

(3) 支持多区域接口。

AXI4-Lite 协议是 AXI4 协议的子协议，能够较好地用于连接更简单、寄存器更少的接口设备。其主要功能和特点如下：

(1) 所有事务的突发长度均为 1 位。

(2) 所有数据存取的大小均与数据总线的宽度相同。

(3) 不支持独占访问。

AXI4-Stream 协议可用于从主接口到辅助接口的单向数据传输，能够显著降低信号传输的路由开销。该协议的主要功能和特点如下：

(1) 使用同一组共享线支持单数据流和多数据流。

(2) 在同一互连结构内支持多种数据宽度。

(3) 方便在 FPGA 中实现和使用。

2. AXI4 总线协议简介

AXI4 总线协议定义了 5 个独立进行数据传输的通道，分别是读地址(Read Address, RA)通道、读数据(Read Data, RD)通道、写地址(Write Address, WA)通道、写数据(Write Data, WD)通道和写响应(Write Response, WR)通道。

读/写地址通道提供数据传输需要的地址信息。数据传输通过写数据通道和读数据通道在主设备和从设备之间进行：写数据时，写数据通道用于将主设备的数据传输到从设备，此时写响应通道用于数据传输结束后从设备向主设备提供写数据完成确认信号(即写响应信号)，如图 3-21 所示；读数据时，读数据通道用于将从设备的数据传输到主设备，如图 3-22 所示。

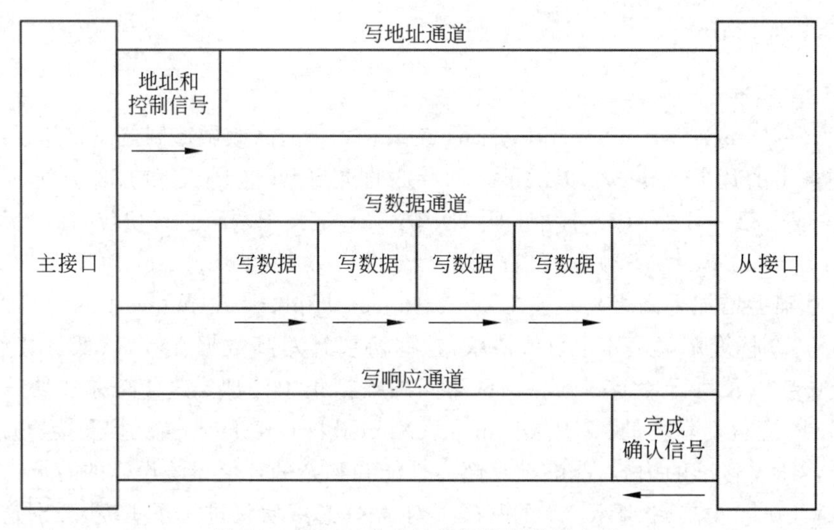

图 3-21　AXI4 总线协议写数据传输方式

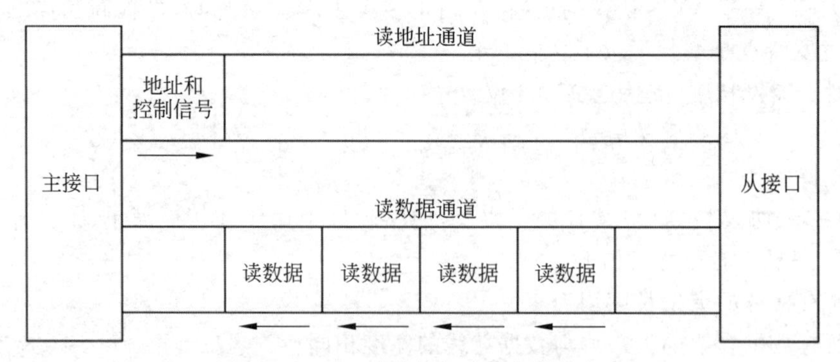

图 3-22　AXI4 总线协议读数据传输方式

不管是哪种传输方式，AXI4 总线协议都有如下规定：

（1）数据传输之前允许先提供地址信息。

（2）支持多个未完成传输过程同时进行。

（3）支持数据传输乱序完成。

读数据通道用于传输读的数据以及从设备对主设备读操作的响应信息。其数据线的宽度可以是8、16、32、64、128、256、512或1024位之一。响应信息主要用于表明本次读操作的结束。

写数据通道用于传输主设备要写到从设备的数据。其数据线的宽度可以是8、16、32、64、128、256、512或1024位之一，同时用字节使能信号标明有效的写数据字节。写数据通道中传输的信息通常被当作缓存处理，因此主设备可以在本次数据传输未被从设备确认的情况下就开始下一次数据传输。

从设备利用写响应通道向主设备反馈写操作的信息，所有写操作的完成确认信号都通过写响应通道传输。完成确认信号仅用于表明本次写操作的完成，并不用于表明本次写操作过程中每个数据的传输。

3. AXI4 互连方式

使用AXI4总线进行设备互连时，其结构如图3-23所示，通常由一个互连结构(interconnect)将多个主、从设备连接起来。

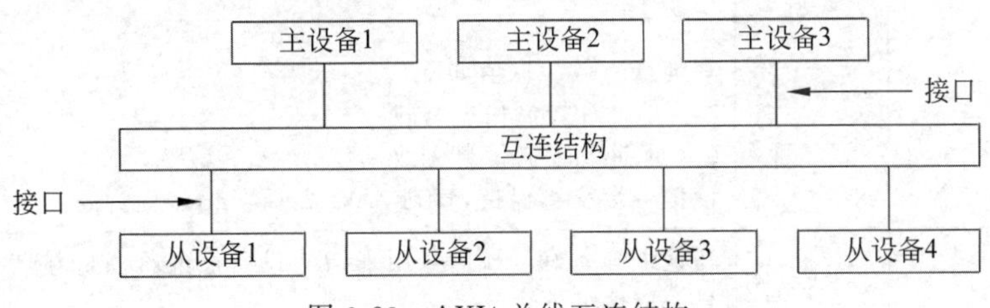

图3-23　AXI4总线互连结构

主设备与互连结构以及互连结构与从设备之间都通过一对AXI4总线接口连接，如图3-24所示，这些接口也都遵循AXI4总线协议。

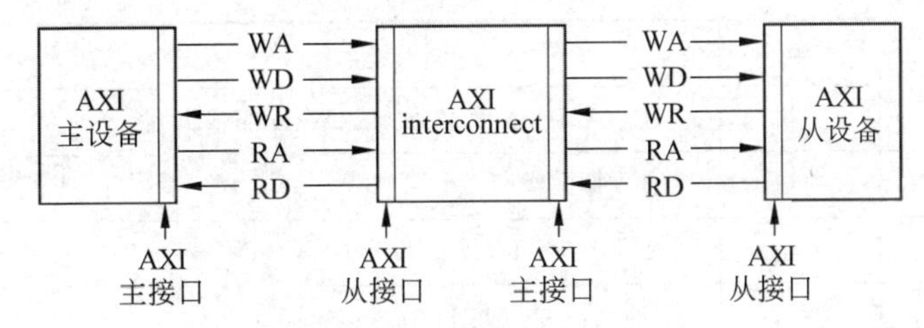

图3-24　AXI4总线系统互连方式

4. AXI4 总线信号

下面对AXI4总线的信号进行描述，包括全局信号、写地址通道信号、写数据通道信号、写响应通道信号、读地址通道信号、读数据通道信号以及低功耗接口信号，如表3-1～表3-7所示。在下面的表中，所有通道信号都是以32位数据总线、4位写数据使能以及4位ID段为例列出。

表 3-1　AXI4 总线全局信号

信号名称	源	描　述
ACLK	时钟	全局时钟信号
ARESETn	复位	全局复位信号,低电平有效

表 3-2　AXI4 总线写地址通道信号

信号名称	源	描　述
AWID[3:0]	主机	写地址 ID
AWADDR[31:0]	主机	写地址
AWLEN[3:0]	主机	突发式写的长度,此长度决定突发式写传输数据的个数
AWSIZE[2:0]	主机	突发式写的大小
AWBURST[1:0]	主机	突发式写的类型
AWLOCK[1:0]	主机	锁类型
AWCACHE[3:0]	主机	高速缓存类型。该信号指明事务的 bufferable、cacheable、write-through、write-back、allocate attributes 等信息
AWPROT[2:0]	主机	保护类型
AWVALID	主机	写地址有效。取值如下: 1 =地址和控制信息有效 0 =地址和控制信息无效 该信号会一直保持,直到 AWREADY 信号变为高
AWREADY	设备	写地址准备好。该信号用来指明设备已经准备好接收地址和控制信息。取值如下: 1 =设备已准备好 0 =设备未准备好

表 3-3　AXI4 总线写数据通道信号

信号名称	源	描　述
WID[3:0]	主机	写 ID。WID 的值必须与 AWID 的值匹配
WDATA[31:0]	主机	写的数据
WSTRB[3:0]	主机	写触发。WSTRB[n]标示的区间为 WDATA[8n+7:8n]
WLAST	主机	写的最后一个数据
WVALID	主机	写有效。取值如下: 1 =写数据和写触发有效 0 =写数据和写触发无效
WREADY	设备	写就绪。指明设备已经准备好接收数据。取值如下: 1 =设备已就绪 0 =设备未就绪

表 3-4 AXI4 总线写响应通道信号

信号名称	源	描 述
BID[3:0]	设备	写响应 ID。BID 值必须与 AWID 的值匹配
BRESP[1:0]	设备	写响应。该信号指明写事务的状态。可能的响应有 OKAY、EXOKAY、SLVERR、DECERR
BVALID	设备	写响应有效。取值如下： 1 =写响应有效 0 =写响应无效
BREADY	主机	接收响应就绪。该信号表示主机已经能够接收响应信息。取值如下： 1 =主机已就绪 0 =主机未就绪

表 3-5 AXI4 总线读地址通道信号

信号名称	源	描 述
ARID[3:0]	主机	读地址 ID
ARADDR[31:0]	主机	读地址
ARLEN[3:0]	主机	突发式读长度
ARSIZE[2:0]	主机	突发式读大小
ARBURST[1:0]	主机	突发式读类型
ARLOCK[1:0]	主机	锁类型
ARCACHE[3:0]	主机	高速缓存类型
ARPROT[2:0]	主机	保护类型
ARVALID	主机	读地址有效。该信号一直会保持,直到 ARREADY 为高。取值如下： 1 =地址和控制信息有效 0 =地址和控制信息无效
ARREADY	设备	读地址就绪。指明设备已经准备好接收数据。取值如下： 1 =设备已就绪 0 =设备未就绪

表 3-6 AXI4 总线读数据通道信号

信号名称	源	描 述
RID[3:0]	设备	读 ID。RID 的值必须与 ARID 的值匹配
RDATA[31:0]	设备	读的数据
RRESP[1:0]	设备	读响应。该信号指明读传输的状态,包括 OKAY、EXOKAY、SLVERR、DECERR
RLAST	设备	读的最后一个数据

续表

信号名称	源	描　述
RVALID	设备	读数据有效。取值如下： 1 =读数据有效 0 =读数据无效
RREADY	主机	读数据就绪。取值如下： 1 =主机已就绪 0 =主机未就绪

表 3-7　AXI4 总线低功耗接口信号

信号名称	源	描　述
CSYSREQ	时钟控制器	系统低功耗请求。该信号使外部设备进入低功耗状态
CSYSACK	外部设备	低功耗请求应答
CACTIVE	外部设备	取值如下： 1 =外部设备时钟有请求 0 =外部设备时钟无请求

5. AXI4 基本的读写传输过程

AXI4 总线协议的 5 个通道都使用相同的 VALID/READY 握手机制来传输数据或控制信息。传输时，主机源产生 VALID 信号来指明何时数据或控制信息有效，而设备源则产生 READY 信号来指明已经准备好接收数据或控制信息。只有当 VALID 和 READY 信号同时有效时，才会发生真正的数据或控制信息传输。

VALID 和 READY 信号之间可能出现以下 3 种时序关系：

(1) VALID 先变高，READY 后变高，如图 3-25(a)所示。

(2) READY 先变高，VALID 后变高，如图 3-25(b)所示。

(3) VALID 和 READY 信号同时变高，在这种情况下，数据或控制信息可立即进行传输，如图 3-25(c)所示。

读/写地址通道、读/写数据通道和写响应通道之间的关系是灵活的。例如，写数据通道中的数据可以早于与其相关联的写地址信号出现在接口上，也有可能写数据通道中的数据与写地址信号在同一个时钟周期中同时出现。但是，不管是什么情况，下述两种关系必须被保持：

(1) 读数据通道中的数据必须总是跟在与其相关联的地址之后。

(2) 写响应通道中的信息必须总是跟在与其相关联的写事务的最后出现。

读传输事务信号之间的依赖关系如图 3-26 所示。它们之间必须满足下面的依赖关系：

(1) 从设备可以在 ARVALID 信号出现时再给出 ARREADY 信号；也可以先给出 ARREADY 信号，再等待 ARVALID 信号有效。

(2) 从设备必须等待 ARVALID 和 ARREADY 信号都有效时才能给出 RVALID 信号，并且开始数据传输。

写传输事务信号之间的依赖关系如图 3-27 所示。它们之间必须满足下面的依赖关系：

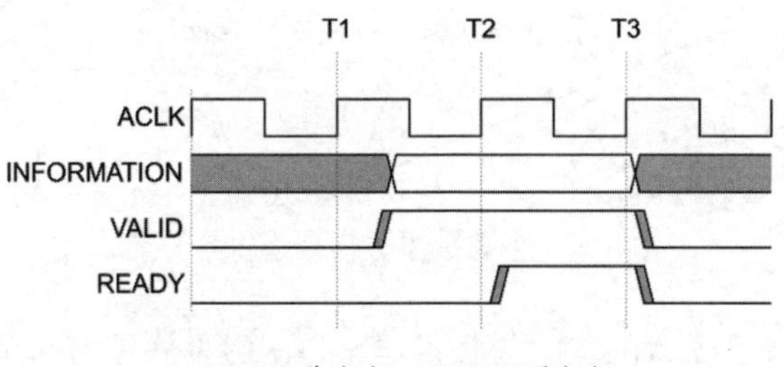

(a) VALID 先变高，READY 后变高

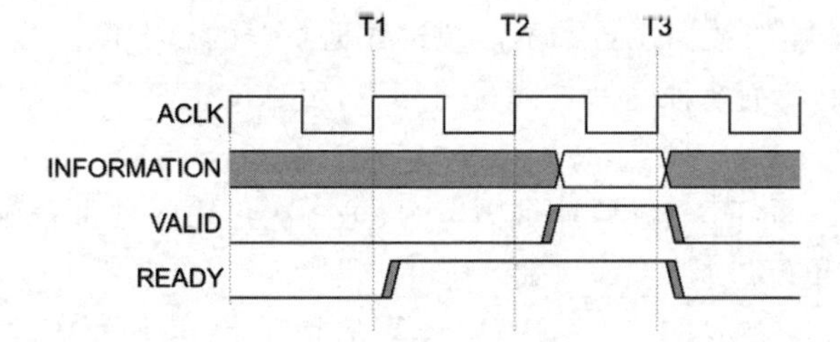

(b) READY 先变高，VALID 后变高

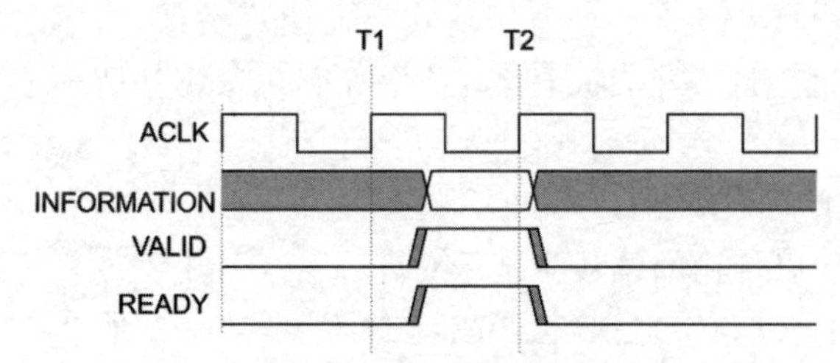

(c) VALID 和 READY 信号同时变高

图 3-25　VALID 和 READY 信号的 3 种时序关系

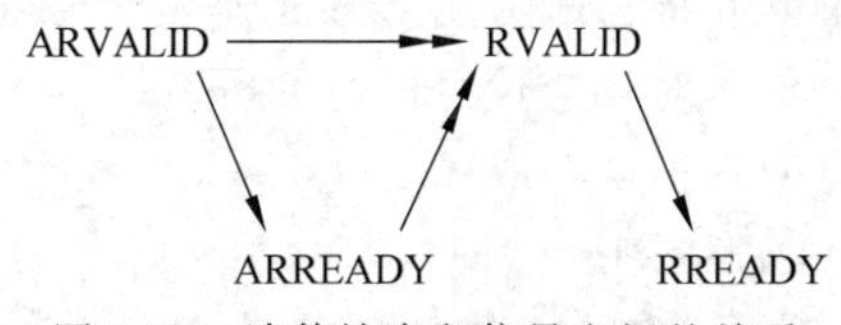

图 3-26　读传输事务信号之间的关系

(1) 主设备要确保不能等待从设备先给出 AWREADY 或 WREADY 信号后再给出 AWVALID 或 WVALID 信号。

(2) 从设备可以等待 AWVALID 或 WVALID 信号中的一个或者两个有效之后再给出 AWREADY 信号。

(3) 从设备可以等待 AWVALID 或 WVALID 信号中的一个或者两个有效之后再给出 WREADY 信号。

6. AXI4 突发式读写传输过程

AXI4 突发式读写传输过程需要满足以下几个条件：

(1) 突发式读写的地址必须以 4KB 为基准对齐。

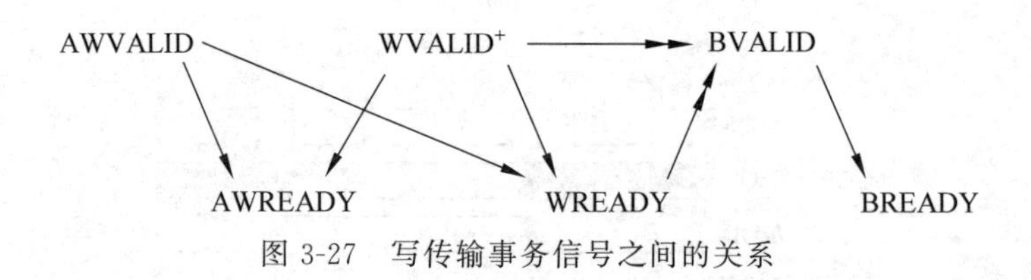

图 3-27 写传输事务信号之间的关系

(2) 由 AWLEN 信号或 ARLEN 信号指定每一次突发式读写传输的数据个数。

(3) 由 ARSIZE 信号或 AWSIZE 信号指定每一个时钟节拍传输的数据的最大位数。要注意的是,任何一次传输的数据位数都不能超过数据总线的总宽度。

AXI4 总线协议定义了 3 种突发式读写的类型,用 ARBURST 或 AWBURST 信号选择突发式读写的类型:

(1) 固定式突发读写(FIX)。地址是固定的,每一次传输的地址都不变。这种突发式读写对一个相同的位置重复进行存取,例如 FIFO。

(2) 增值式突发读写(INCR)。每一次读写的地址都比上一次的地址增加一个固定的值。

(3) 包装式突发读写(WRAP)。与增值式突发读写类似,只不过包装式突发读写的地址不一定从包数据的低地址开始,而且当地址增加到包数据边界时会自动转换到包数据的低地址。

包装式突发读写有两个限制:

(1) 起始地址必须以传输的位数为基准对齐。

(2) 突发式读写的长度必须是 2、4、8 或者 16 位。

7. AXI4 读写传输事务的设备响应

AXI4 总线协议规定对于读事务和写事务都必须有响应。读事务将读响应信号与读的数据一起发送给主设备,而写事务将写响应信号通过写响应通道传送。读写传输事务通过 RRESP[1:0]和 BRESP[1:0]信号对响应信息进行编码。

AXI4 总线协议的响应类型有正常存取成功(OKAY)、独占式存取(EXOKAY)、从设备错误(SLVERR)和译码错误(DECERR)4 种。

AXI4 总线协议还规定,当有错误响应信息时,需要传输的数据会被正常传输,即在一次突发式读写传输事务中,即使有错误响应发生,剩余数据的传输也不会被取消。

8. AXI4 读写传输事务 ID

AXI4 总线协议用事务 ID 标签(tag)支持多地址和乱序传输。事务 ID 标签主要由以下 5 个事务 ID 构成:

(1) AWID。写地址 ID 标签。

(2) WID。在写事务中,主设备传送 WID 以匹配与地址一致的 AWID。

(3) BID。在写响应事务中,从设备会传送 BID 以匹配与 AWID 和 WID 一致的事务。

(4) ARID。读地址 ID 标签。

(5) RID。在读事务中,从设备传送 RID 以匹配与 ARID 一致的事务。

主设备可以使用一个事务的 ARID 或者 AWID 提供的附加信息对请求进行排序。事务排序规则如下：

(1) 从不同主设备传输的事务没有先后顺序限制，它们可以以任意顺序完成。

(2) 从同一个主设备传输的不同ID的事务也没有先后顺序限制，它们可以以任意顺序完成。

(3) AWID相同的写事务的数据必须按照顺序依次写入主设备发送的地址。

(4) ARID相同的读事务的数据必须遵循下面的顺序读出：当从相同从设备读ARID相同的读事务的数据时，从设备必须确保数据按照相同的顺序接收；当从不同的从设备读ARID相同的读事务的数据时，在接口处必须确保数据按照主设备发送顺序相同的顺序接收。

(5) 在AWID和ARID相同的读事务和写事务之间没有先后顺序限制。如果主设备有顺序要求，那么必须确保第一个事务完全完成后才开始执行第二个事务。

当一个主设备端口与互连结构相连时，互连结构会在ARID、AWID、WID信号中添加一位，从而使得每一个主设备端口都是独一无二的。这样做有两个作用：

(1) 主设备不必知道其他主设备的ID。

(2) 从设备端口处的ID段比主设备端口处的ID段宽。

对于读数据，互连结构会附加一位到RID中，用来判断哪个主设备端口读取数据。互连结构在将RID的值送往正确的主设备端口之前会移除RID中后添加的一位。

3.3.2 PWM_w_Int_v1_0 模块部分源码

```
module PWM_w_Int_v1_0 #
(
    // Users to add parameters here
    parameter integer PWM_PERIOD =20,
    // User parameters ends
    // Do not modify the parameters beyond this line


    // Parameters of Axi Slave Bus Interface S00_AXI
    parameter integer C_S00_AXI_DATA_WIDTH  =32,
    parameter integer C_S00_AXI_ADDR_WIDTH  =4
)
(
    // Users to add ports here
    output wire Interrupt_out,
    output wire [1:0] LEDs,
    output wire [PWM_PERIOD-1:0] PWM_Counter,
    output wire [31:0] DutyCycle,
    // User ports ends
    ...
    .slv_reg0(DutyCycle)
);
```

```
// Add user logic here
PWM_Controller_Int #(
  .period(PWM_PERIOD)
) PWM_inst (
  .Clk(s00_axi_aclk),
  .DutyCycle(DutyCycle),
  .Reset(s00_axi_aresetn),
  .PWM_out(LEDs),
  .Interrupt(Interrupt_out),
  .count(PWM_Counter)
);
// User logic ends
```

3.3.3 PWM_w_Int_v1_0_S00_AXI 模块部分源码

```
// Users to add ports here
output reg [C_S_AXI_DATA_WIDTH-1:0]     slv_reg0,
// User ports ends
…
//--Number of Slave Registers 4
//reg [C_S_AXI_DATA_WIDTH-1:0]  slv_reg0;
reg [C_S_AXI_DATA_WIDTH-1:0]    slv_reg1;
reg [C_S_AXI_DATA_WIDTH-1:0]    slv_reg2;
reg [C_S_AXI_DATA_WIDTH-1:0]    slv_reg3;
```

3.3.4 PWM_Controller_Int 模块部分源码

```
`timescale 1ns / 1ps
module PWM_Controller_Int #(parameter integer period =20)
(
     input Clk,
     input [31:0] DutyCycle,
     input Reset,
     output reg [1:0] PWM_out,
     output reg Interrupt,
     output reg [period-1:0] count
);
     // Sets PWM Period.  Must be calculated vs. input clk period
     // For example, setting this to 20 will divide the input clock by 2^20, or 1 Million
     // So a 50 MHz input clock will be divided by 1e6, thus this will have a period of 1/50
     always @(posedge Clk)
         if (!Reset)
             count <=0;
         else
             count <=count +1;
```

```
    always @ (posedge Clk)
        if (count < DutyCycle)
            PWM_out <=2'b01;
        else
            PWM_out <=2'b10;
        always @ (posedge Clk)
        if (!Reset)
            Interrupt <=0;
        else if (DutyCycle > 990000)
            Interrupt <=1;
        else
            Interrupt <=0;
endmodule
```

第4章　实验4：MIPSfpga硬件平台的中断

4.1　实验目的

本实验将在实验3的基础上，通过实现中断功能，对MIPSfpga处理器的中断机制以及MIPSfpga处理器硬件平台的中断功能实现进行实践。

需要按照下述步骤完成本实验：

(1) 修改MIPSfpga硬件平台，将处理器中断机制设置为中断兼容(interrupt compatibility)模式，然后相应地修改MIPSfpga处理器硬件平台，使得硬件平台中的UART和PWM外设能够实现中断输入输出方式。

(2) 在上面的实验任务完成后，再次修改MIPSfpga处理器硬件平台，在平台中增加一个基于AXI总线标准的中断控制器IP模块，提供功能更加强大的外部中断控制器(External Interrupt Controller，EIC)模式。

(3) 分别生成上述MIPSfpga处理器硬件平台的比特流文件。

(4) 编写C语言程序，对MIPSfpga处理器硬件平台中断兼容模式和外部中断控制器模式进行测试。

通过本实验，应了解MIPSfpga处理器的中断机制，掌握MIPSfpga处理器的中断处理流程，学会编写外设中断输入输出方式的中断处理程序，为多任务操作系统实践奠定基础。

4.2　实验内容

4.2.1　MIPSfpga硬件平台中断兼容模式实现

开始实验前，先复制实验3的工程，即复制实验3的工程文件夹MIPSfpga_CustomIP并将复制后的文件夹更名为MIPSfpga_interrupt。然后按照下述步骤开始实验：

(1) 启动Vivado，打开MIPSfpga_interrupt工程，如图4-1所示(因为只是修改了该工程的文件夹名称，因此该工程的名称仍然是MIPSfpga_axi4)。

(2) 在Project Manager下选择Open Block Design。Block Design界面出现后，将连接MIPSfpga处理器SI_Int[7:0]引脚的Constant模块断开。双击Constant模块并将其Const Width修改为1。然后再添加一个8位的Concat模块，将Concat模块的dout[7:0]引脚连接到MIPSfpga处理器的SI_Int[7:0]引脚，将除了In4和In5引脚以外的其他In引脚全部连接到Constant模块。完成上述连接后的MIPSfpga处理器硬件平台如图4-2所示。

(3) 将PWM_w_Int模块的Interrupt_out引脚连接到Concat模块的In4引脚，将UART16550模块的ip2intc_irpt引脚连接到Concat模块的In5引脚。完成连接后整个MIPSfpga处理器硬件平台如图4-3所示。

(4) 选择Validate Design菜单命令，对设计的正确性进行检验。在检验过程中，如果只

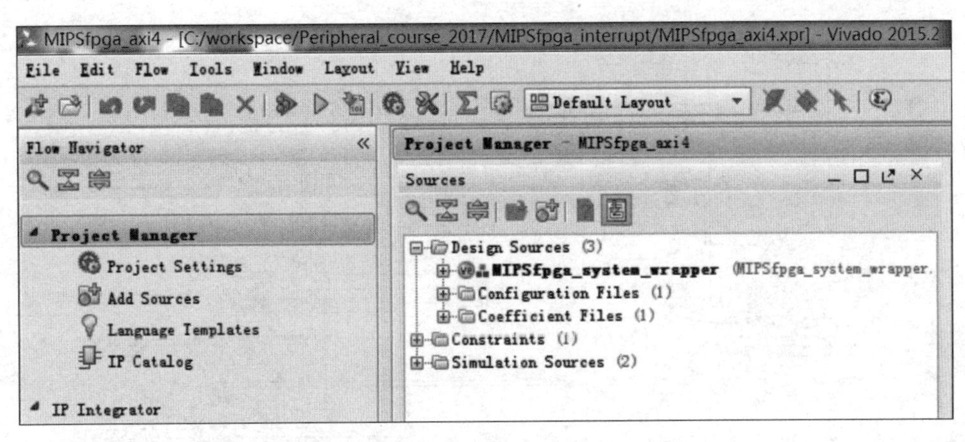

图 4-1　打开 MIPSfpga_interrupt 工程

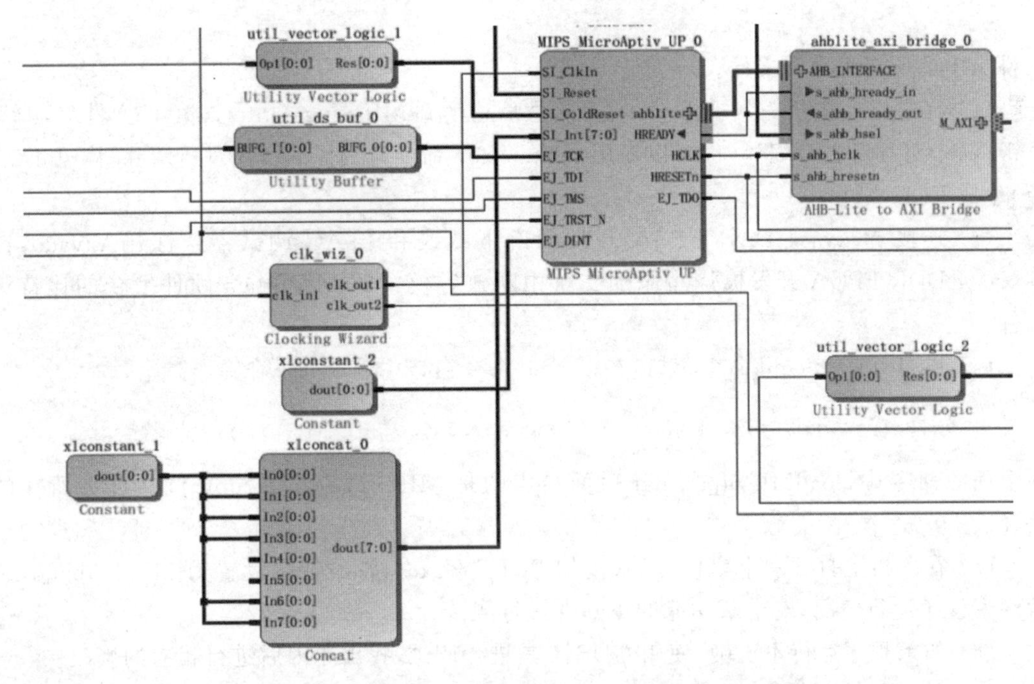

图 4-2　在 MIPSfpga 处理器硬件平台中添加 Concat 模块

是出现警告信息，单击 OK 按钮忽略即可。然后在 Project Manager 下选择 Generate Block Design，在弹出的对话框中单击 Generate 按钮，更新 MIPSfpga_system_wrapper 文件。

(5) 选择 Generate Bitstream 菜单命令，生成比特流文件。比特流文件生成后，注意观察时序能否满足要求。

4.2.2　MIPSfpga 处理器硬件平台中断兼容模式测试

具体实验步骤如下：

(1) 在下载的 system_ability 文件夹中找到 MIPSfpga_interrupt_C 文件夹，仔细阅读该

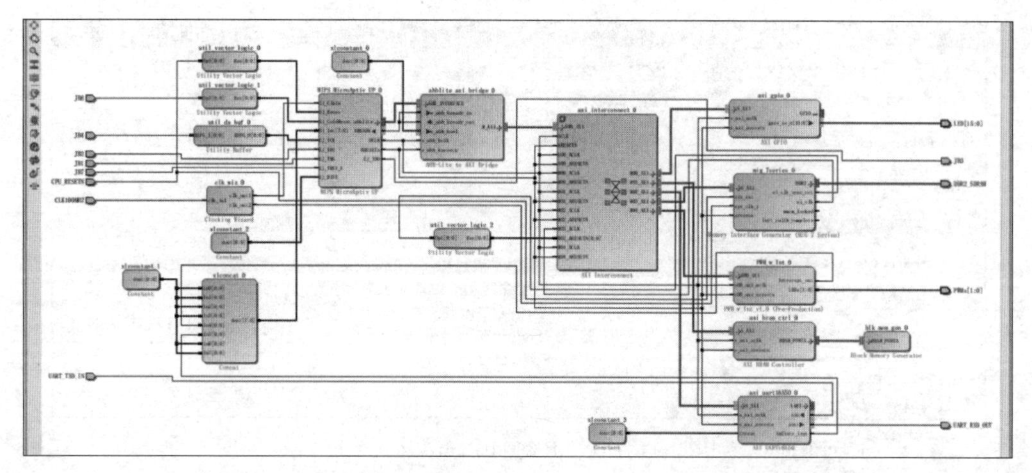

图 4-3　完成 Concat 模块连接后的 MIPSfpga 处理器硬件平台

文件夹中的所有程序和文件。

(2) 在主机上打开一个 cmd 命令窗口，然后切换到 MIPSfpga_interrupt_C 文件夹，输入 make 命令对程序进行编译(也可以先用 make clean 命令对编译的程序进行清除，详见 1.2.3 节)生成 ELF 文件。

(3) 连接 Nexys 4 DDR FPGA 开发板的下载线和 JTAG 调试器。打开 Vivado，向 Nexys 4 DDR FPGA 开发板烧写添加支持中断兼容模式的 MIPSfpga 硬件平台的比特流文件。

(4) 再打开一个 cmd 命令窗口，在该 cmd 命令窗口中输入如下命令：

```
loadMIPSfpga.bat C:\workspace\Peripheral_course_2017\MIPSfpga_interrupt_C
```

在上面的命令中，loadMIPSfpga.bat 后面给出的是 MIPSfpga_interrupt_C 文件夹所在的路径。

(5) 在主机上打开一个串口终端(例如 PuTTY.exe)，将波特率设置为 115 200baud，然后观察程序运行情况，对中断功能的正确性进行测试。

(6) 如果程序运行不正确，使用 GDB 工具进行调试，找出原因后进行相应的修改。

(7) 对 MIPSfpga_interrupt_C 文件夹下的程序进行修改和完善，尝试编写更全面和更复杂的中断服务程序。

4.2.3　MIPSfpga 硬件平台外部中断控制器模式实现

开始实验前，先复制刚刚完成的 MIPSfpga_interrupt 工程，将复制后的工程文件夹更名为 MIPSfpga_IntEIC。然后按照下述步骤开始实验：

(1) 启动 Vivado，打开 MIPSfpga_IntEIC 工程，如图 4-4 所示(因为只修改了该工程的文件夹名称，因此该工程的名称仍然是 MIPSfpga_axi4)。

(2) 在 Project Manager 下选择 Open Block Design。Block Design 界面出现后，选择 Add IP 菜单命令，在 IP 库中找到并添加 AXI Interrupt Controller 模块，然后按照图 4-5 所

示，将该模块连接到 AXI Interconnect 模块。

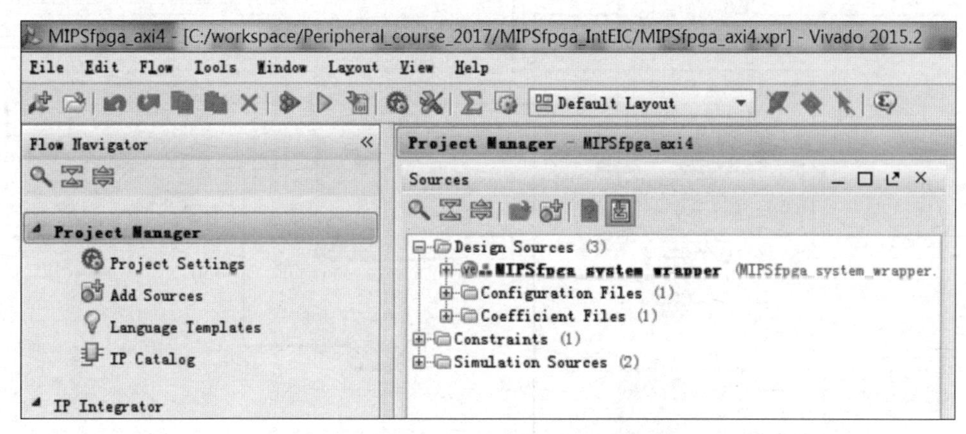

图 4-4　打开 MIPSfpga_IntEIC 工程

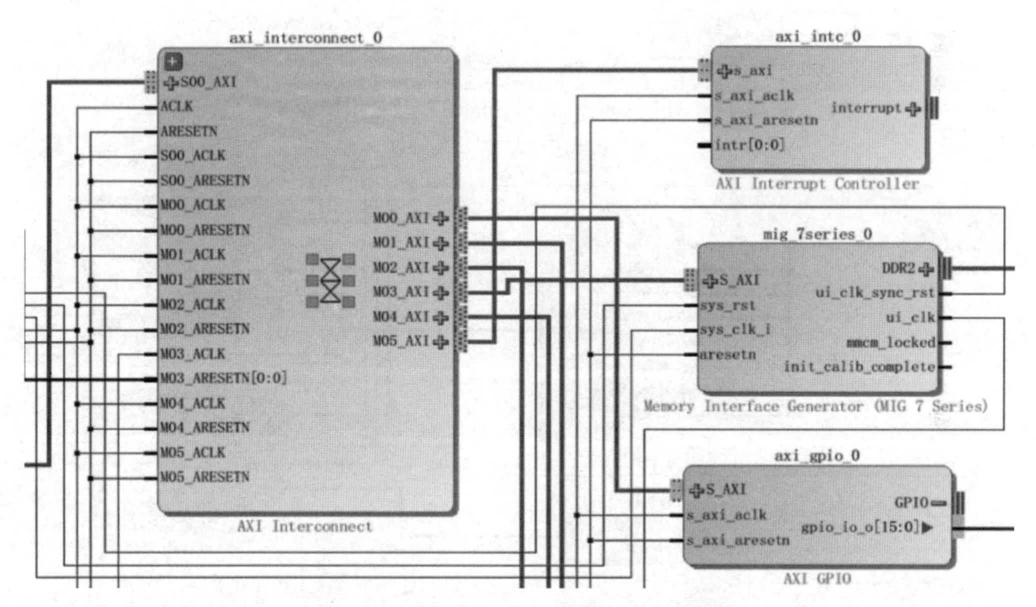

图 4-5　添加 AXI Interrupt Controller 模块

(3) 将连接到 MIPSfpga 处理器 SI_Int[7:0]引脚的 Constant 模块和 Concat 模块均复制一份。删除原来的 Concat 模块的 In4 和 In5 引脚连线，将 In5 引脚连接到原来的 Constant 模块。完成操作后 MIPSfpga 处理器硬件平台如图 4-6 所示。

(4) 复制的 Constant 模块和 Concat 模块按照原来的连接方法进行连接，唯一的不同是将 Concat 模块的 dout[7:0]引脚连接到 AXI Interrupt Controller 模块的 intr[0:0]引脚。完成相应的连接后如图 4-7 所示。

(5) 将 PWM_w_Int 模块的 Interrupt_out 引脚连接到复制的 Concat 模块的 In4 引脚，将 UART16550 模块的 ip2intc_irpt 引脚连接到复制的 Concat 模块的 In5 引脚，将 AXI Interrupt Controller 模块的 irq 引脚(需要先展开该模块的 interrupt 端口才能看到 irq 引

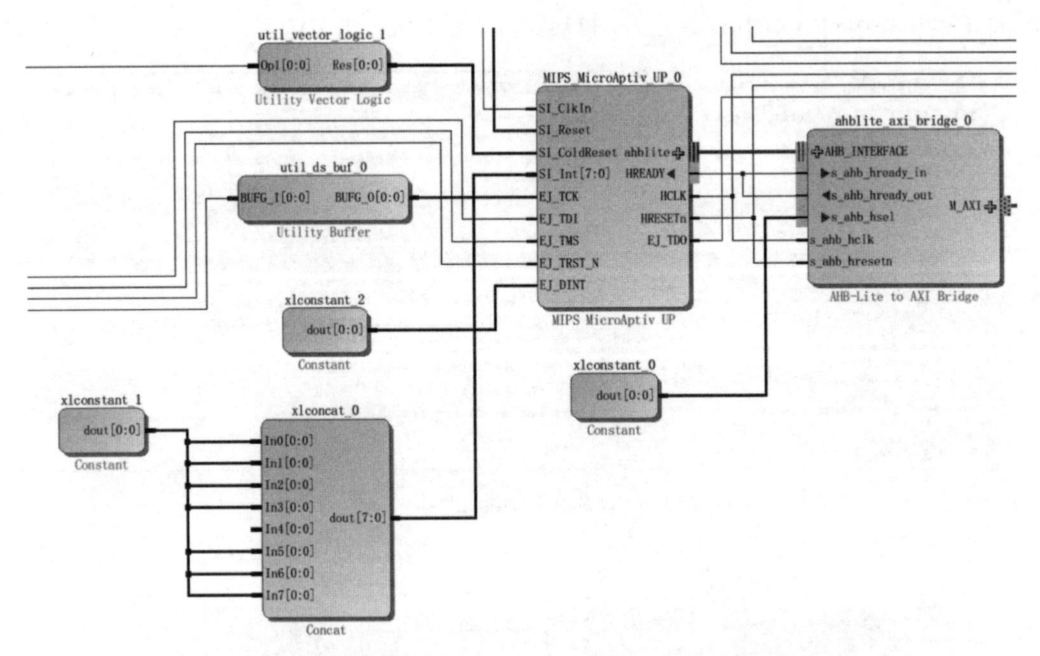

图 4-6　修改 Constant 和 Concat 模块的引脚连接

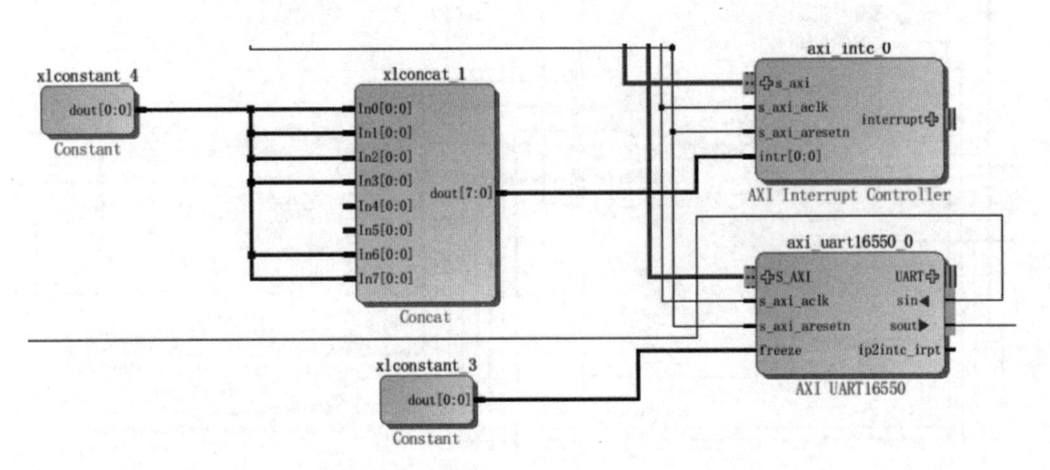

图 4-7　复制 Constant 和 Concat 模块并完成连接

脚)连接到 MIPSfpga 处理器原来的 Concat 模块的 In4 引脚。完成连接后的 MIPSfpga 处理器硬件平台如图 4-8 所示。

(6) 切换到 Address Editor,将 AXI Interrupt Controller 模块的地址设置为 0x1020_0000,如图 4-9 所示。

(7) 选择 Validate Design 菜单命令,对设计的正确性进行检验。在检验过程中,如果只是出现警告信息,单击 OK 按钮忽略即可。然后在 Project Manager 下选择 Generate Block Design,在弹出的对话框中单击 Generate 按钮,更新 MIPSfpga_system_wrapper 文件。

(8) 选择 Generate Bitstream 菜单命令,生成比特流文件。比特流文件生成后,注意观察时序能否满足要求。

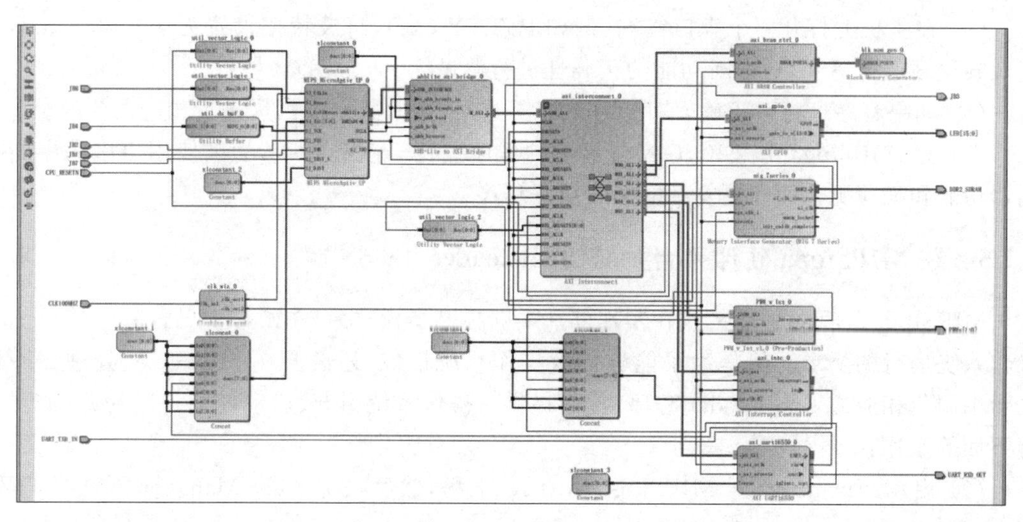

图 4-8 完成连接后的 MIPSfpga 处理器硬件平台

Address Editor × Diagram ×

Cell	Slave Interface	Base Name	Offset Address	Range	High Address
MIPS_MicroAptiv_UP_0					
ahblite (32 address bits : 4G)					
axi_bram_ctrl_0	S_AXI	Mem0	0x1FC0_0000	8K	0x1FC0_1FFF
axi_gpio_0	S_AXI	Reg	0x1060_0000	64K	0x1060_FFFF
axi_uart16550_0	S_AXI	Reg	0x1040_0000	64K	0x1040_FFFF
mig_7series_0	S_AXI	memaddr	0x0000_0000	128M	0x07FF_FFFF
PWM_w_Int_0	S00_AXI	S00_AXI_reg	0x10C0_0000	64K	0x10C0_FFFF
axi_intc_0	s_axi	Reg	0x1020_0000	64K	0x1020_FFFF

图 4-9 AXI Interrupt Controller 模块地址设置

4.2.4 MIPSfpga 硬件平台外部中断控制器模式测试

具体实验步骤如下：

(1) 在下载的 system_ability 文件夹中找到 MIPSfpga_IntEIC_C 文件夹，仔细阅读该文件夹中的所有程序和文件。

(2) 在主机上打开一个 cmd 命令窗口，切换到 MIPSfpga_IntEIC_C 文件夹，然后输入 make 命令对程序进行编译(也可以先用 make clean 命令对编译的程序进行清除，详见 1.2.3 节)生成 ELF 文件。

(3) 连接 Nexys 4 DDR FPGA 开发板的下载线和 JTAG 调试器。打开 Vivado，向 Nexys 4 DDR FPGA 开发板烧写添加支持外部中断控制器模式的 MIPSfpga 硬件平台的比特流文件。

(4) 再打开一个 cmd 命令窗口，在该 cmd 命令窗口中输入如下命令：

```
loadMIPSfpga.bat C:\workspace\Peripheral_course_2017\MIPSfpga_IntEIC_C
```

在上面的命令中，loadMIPSfpga.bat 后面给出的是 MIPSfpga_IntEIC_C 文件夹所在的路径。

(5) 在主机上打开一个串口终端(例如 PuTTY.exe),将波特率设置为 115 200baud,然后观察程序运行情况,对中断功能的正确性进行测试。

(6) 如果程序运行不正确,使用 GDB 工具进行调试,找出原因后进行相应的修改。

(7) 对 MIPSfpga_IntEIC_C 文件夹下的程序进行修改和完善,尝试使用更多的中断控制器功能和编写更全面和更复杂的中断服务程序。

4.2.5 在 MIPSfgpa 硬件平台加载 BootLoader

MIPSfpga 处理器硬件平台在实现外部中断控制器模式后,在硬件上已经完全能够满足操作系统运行的要求。但是为了能够加载操作系统镜像,还需要在 MIPSfpga 处理器硬件平台中固化相应的 BootLoader 程序,从而提供对操作系统引导、启动的支持。为此,需要进行下面的操作:

(1) 启动 Vivado,打开 MIPSfpga_IntEIC 工程,然后在 Project Manager 下选择 Open Block Design。

(2) 在 Block Design 界面中找到 BRAM 模块,双击该模块,打开 Re-Customize IP 对话框,如图 4-10 所示,用 ram_init_os.coe 替换原先固化的 ram_init.coe 初始化程序(ram_init_os.coe 文件可以在下载的 system_ability 文件夹中找到,替换方法参见实验 2)。ram_init_os.coe 文件中存放的实际上是 BootLoader 程序的代码,该程序提供了操作系统内核加载前必须完成的处理器高速缓存、串口等设备的初始化工作以及操作系统的引导和加载功能(根据需要,可以尝试编写自己的 BootLoader 程序)。

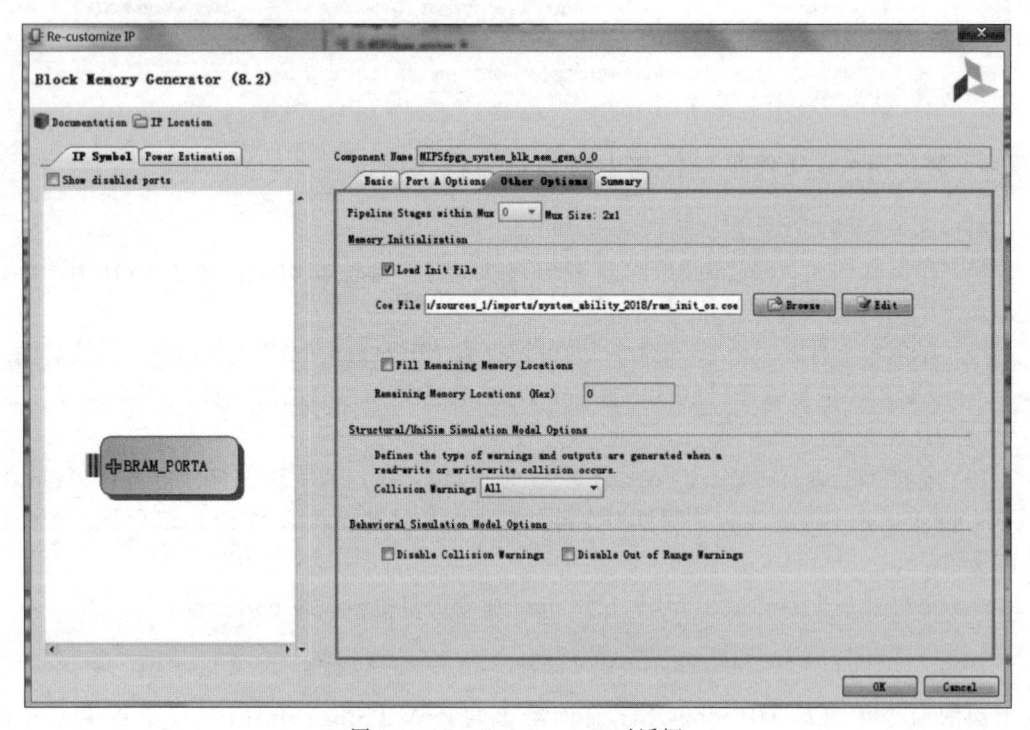

图 4-10 Re-Customize IP 对话框

(3) BootLoader 程序固化完成后,选择 Validate Design 菜单命令,对设计的正确性进行检验。在检验过程中如果只是出现警告信息,单击 OK 按钮忽略即可。然后在 Project Manager 下选择 Generate Block Design,在弹出的对话框中单击 Generate 按钮,更新 MIPSfpga_system_wrapper 文件。

(4) 选择 Generate Bitstream 菜单命令,生成比特流文件。比特流文件生成后,注意观察时序能否满足要求。

4.3　实验背景及原理

4.3.1　中断概述

中断是微处理器处理外部或内部异常事件最常用和最重要的方法,特别是对实时处理一些突发事件很有效,因而是系统最重要的资源。中断最初用于处理外部设备的数据传送。随着计算机的发展,中断被不断赋予新的功能,如自动故障处理、分时操作、多机系统、虚拟技术等。

1. 中断

CPU 在正常运行程序时,由于外部/内部随机事件或在程序中预先安排的事件,引起 CPU 暂时中止正在运行的程序,而转到为外部/内部事件或预先安排的事件服务的程序;服务完毕,再返回去继续执行被暂时中止的程序。这一过程称为中断。

例如,用户使用键盘时,每按一键都发出一个中断信号,通知 CPU 有键盘输入事件发生,要求 CPU 读入该键的键值。CPU 就会暂时中止手头的程序,转到读取键值的程序;在读取键值的操作完成后,CPU 又返回原来的程序继续运行。

可见,中断的发生是事出有因的,引起中断的事件就是中断源,中断源各种各样,因而出现多种中断类型。CPU 在处理中断事件时,必须针对不同中断源的要求给出不同的解决方案,这就需要不同的中断处理程序(也叫中断服务程序)。

从程序的逻辑关系来看,中断的实质就是程序的转移。中断提供了快速转移程序运行路径的机制。获得 CPU 服务的程序称为中断处理程序,被暂时中止的程序称为主程序。程序的转移由微处理器内部事件或外部事件启动。一个中断过程包含两次转移,首先是主程序向中断处理程序转移,然后是中断处理程序执行完毕之后向主程序转移。由中断源引起的程序转移这一切换机制可以快速改变程序运行路径,这对实时处理一些突发事件很有效。

所以,中断技术是 CPU 处理始料不及或有谋在先的事件的一种方法,实质上是一种程序的转移,而中断源是触发或启动这种程序转移的原因。

2. 中断的类型

中断的类型与对中断这一技术术语的解释密切相关。由于中断一词有多种解释,因此中断的类型也有不同的划分方法,例如异步中断与同步中断、硬件中断与软件中断等。本书根据微机中断系统的中断源将中断分为外部中断和内部中断两类。为了更好地区分这两类中断,把外部中断称为中断,把内部中断称为异常。下面分别讨论它们产生的条件、特点及其应用。

外部中断由来自 CPU 外部的事件产生,是由外部设备发出的请求信号触发的,因此也叫作硬件中断,它和 CPU 当前执行的指令没有任何关系,属于异步中断。外部中断的发生具有随机性,何时产生中断,CPU 事先并不知道。外部中断可分为可屏蔽中断(Interrupt, INTR)及不可屏蔽中断(Non-Maskable Interrupt, NMI)。

内部中断来自 CPU 内部的事件,由 CPU 执行指令时触发而产生。为了与外部中断区分,一般将内部中断称为异常。异常又有故障(fault)、陷阱(trap)、中止(abort)等类型。

4.3.2 MIPSfpga 处理器中断机制

1. 概述

MIPS 处理器可接收的中断来源多种多样,主要包括 TLB 缺失、运算溢出、I/O 中断和系统调用。当处理器检测到某个中断后,暂停执行正在处理的正常指令序列,同时处理器进入内核态。在内核态下,处理器首先禁止中断,同时跳转到某个特殊的地址,开始执行中断处理程序。

中断处理程序需要保存现场,主要包括 PC、当前的操作模式和中断的状态(允许或禁用)。之所以要保存这些信息,是为了在结束中断处理后能够正确地恢复到主程序的中断位置继续执行。当中断发生时,处理器从 EPC(Exception Program Counter,异常程序计数器)寄存器载入中断返回地址。

各种中断都有优先级。当不同优先级的中断同时发生时,只有优先级最高的中断会被处理。

2. MIPSfpga 处理器中断系统

MIPSfpga 处理器支持两种软件中断、6 种硬件中断以及两种专用中断(计时器中断和性能计数器溢出中断)。计时器中断和性能计数器溢出中断以基于实现的方式和硬件中断 5 (hardware interrupt 5)相结合。

在 MIPSfpga 中满足下列条件时中断才会发生:

(1) 有外设产生了中断服务请求。

(2) 在 Status(状态)寄存器中的全局使能域 IE 值为 1,否则处理器不能处理任何中断。

(3) 在 Debug(调试)寄存器中的 DM 域的值为 0,否则处理器处于调试状态,不能处理中断。

(4) 在 Status 寄存器中的异常级位(EXL)和错误级位(ERL)的值都为 0。这两位分别在发生异常和错误时置 1。不管哪一位被置 1,所有中断都被禁止,因此要求这两位全为 0。

MIPSfpga 中断系统支持 3 种中断模式,分别是中断兼容模式、向量中断(Vectored Interrupt, VI)模式和外部中断控制器模式。

处理器在默认情况下处于中断兼容模式,向量中断模式和外部中断控制器模式则需要通过配置进行选择。向量中断模式为中断处理程序增加了中断优先级和向量中断的能力。在这种模式下,还会分配影子寄存器组供中断处理程序使用。外部中断控制器模式重新定义了中断处理的方式,并为外部中断控制器处理中断优先级和向量中断提供了完整的支持。表 4-1 列出了 MPIS 处理器各中断模式的参数配置,其中的×表示不定态。

表 4-1　MIPS 处理器各中断模式的参数配置

Status 寄存器 BEV 域	Cause 寄存器 IV 域	IntCtl 寄存器 VS 域	Config3 寄存器 VINT 域	Config3 寄存器 VEIC 域	中断模式
1	×	×	×	×	中断兼容模式
×	0	×	×	×	中断兼容模式
×	×	0	×	×	中断兼容模式
0	1	≠0	1	0	向量中断模式
0	1	≠0	×	1	外部中断控制器模式
0	1	≠0	0	0	不允许中断

Status 寄存器是一个可读写寄存器，包含处理器的工作模式、中断使能和诊断状态。Status 寄存器的 BEV 域用来控制异常向量的位置。Cause 寄存器主要用来描述当前中断的原因，有些域也用来控制软件中断请求和调度中断向量。Cause 寄存器的 IV 域指明中断使用通用中断向量（偏移量为 0x180）还是特殊中断向量（偏移量为 0x200）。IV 域为 0，中断使用通用中断向量，并且中断要通过通用中断向量来处理；IV 域为 1，中断使用特殊中断向量，并且中断要通过特殊中断向量来处理。当处理器处于向量中断模式时，IntCtl 寄存器的 VS 域用来设置中断向量的间距。Config3 寄存器的 VINT 域用来指明是否实现了向量中断，0 表示未实现，1 表示已实现。Config3 寄存器的 VEIC 域用来表示是否支持 EIC 中断模式。

1）中断兼容模式

中断兼容模式是默认的中断模式。当处理器重置时，系统会进入中断兼容模式。在该模式下，中断是非向量化的，此时通过通用中断向量或者特殊中断向量来处理中断。

中断兼容模式下的中断类型如表 4-2 所示。待处理的中断请求信号在 Cause 寄存器的 IP 域保存。在表 4-2 中，IP_7～IP_2 这 6 位和硬件中断信号相对应；而 IP_1 和 IP_0 则是可写可读的软件中断位，这两位保存着最近一次写入的值。当中断被允许时，这 8 种中断中的任何一个有效都会产生中断。这些中断是平等的，它们的优先级由中断处理程序决定。IM_7～IM_0 是 Status 寄存器 IM 域的 8 个中断屏蔽位。

表 4-2　中断兼容模式下的中断类型

中断类型	中断源	中断请求位和中断屏蔽位
硬件中断、定时器中断、性能计数器中断	HW5	IP_7 和 IM_7
硬件中断	HW4	IP_6 和 IM_6
	HW3	IP_5 和 IM_5
	HW2	IP_4 和 IM_4
	HW1	IP_3 和 IM_3
	HW0	IP_2 和 IM_2

续表

中断类型	中断源	中断请求位和中断屏蔽位
软件中断	SW1	IP_1 和 IM_1
	SW0	IP_0 和 IM_0

中断兼容模式下典型的中断处理程序如下(后面的程序均使用 MIPS 汇编语言编写):

```
/*假设:Cause 寄存器 IV 域为 1
  通用寄存器 k0 和 k1 是空闲的
  位置:相对于中断向量的基址的偏移量为 0x200
 */
IVexception:
    mfc0  k0,C0_Cause                  //读取 Cause 寄存器
    mfc0  k1,C0_Status                 //为使用 IM 域读取 Status 寄存器
    andi  k0,k0,M_CauseIM              //只保留 Cause 寄存器的 IP 域
    and   k0,k0,k1                     //屏蔽 Status 寄存器 IM 域对应的 IP 位
    beq   k0,zero,Dismiss              //当没有中断时,直接跳出中断处理程序
    clz   k0,k0                        //使用高位连零计数找出第一个中断
    //IP7~IP0 对应的 k0 为 16~23
    xori  k0,k0,0x17
    sll   k0,k0,VS                     //通过移位来模拟软件中断向量间距
    la    k1,VectorBase                //获得 8 个中断向量的基址
    addu  k0,k0,k1                     //通过基址和偏移量计算目标中断向量
    jr    k0                           //跳到特殊中断处理程序
     nop
SimpleInterrupt:
    eret                               //结束中断
NestedException:
    mfc0  k0, C0_EPC                   //获得重新开始的地址
    sw    k0, EPCSave                  //将地址保存在存储器中
    mfc0  k0, C0_Status                //获得 Status 寄存器的值
    sw    k0, StatusSave               //将 Status 寄存器的值保存到存储器中
    li    k1,~ IMbitsToClear           //获得 Status 寄存器 IM 域的反
    and   k0, k0, k1                   //清除 k0 中的 IM 域
    ins   k0, zero, S_StatusEXL, (W_StatusKSU+W_StatusERL+W_StatusEXL)
    //清除 k0 中的 KSU、ERL 和 EXL 位
    //S_StatusEXL 表示 Status 寄存器中 EXL 位的索引位置
    //后面的参数是 KSU、ERL 和 EXL 位的宽度
    mtc0  k0, C0_Status                //修改屏蔽位,转换到内核
    …                                  //这里是处理中断的程序,此处不给出详细描述
    //恢复现场
    di                                 //允许中断
    lw    k0, StatusSave               //从内存中得到 Status 寄存器的值
```

```
lw     k1, EPCSave                  //从内存中得到 EPC 寄存器的值
mtc0   k0, C0_Status                //重置 Status 寄存器
mtc0   k1, C0_EPC                   //重置 EPC 寄存器
eret                                //结束中断
```

2）向量中断模式

向量中断模式在中断兼容模式的基础上增加了优先级编码器。通过优先级编码器给中断定出优先顺序，并生成中断向量。在该模式下，允许每一个中断被映射到一个影子寄存器组，供中断处理程序使用。提供影子寄存器组的目的是防止由于中断程序需要使用寄存器而破坏主程序使用的寄存器的值，从而保护相应寄存器的值。

在向量中断模式下，6 个硬件中断作为独立的硬件中断请求。计时器中断和性能计数器溢出中断以基于实现的方式和硬件中断 5 相结合，以给硬件中断提供适当的相对中断优先级。当有中断发生时，优先级编码器会根据表 4-3 列出的中断优先级产生相应的中断向量。

表 4-3 向量中断模式下的中断优先级

中断类型	中断源	中断请求位和屏蔽位	中断向量优先级编码
硬件	HW5	IP_7 和 IM_7	7
	HW4	IP_6 和 IM_6	6
	HW3	IP_5 和 IM_5	5
	HW2	IP_4 和 IM_4	4
	HW1	IP_3 和 IM_3	3
	HW0	IP_2 和 IM_2	2
软件	SW1	IP_1 和 IM_1	1
	SW0	IP_0 和 IM_0	0

在表 4-3 中，硬件中断的优先级高于软件中断。当优先级编码器找出优先级最高的待处理的中断请求后，会输出一个优先级编码向量值，该值用于计算中断处理程序的入口地址。

图 4-11 为向量中断模式下中断请求信号的产生过程。向量中断模式下中断请求信号的产生经过 4 个步骤，即捕获、屏蔽、编码和请求。在图 4-11 中，$Cause_{TI}$ 和 $Cause_{PCI}$ 分别表示计时器中断请求信号和性能计数器溢出中断请求信号；$IntCtl_{IPPCI}$ 和 $IntCtl_{IPTI}$ 分别表示定时器中断请求信号和性能计数器中断请求信号。这 4 个信号与硬件中断共享相同的中断输入。需要注意的是，处理器在检测到中断请求信号至中断处理程序运行之间有一段时间，这段时间内的中断请求信号可能变为无效。如果出现这种情况，中断处理程序必须通过 ERET 指令从中断返回。

在向量中断模式下，各个中断的中断向量号由中断控制逻辑产生，如图 4-11 所示。这个中断向量号结合 IntCtl 寄存器的 VS 域，再加上中断向量偏移的基址，从而计算出中断向量的偏移地址。在向量中断模式下，中断向量偏移地址的默认基址是 0x200。

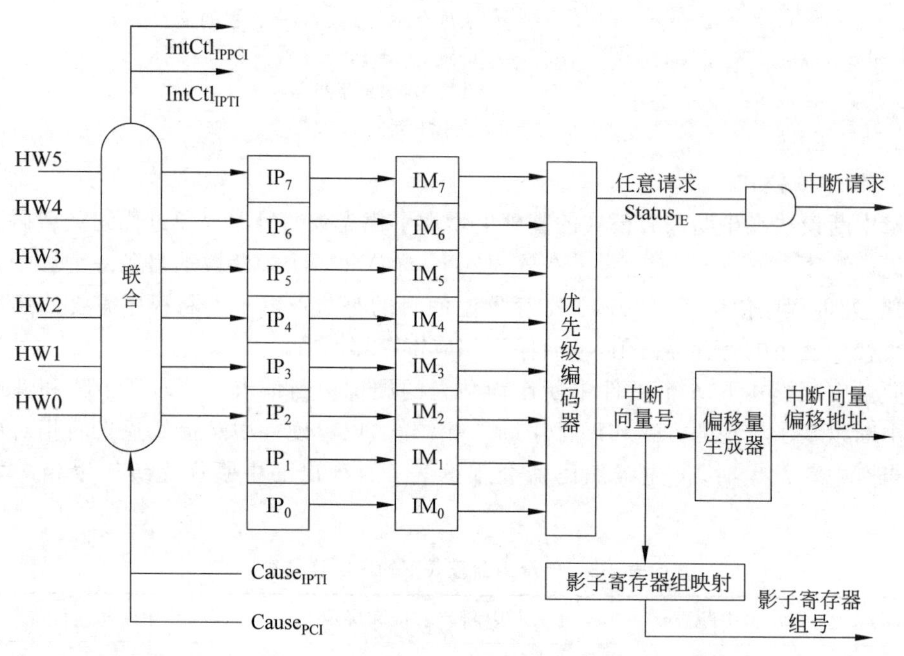

图 4-11　向量中断模式下中断请求信号的产生过程

IntCtl 寄存器的 VS 域用来指定两个中断向量之间的偏移地址，如表 4-4 所示。如果 VS 域为 0，说明 8 个中断向量位于同一个地址，即处理器处于中断兼容模式；如果 VS 域不为 0，则说明此时处理器处于向量中断模式。

表 4-4　中断向量的偏移地址

中断向量号	IntCtl 寄存器的 VS 域				
	0b00001	0b00010	0b00100	0b01000	0b10000
0	0x200	0x200	0x200	0x200	0x200
1	0x220	0x240	0x280	0x300	0x400
2	0x240	0x280	0x300	0x400	0x600
3	0x260	0x2C0	0x380	0x500	0x800
4	0x280	0x300	0x400	0x600	0xA00
5	0x2A0	0x340	0x480	0x700	0xC00
6	0x2C0	0x380	0x500	0x800	0xE00
7	0x2E0	0x3C0	0x580	0x900	0x1000

中断向量偏移地址的具体计算表达式如下：

```
Vectoffset <-0x200 +(vectoerNumber * (IntCtl.VS || 0b00000))
```

在向量中断模式下，典型的中断处理程序会跳过中断兼容模式下的中断处理程序的 IVexception 代码段；取而代之的是，由硬件执行优先级划分，然后直接调用相应的中断处理程序。另外，向量中断模式下的中断处理程序可以使用专用的影子寄存器组，因此不需要保存被中断程序使用的寄存器的值。嵌套的中断处理程序和中断兼容模式类似，但是也可以利用影子寄存器组来运行嵌套的中断处理程序，具体示例代码如下：

```
NestedException:
    mfc0   k0, C0_EPC
    sw     k0, EPCSave
    mfc0   k0, C0_Status
    sw     k0, StatusSave
    mfc0   k0, C0_SRSCtl                    //如果需要改变影子寄存器组的值
    sw     k0, SRSCtlSave                   //则要保存 SRSCtl 寄存器的值
    li     k1, ~IMbitsToClear
    and    k0,k0,k1
    ins    k0,zero,S_StatusEXL,(W_StatusKSU+W_StatusERL+W_StatusEXL)
    mtc0   k0,C0_Status

    di
    lw     k0, StatusSave
    lw     k1, EPCSave
    mtc0   k0, C0_Status
    lw     k0, SRSCtlSave
    mtc0   k1, C0_EPC
    mtc0   k0, C0_SRSCtl
    ehb                                     //使用此指令是为了保证系统的安全
    Eret
```

3）外部中断控制器模式

外部中断控制器模式重新定义了处理器中断逻辑，从而支持中断控制器。中断控制器可以是一个硬连线的逻辑模块，也可以根据对中断控制器中的控制寄存器和状态寄存器的操作进行配置。前者比较专用；后者比较通用，可以满足多种系统环境的需要。

外部中断控制器模式下中断请求信号的产生过程如图 4-12 所示。

中断控制器负责划分硬件中断、软件中断、计时器中断以及性能计数器溢出中断的优先级，并且直接向处理器提供最高优先级中断的向量值和请求中断优先级（Request Interrupt Priority Level，RIPL）。RIPL 包含 6 位二进制数，分别对应上面两种中断模式中的 6 个硬件中断，0 表示没有中断请求，1～63 表示优先级从低到高的中断请求。处理器则通常按照以下 3 种方式计算中断向量偏移地址：

（1）将 RIPL 值直接当作中断向量值发给偏移量生成器，生成中断向量偏移地址。

（2）随着 RIPL 值的传入，处理器得到一个单独的中断向量值，发给偏移量生成器。

（3）随着 RIPL 值的传入，处理器得到完整的中断向量偏移地址。

当中断控制器传入的是中断向量值时，处理器会将中断向量的偏移量与 IntCtl 寄存器的 VS 域结合，生成中断向量偏移地址。

处理器 Status 寄存器的 IPL 域（包括 IM_7～IM_2 这 6 位二进制数）保存处理器当前正在

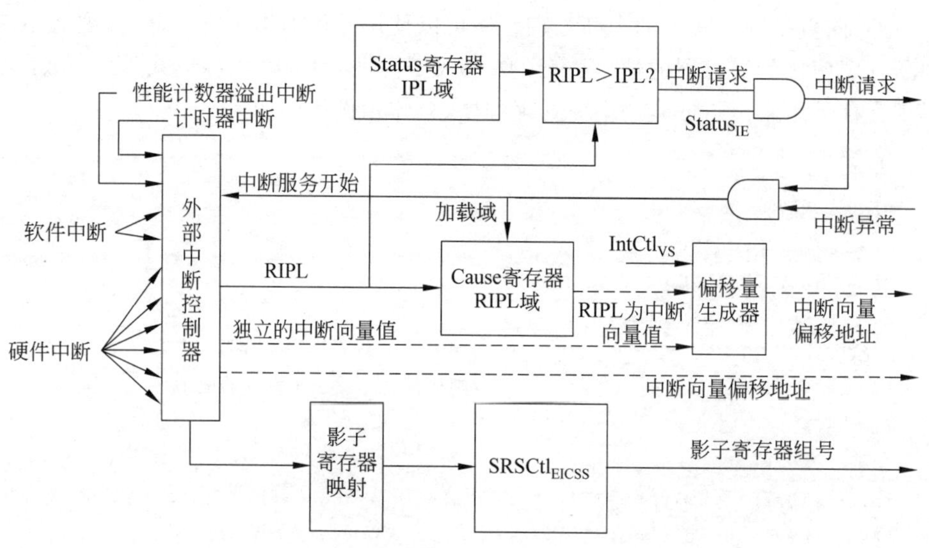

图 4-12　外部中断控制器模式下中断请求信号的产生过程

处理的中断的优先级，为 0 时表示当前没有中断被处理。当中断控制器请求中断服务时，处理器会比较 RIPL 和 IPL。如果前者高并且中断被允许，中断请求将被发送。当处理器开始处理中断时，处理器将 RIPL 加载到 Cause 寄存器的 RIPL 域(包含 $IP_7 \sim IP_2$ 这 6 位二进制数)，并通知外部中断控制器该中断请求被处理。

在外部中断控制器中断模式中，外部中断控制器也负责提供影子寄存器组号，因此不需要使用 SRSMap 寄存器进行映射。当处理器将 RIPL 加载到 Cause 寄存器的 RIPL 域的同时，也会将影子寄存器组号加载到 SRSCtl 寄存器的 EICSS 域中。当中断被处理时，EICSS 域被复制到 SRSCtl 寄存器的 CSS 域中，表示当前正在使用的影子寄存器组。

外部中断控制器模式典型的软件处理程序和向量中断模式相似，只是在嵌套中断处理时需要将 Cause 寄存器的 RIPL 域复制到 States 寄存器的 IPL 域中，以阻止低优先级的中断。典型的嵌套中断程序如下：

```
NestedException:
    mfc0   k1, C0_Cause
    mfc0   k0, C0_EPC
    srl    k1, k1, S_CauseRIPL          //将 RIPL 域移到索引为 0 的位置
    sw     k0, EPCSave
    mfc0   k0, C0_Status
    sw     k0, StatusSave
    ins    k0, k1, S_StatusIPL, 6       //将 RIPL 复制到 Status 寄存器的 IPL 域
    mfc0   k1, C0_SRSCtl
    sw     k1, SRSCtlSave
    ins    k0, zero, S_StatusEXL, (W_StatusKSU+W_StatusERL+W_StatusEXL)
    mtc0   k0, C0_Status
    …                                   //其他代码与向量化中断相同
```

4.3.3 AXI4 中断控制器模块

1. 概述

AXI4 中断控制器模块可以用来增加处理器可用输入的中断请求数量。它还可以提供优先编码方案的选择，其输入用于连接能够产生中断条件的设备。

AXI4 中断控制器模块捕获中断条件，并一直保持到中断被响应时为止。中断能被同时或单独屏蔽或启用。当中断被启用并且有中断请求时，处理器会接收到中断请求信号以及相应的中断条件。

AXI4 中断控制器模块具有以下特征：

(1) 处理器可以通过 AXI4-Lite 总线接口访问中断控制器的寄存器。

(2) 具有快速中断模式。

(3) 支持多达 32 个中断，级联可提供额外的中断输入。

(4) 中断请求的优先级由中断向量的位置决定，最低有效位(LSB，即第 0 位)有最高的优先级，最高有效位(MSB，即第 31 位)优先级最低。

(5) 每一个输入都可以配置为边沿敏感或电平敏感，输出的中断请求也可以被配置为边沿敏感或者电平敏感。

(6) 可以配置软件中断，并且支持中断嵌套。

2. 基本构成

AXI4 中断控制器模块的顶层结构如图 4-13 所示。AXI4 中断控制器主要包含中断控制器核心(INTC Core)和 AXI 总线接口两个模块。

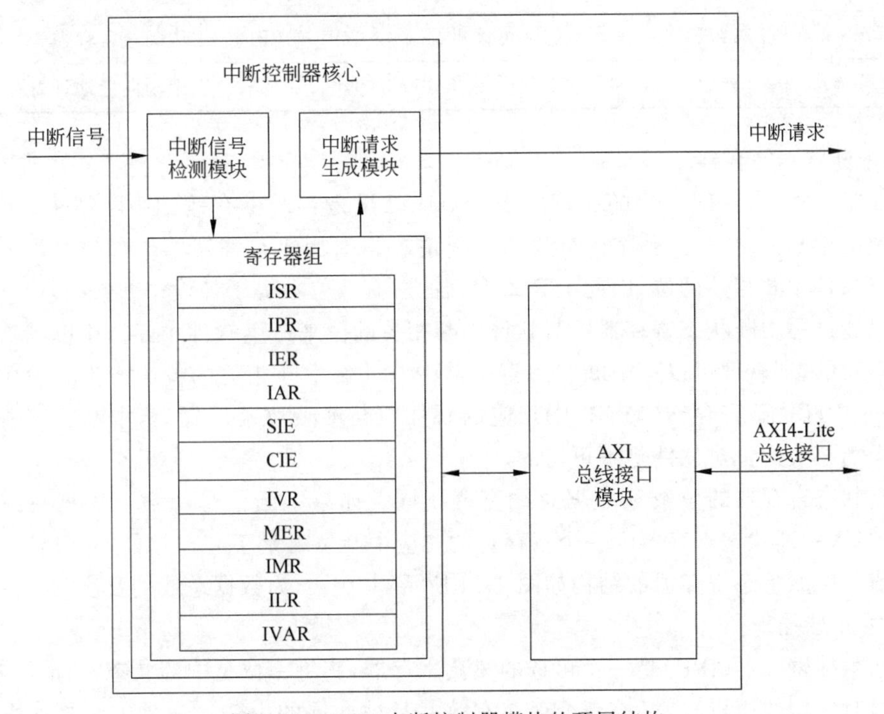

图 4-13 AXI4 中断控制器模块的顶层结构

中断控制器核心模块主要包含 3 个部分：中断信号检测模块、中断请求生成模块和寄存器组。中断信号检测模块可以检测每一个中断输入，根据配置参数对其进行电平检测或边沿检测，并将其保存到中断状态寄存器中。中断请求生成模块产生最终的中断输出信号，信号类型则由配置参数决定。

AXI 总线接口模块支持中断控制器核心和处理器之间的数据通信。它将 AXI4 中断控制器模块的寄存器组映射到 AXI4-Lite 总线接口的地址空间中。寄存器地址固定按 4 字节边界对齐。所有寄存器数据通信的位宽和总线宽度相同。

AXI4 中断控制器模块的寄存器组中的寄存器如表 4-5 所示。

表 4-5　AXI4 中断控制器模块的寄存器组中的寄存器

寄存器名称	偏移地址	允许操作	初始值	描　述
ISR	00H	可读可写	0x0	中断状态寄存器
IPR(可选)	04H	只读	0x0	中断悬挂寄存器
IER	08H	可读可写	0x0	中断屏蔽寄存器
IAR	0CH	只写	0x0	中断响应寄存器
SIE(可选)	10H	只写	0x0	中断屏蔽设置寄存器
CIE(可选)	14H	只写	0x0	中断屏蔽清除寄存器
IVR(可选)	18H	只读	0x0	中断向量寄存器
MER	1CH	可读可写	0x0	主中断屏蔽寄存器
IMR	20H	可读可写	0x0	中断模式寄存器
ILR(可选)	24H	可读可写	0xFFFFFFFF	中断级寄存器
IVAR(可选)	100H～170H	可读可写	0x0	中断向量地址寄存器

1）中断状态寄存器

中断状态寄存器(ISR)中的比特值表示对应外设是否产生有效的中断请求。0 表示不存在有效的中断请求，1 表示存在有效的中断请求。中断状态寄存器包含与外设中断相关的位和与软件中断相关的位，因此 ISR 寄存器的总有效位数等于外设中断数加软件中断数。软件可以通过写中断状态寄存器中与软件中断相关的位来产生软件中断。中断状态寄存器是软件可写的，即软件可以写中断状态寄存器中与外设中断相关的位来产生外设中断。但是，如果主中断屏蔽寄存器(MER)中相应的硬件中断屏蔽位被设置后，中断状态寄存器中与外设中断相关的位对软件是不可写的。

中断状态寄存器的位数和数据总线宽度相同。如果中断信号个数比数据总线宽度小时，把 1 写入中断状态寄存器中一个不存在的对应中断位时是不起作用的，并且读该位时会返回 0 值。中断状态寄存器的结构如图 4-14 所示，其中 w 为数据总线的宽度。

2）中断悬挂寄存器

中断悬挂寄存器(IPR)是一个可选的只读寄存器，其每一位是中断状态寄存器与中断屏蔽寄存器对应位的逻辑与，表示是否存在有效并且被允许的中断。通常中断悬挂寄存器也

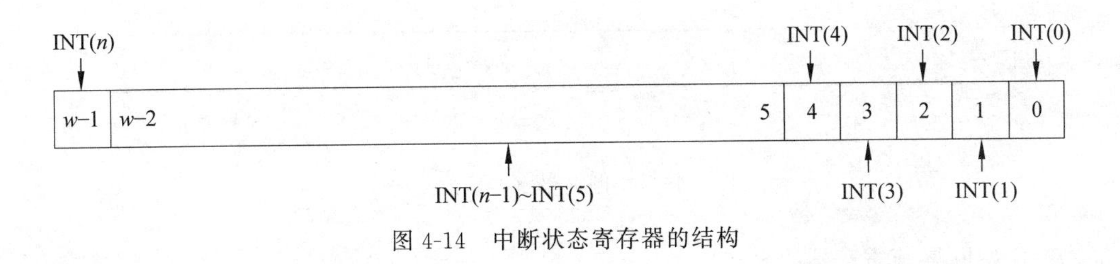

图 4-14　中断状态寄存器的结构

被用来减少访问中断控制器的次数，从而降低中断处理的延迟。它的结构和中断状态寄存器基本相同。

3）中断屏蔽寄存器

中断屏蔽寄存器(IER)是可读可写的。1 表示中断状态寄存器中相应位的中断请求能够引发中断；0 表示中断状态寄存器中相应位的中断请求被屏蔽，此时允许捕获并报告中断请求，但不能向中断请求生成模块发出中断请求。屏蔽一个有效中断阻碍了中断向中断请求生成模块发出中断请求，但当它被重新允许时会立即向中断请求生成模块发出中断请求。中断屏蔽寄存器的结构和中断状态寄存器相同。

4）中断响应寄存器

中断响应寄存器(IAR)是只写寄存器，用来清除中断请求。向中断响应寄存器某位写入 1 可清除中断状态寄存器的相应位，从而达到清除对应的中断请求的目的，并且同时也会清除中断响应寄存器的写入位；写入 0 则无效。它的结构和中断状态寄存器相同。由于中断屏蔽寄存器的屏蔽作用，使得有些中断请求可以被捕获，只是不能向中断请求生成模块发出中断请求；如果在开放中断屏蔽寄存器屏蔽的中断请求前没有清除这些中断请求在中断状态寄存器中的相应位，那么它就会立即向中断请求生成模块发出中断请求，因此它需要有清除功能。

5）中断屏蔽设置寄存器和中断屏蔽清除寄存器

这两个寄存器是可选的只写寄存器。中断屏蔽设置寄存器(SIE)用来设置中断屏蔽寄存器。对中断屏蔽设置寄存器写 1 时，设置相应的中断屏蔽寄存器位；对中断屏蔽设置寄存器写 0 时无效。中断屏蔽清除寄存器(CIE)用来清除中断屏蔽寄存器。对中断屏蔽清除寄存器写 1 时，清除相应的中断屏蔽寄存器位；对中断屏蔽清除寄存器写 0 时无效。如果没有这两个寄存器，在修改中断屏蔽寄存器时，只能先读出中断屏蔽寄存器的值，修改之后再写入中断屏蔽寄存器。这两个寄存器的结构和中断状态寄存器相同。

6）中断向量寄存器

中断向量寄存器(IVR)是可选的只读寄存器，它保存了当前优先级最高的中断信号的类型码。INT0(通常叫作 LSB，即最低有效位)是优先级最高的中断信号；随着位数变高，优先级依次降低。在没有有效的中断信号时，中断向量寄存器的所有位为 1。中断向量寄存器就像是一个正确的中断向量地址的索引，其结构如图 4-15 所示。w 为数据总线的数量，k 的值用下式计算：

$$k=\log_2(\text{C\_NUM\_INTR\_INPUTS}+\text{C\_NUM\_SW\_INTR})$$

其中，C_NUM_INTR_INPUTS 表示中断输入信号数，C_NUM_SW_INTR 表示软件中断数。

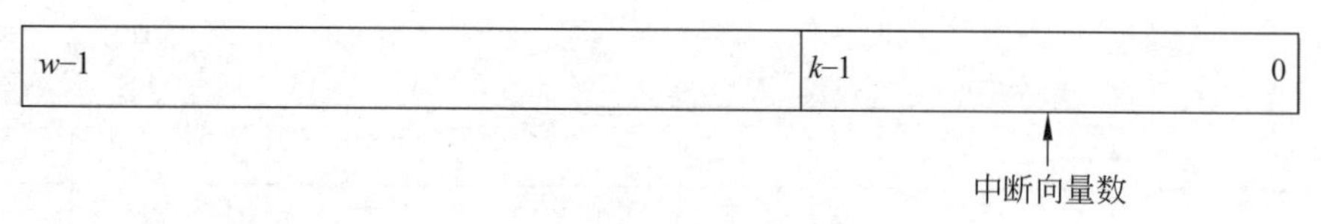

图 4-15　中断向量寄存器的结构

7）主中断屏蔽寄存器

主中断屏蔽寄存器(MER)的结构如图 4-16 所示，它是一个可读可写寄存器，该寄存器只有两个最低位 ME 和 HIE 有效。ME 是中断屏蔽位，HIE 是硬件中断屏蔽位。ME 为 1 表示允许中断请求生成模块输出中断信号来请求中断；为 0 时屏蔽中断请求生成模块，使其不能发出中断请求，实际上就是屏蔽了所有的中断信号。HIE 只能写一次。在系统重置时，HIE 被置 0，此时允许软件通过写中断状态寄存器产生硬件中断，并且屏蔽了所有的硬件中断信号；当 HIE 被置 1 时，允许接收硬件中断，同时使软件不能通过写硬件中断相关位产生中断请求。

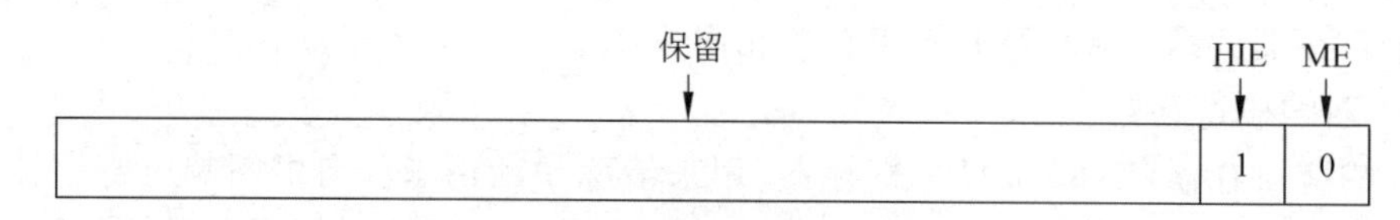

图 4-16　主中断屏蔽寄存器的结构

8）中断模式寄存器

当配置了快速中断模式时，中断模式寄存器(IMR)有效。中断模式寄存器用于设置连接中断控制器的每个中断的中断模式，0 表示相应的中断是标准中断模式，为 1 则表示相应的中断是快速中断模式。通过设置中断模式寄存器中相应的位，可以将中断设置为需要的模式。

9）中断级寄存器

中断级寄存器(ILR)是一个可选的可读可写寄存器，它存储被禁止向中断请求生成模块发出中断请求的优先级最高中断的类型码。中断级寄存器可阻塞低优先级中断，以支持嵌套中断处理。当该寄存器的值是 0 时，所有中断禁止向中断请求生成模块发出中断请求；当该寄存器的值是 1 时，只有 INT0 可以向中断请求生成模块发出中断请求。

10）中断向量地址寄存器

当设置了快速中断模式时，中断向量地址寄存器(IVAR)有效。连接中断控制器的每一个中断都有一个唯一的中断向量地址，处理器通过这个地址获得中断处理程序的入口地址，以处理特定的中断。在标准模式下，中断向量地址由软件驱动或由应用程序决定；在快速模式下，中断向量地址由中断控制器决定。

3. 中断处理过程

在通电或重置后，AXI4 中断控制器模块会禁止中断输入或输出中断请求。为了让中断控制器接收中断信号并发送中断请求，需要完成下面两个步骤的设置：

(1) 中断屏蔽寄存器和中断相关联的位必须置 1，从而允许 AXI4 中断控制器模块能够接收中断输入或软件中断并发送中断请求。

(2) 主中断屏蔽寄存器必须基于 AXI4 中断控制器模块的用途进行相应的设置，其中 ME 位必须被设置为允许发出中断请求，HIE 位必须保持重置值 0 才能使得硬件中断能进行软件测试，如果要屏蔽软中断并且使能硬件中断，则只需将 HIE 位置为 1 即可。

AXI4 中断控制器模块在默认模式下使用的是 AXI4 总线时钟；而当处理器时钟接入时，中断输出信号被同步为处理器时钟。

AXI4 中断控制器模块处理中断的过程如下：

(1) 中断信号通过 Intr 进入 AXI4 中断控制器，产生中断信号输入。

(2) ISR 寄存器锁存该中断信号，并将 ISR 寄存器与 IER 寄存器相与的结果保存到 IPR 寄存器中。

(3) 当选择使用优先级判定电路时，则将中断信号发送给优先级判定电路进行判断。

(4) 优先级判定电路检测出优先级最高的中断信号位，并将相应的类型码保存到 IVR 寄存器中。

(5) 控制逻辑接收中断信号，并向 Irq 输出中断请求信号。

(6) 处理器响应中断请求。

(7) 处理器通过读取 IVR 寄存器来识别当前优先级最高的中断请求信号。

(8) 若没有使用优先级判定电路，处理器就需要通过读 ISR 寄存器来识别产生中断的中断请求信号。

(9) 完成中断请求信号识别后，处理器向 IAR 寄存器对应的位写入 1，清除 ISR 相应位，从而完成中断处理过程。

第5章　实验5：Hos-mips操作系统的构建与运行

前面4个实验在Nexys 4 DDR FPGA开发板上搭建了一个基于MIPSfpga处理器的完整的嵌入式计算机硬件平台，该硬件平台包含一个标准MIPS处理器以及必要的接口设备。从本章开始，进入本书的第二部分，将在前面搭建的MIPSfpga硬件平台上运行一个小型的操作系统——Hos-mips。

5.1　实验目的

在本实验中，将学习在自己的个人计算机上安装并构建(build)Hos-mips操作系统的环境，以及将生成的镜像下载到MIPSfpga硬件平台并使其运行起来的方法。假设实验使用的个人计算机上安装了Windows操作系统(Windows 7或Windows 10)。对于安装了Mac OS的用户，可以将以下介绍的安装过程中的软件替换为对应的Mac OS上的软件即可。

5.2　实验内容

Hos-mips操作系统的构建涉及较多的软件工具，其中包括Cygwin、Vivado、交叉编译器(MIPS MTI)、PuTTY、OpenOCD等。Vivado、交叉编译器(MIPS MTI)以及OpenOCD的安装已经在前面做过介绍。在本实验中，只介绍Cywin的安装(见5.2.1节)，并在安装完成后构建并运行Hos-mips操作系统(见5.2.2节和5.2.3节)。

5.2.1　安装开发环境

1. Cygwin的安装

Cygwin是一个在Windows环境下运行的类Linux环境，它能够在Windows下提供Linux环境以及很多Linux工具。在本实验中，将用到make、gcc、perl这些基本工具。make用于解析Hos-mips的makefile文件，gcc用于编译Hos-mips的源代码，perl用于解释执行make工具解析过程中Hos-mips自带的一些脚本程序。可以到Cygwin的官方网站下载安装程序并进行安装，网址为https://www.cygwin.com。

需要指出的是，应根据自己的运行环境选择安装文件。例如，在图5-1中，如果Cygwin的运行环境是32位的，就应下载setup-x86.exe；如果其运行环境是64位的，就需要下载setup-x86_64.exe。查看自己的个人计算机的运行环境是32位还是64位的任务比较简单，而且能够在互联网上找到大量的介绍，所以就不再赘述了。

另外，Cygwin的不同版本也可能会有细微的差别(这里以Cygwin的2.6.0版本为例)。但这些细微差别应该不会对后面的实验构成太大影响，因为只用到了它的几个基本软件包。

为了叙述方便，假设已经将setup-x86_64.exe文件放在D:\Hos\tool-chains目录中，并

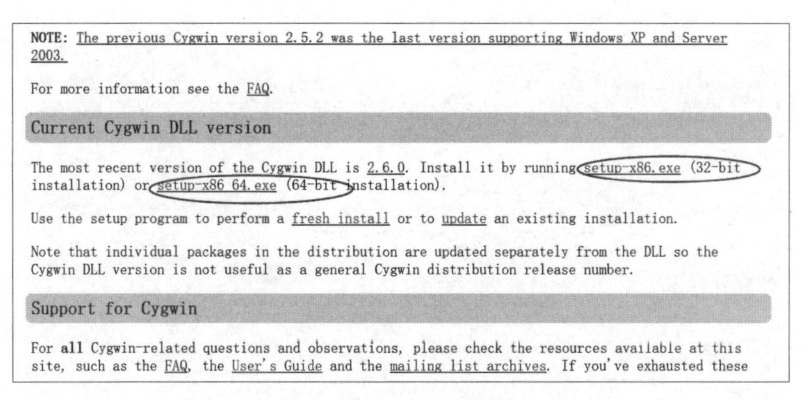

图 5-1 下载 Cygwin 的安装文件

希望将 Cygwin 安装在 D:\Hos\tool-chains\cygwin64 目录中。这里用到的环境是 64 位的 Windows 10 的专业版，其他开发环境（如 Windows 7 或者其他 32 位版本）的安装过程类似。现在开始安装过程，具体步骤如下：

（1）双击 setup-x86_64.exe 文件，启动 Cygwin 的安装程序进行安装，弹出图 5-2 所示的 Cygwin 安装向导，单击“下一步”按钮。

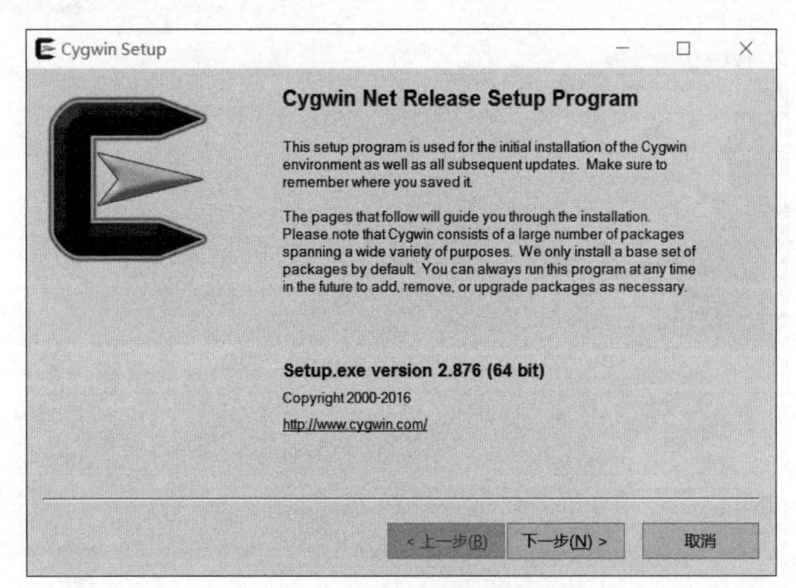

图 5-2 Cygwin 安装向导

（2）选择 Install from Internet 单选按钮，即从网络安装，如图 5-3 所示，单击“下一步”按钮。

（3）接下来选择安装目录以及安装包的缓存目录（注意，目录名中不要出现空格），如图 5-4 所示。

（4）单击“下一步”按钮，再选择安装源。需要注意的是，可以根据自己的网络连接状况选择是否使用代理，并找到最合适的安装源。这里选择的是位于教育网的镜像（http://mirrors.neusoft.edu.cn），如图 5-5 所示。

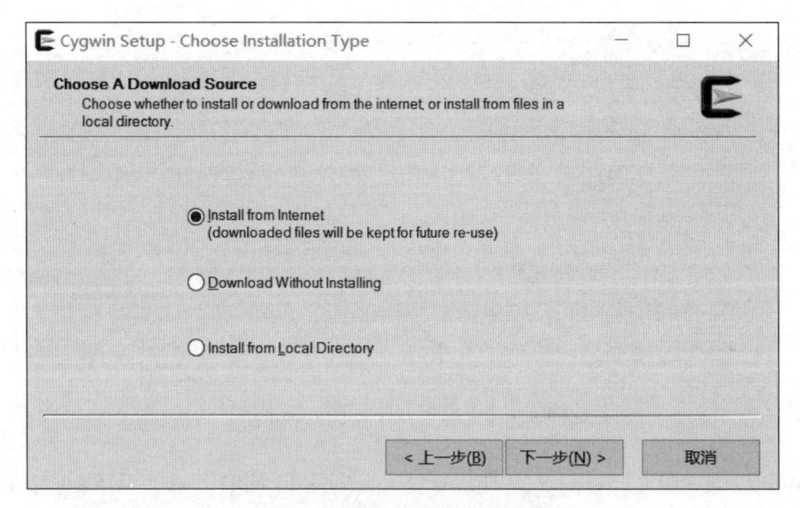

图 5-3　选择从网络安装 Cygwin

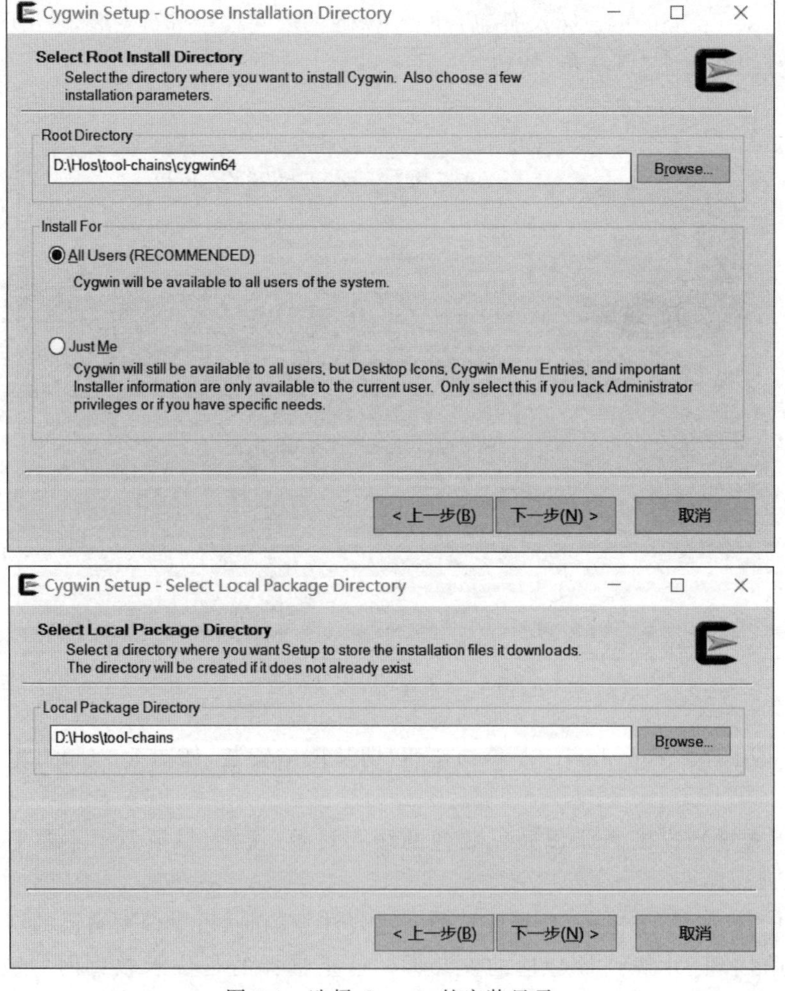

图 5-4　选择 Cygwin 的安装目录

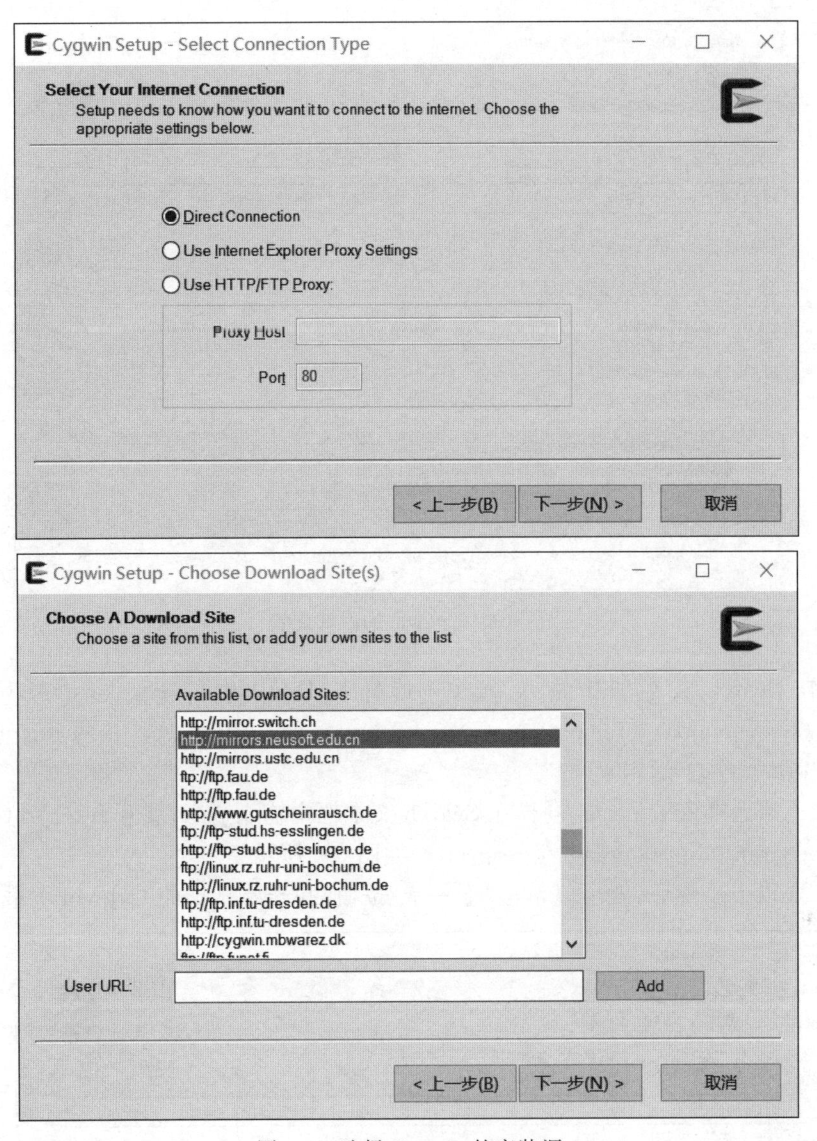

图 5-5　选择 Cygwin 的安装源

(5) 单击“下一步”按钮，Cygwin 的安装程序会从网络下载基本的安装文件，并弹出如图 5-6 所示的界面。实际上，这个界面给出的是即将安装到 D:\Hos\tool-chains\cygwin64 目录(注意，目录名中不要出现空格)的 Cygwin 的软件包，且只包含最基本的部分。该默认配置并不包括即将要用到的软件工具，所以，需要在这里安装额外的软件包。

(6) 首先安装 make 软件包，方法是在图 5-6 所示界面的 Search 文本框中输入 make，并在界面中间的安装列表刷新后，单击 Devel 前的⊞，并在展开的列表中单击 make: The GNU version of the 'make' utility 前的 Skip，直到该处显示即将安装的 make 软件工具的版本为止，如图 5-7 所示。此时，千万不要单击“下一步”按钮，因为还有其他软件包需要安装。

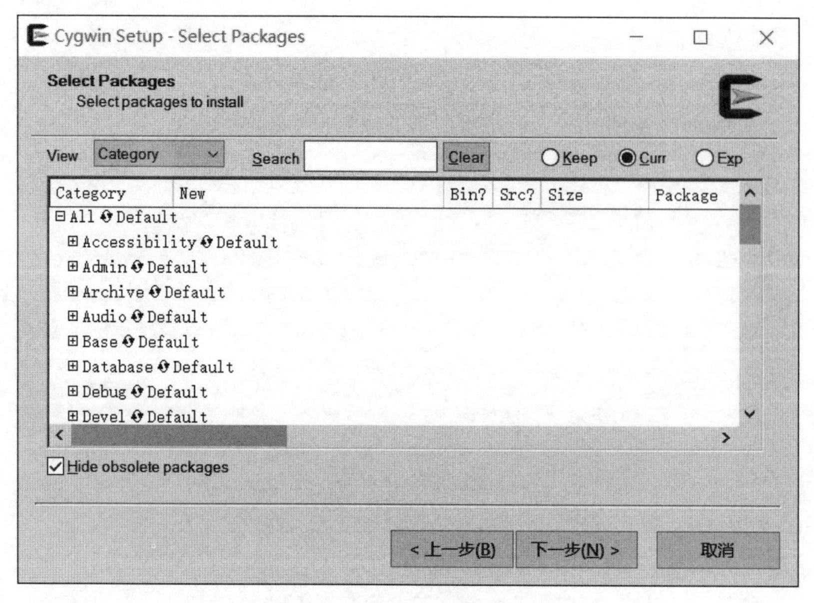

图 5-6 Cygwin 的默认配置

(7) 在 Search 文本框中输入 gcc，并选择其 Devel 中的 gcc-core：GNU Compiler Collection (C，OpenMP)和 gcc-g++：GNU Compiler Collection (C++)两个选项，如图 5-8 所示。

(8) 接下来选择安装 perl。同样在 Search 文本框中输入 perl，展开 Interpreters，并选择 perl：Perl programming language interpreter，如图 5-9 所示。

(9) 完成以上步骤后，就可以单击“下一步”按钮，并开始真正的 Cygwin 下载和安装了。

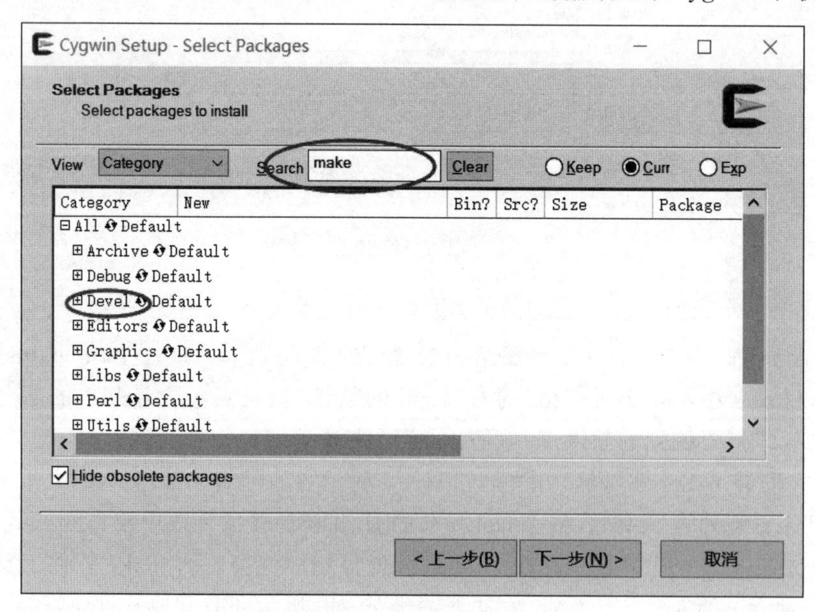

图 5-7 在 Cygwin 中选择安装 make

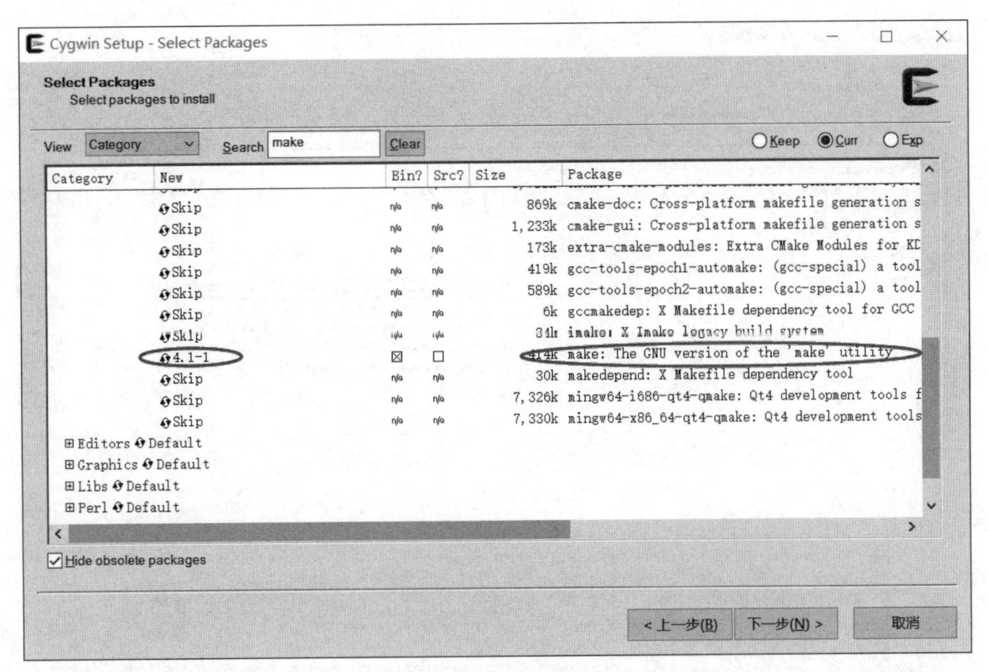

图 5-7　（续）

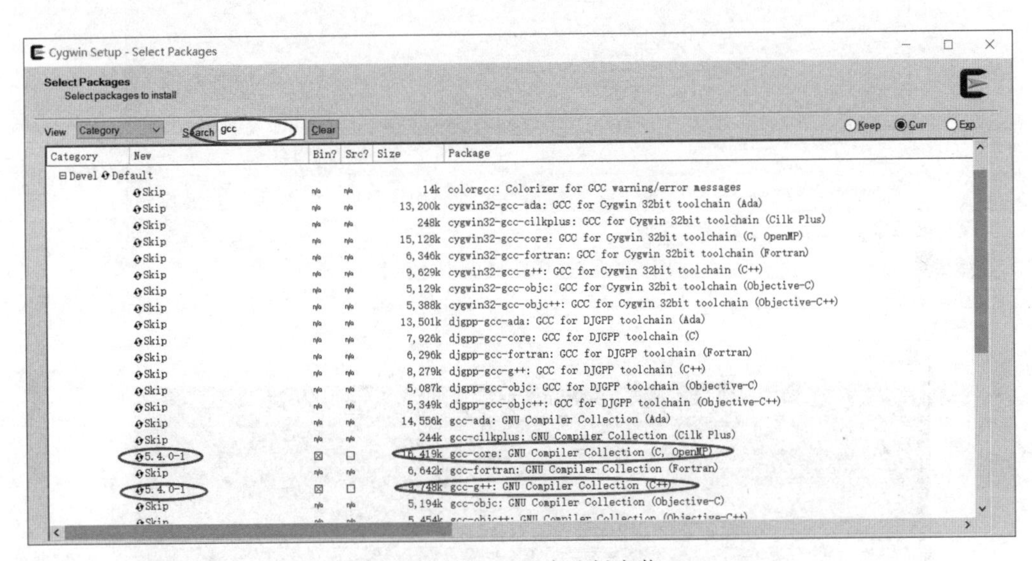

图 5-8　在 Cygwin 中选择安装 gcc

在安装的最后一个界面选择 Create icon on Desktop 复选框，如图 5-10 所示。

（10）接下来，测试 Cygwin。双击桌面上的 Cygwin64 Terminal 图标，弹出图 5-11 所示的终端界面。

（11）在图 5-11 所示的终端界面中，可以测试以前安装的软件包是否能够正常使用。分别输入 make 和 gcc 命令并按回车键，因为没有输入文件，这两个命令肯定会报错。但是，只要不出现“未找到命令”的错误，就不会影响以后的实验。

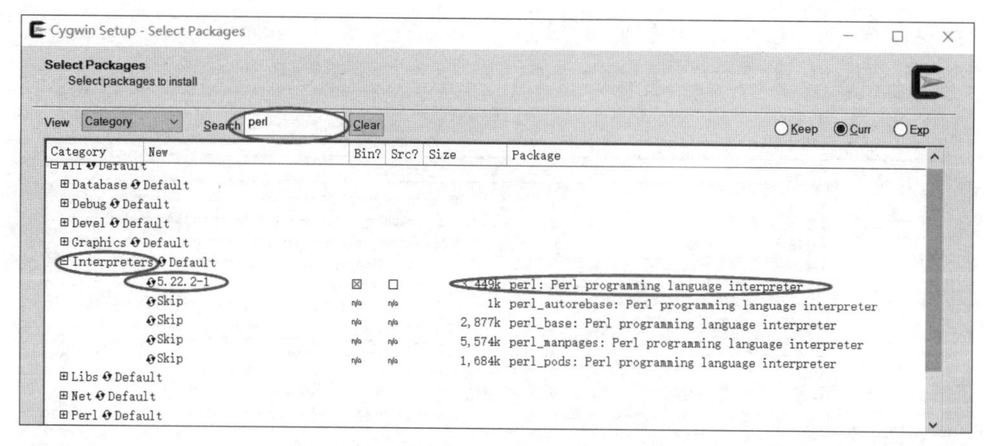

图 5-9　在 Cygwin 中选择安装 perl

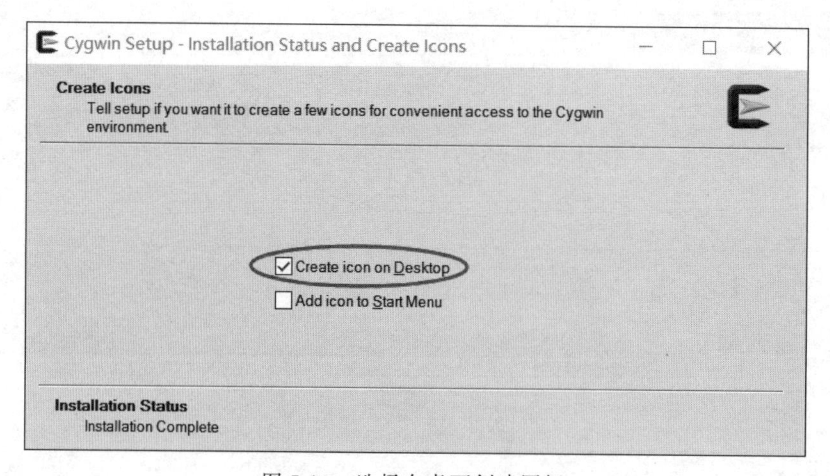

图 5-10　选择在桌面创建图标

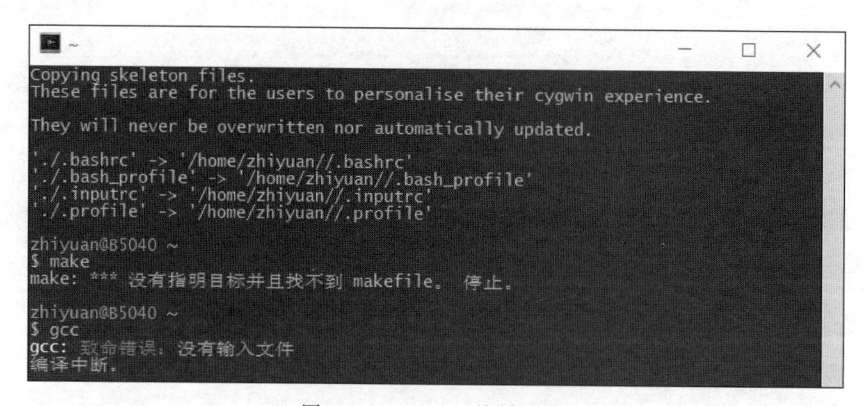

图 5-11　Cygwin 终端界面

(12) 最后，将 Cygwin 安装目录下的 bin 子目录(这里是 D:\Hos\tool-chains\cygwin64\bin 目录)加入系统路径，方法是：在“开始”菜单中选择“控制面板”→“系统和安全”→

“系统”→“高级系统设置”命令，当显示“系统属性”对话框后，单击“环境变量”按钮，在弹出的“环境变量”对话框中，单击“新建”按钮，如图 5-12 所示。在接下来弹出的“新建用户变量”对话框中，设置“变量名”为 Path，“变量值”为 D:\Hos\tool-chains\cygwin64\bin，如图 5-13 所示。如果已经定义了 Path 环境变量，则可单击“编辑”按钮，然后添加 D:\Hos\tool-chains\cygwin64\bin 变量值。在设置完成后单击“确定”按钮，就将 Cygwin 加入了的开发环境。

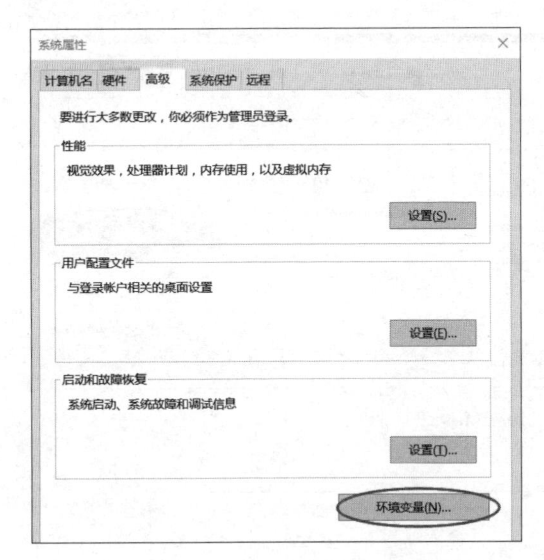

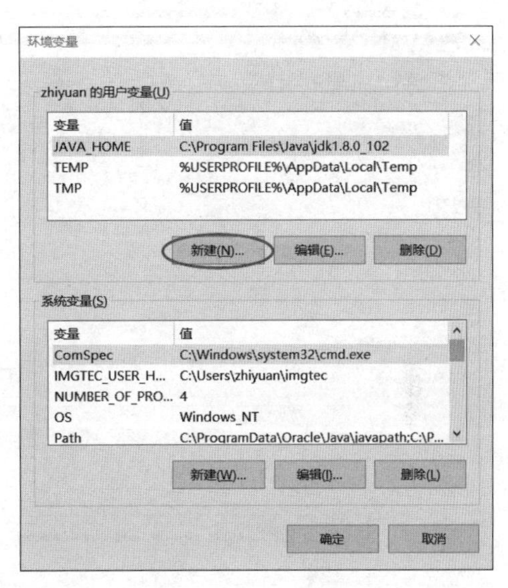

图 5-12 添加环境变量

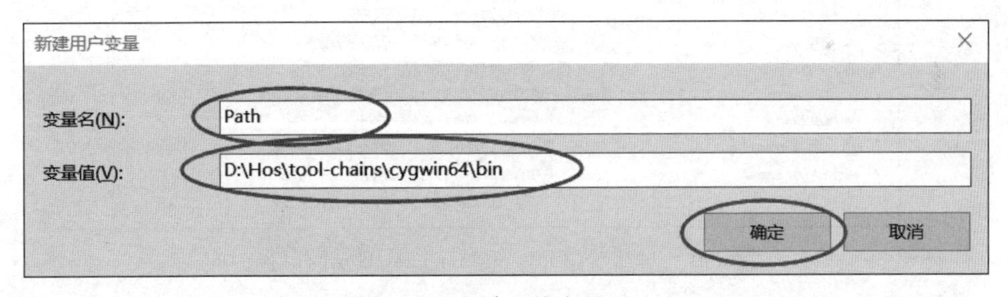

图 5-13 新建环境变量 Path

2. 下载 Hos-mips 源代码

接下来访问 https://github.com/mrshawcode/hos-mips，下载 Hos-mips 源代码。可以使用 git 工具对源代码进行复制(使用 clone 命令)。实际上，这也是较好的方法，因为这样可以跟踪自己对代码所做的所有改动。但是，如果不熟悉 git 工具，则可以单击 Download ZIP 按钮直接下载压缩包，并在本地进行解压操作，如图 5-14 所示。

现在，假设已经下载了 Hos-mips 源代码，并将其解压到 D:\Hos\hos-mips-master\目录下(注意，目录名中不要出现空格)。hos-mips-master 目录的内容如图 5-15 所示。该目录下的子目录及文件的说明见表 5-1。

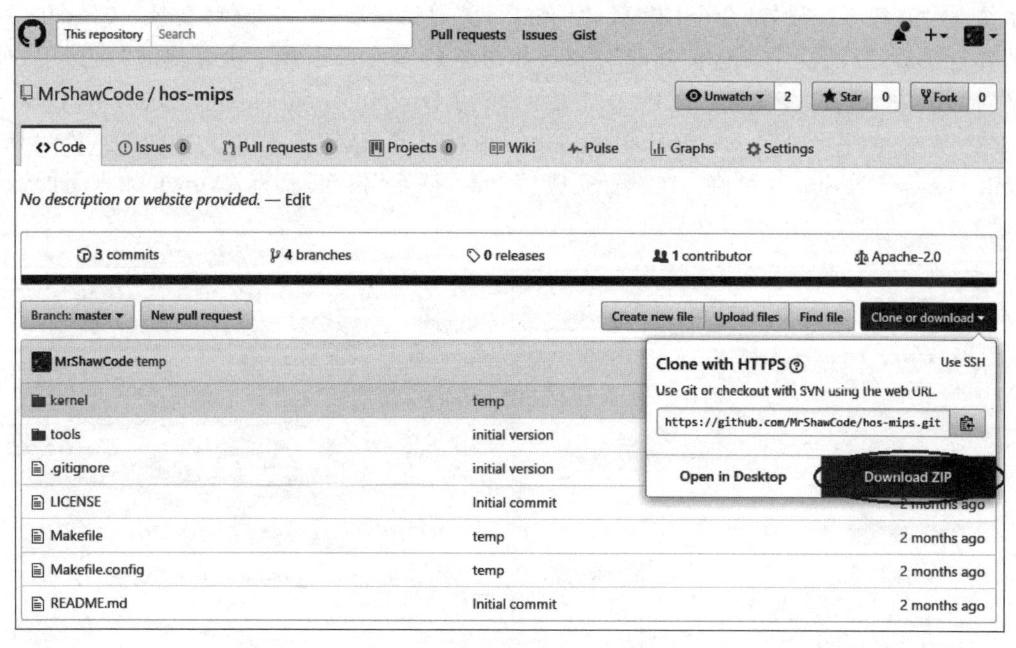

图 5-14　下载 Hos-mips 源代码

图 5-15　解压后的 hos-mips-master 目录的内容

表 5-1　hos-mips-master 的子目录及文件的说明

文件/文件夹名称	说　　明
.vscode 目录	存放 VSCode 的配置文件
debug 目录	存放用于 Hos-mips 运行的工具程序和配置文件，例如 JTAG 的启动配置文件、用于显示 Hos-mips 运行结果的 PuTTY 串口终端以及 mips-mti-elf-gdb 调试程序的配置文件（startup-ucore.txt）等
kern-ucore 目录	Hos-mips 操作系统内核的源代码
tool 目录	用于生成 sfs image 镜像的工具
user 目录	用户态代码

续表

文件/文件夹名称	说　明
.gitignore	用于 git 的配置文件(与后面的实验无关)
Makefile	主 make 文件
Makefile.config	主 make 文件的配置文件,通过该文件可配置交叉编译器等
README.md	对于 Hos-mips 编译与使用的简单说明文件
run.bat	运行 Hos-mips 的批处理文件。在 make 命令执行后,如果成功生成了内核,则可以执行此批处理文件,在 Nexys 4 DDR FPGA 开发板上运行 Hos-mips

至此,Hos-mips 的环境配置就完成了。接下来,将构建 Hos-mips 内核,并在前面 4 个实验所构造的 MIPSfpga 硬件平台上运行该操作系统。

5.2.2　构建 Hos-mips 镜像

本节使用 Cygwin 构建 Hos-mips 系统镜像。

启动 Cygwin,并进入 Hos-mips 源代码目录,如图 5-16 所示。这里需要注意的是,Cygwin 中使用的路径是 cygpath,而 Hos-mips 源代码目录(即 D:\Hos\hos-mips-master\)对应的路径是/cygdrive/d/Hos/hos-mips-master,所以要转到该目录下,命令如下:

```
$cd /cygdrive/d/Hos/hos-mips-master
```

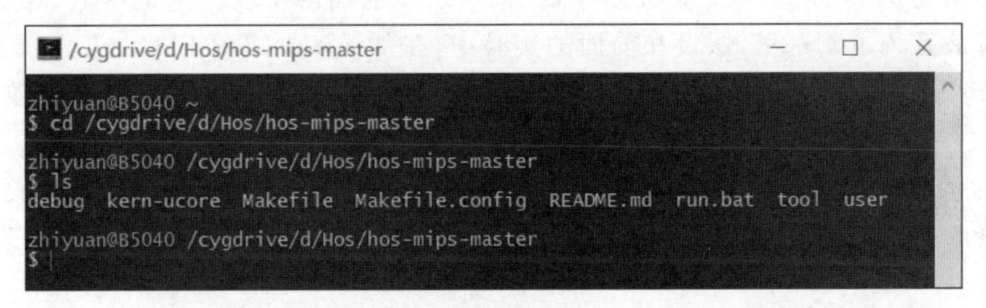

图 5-16　启动 Cygwin 并进入 Hos-mips 源代码目录

接下来,输入 make 命令开始构建系统镜像的过程。此时,应确定 Cygwin 以及交叉编译器所在的目录已经在系统路径中了。在构建过程中,如果出现找不到某命令的错误,一般是由于该命令对应的工具不在系统路径中。这时应检查是否已经正确设置了系统路径(例如,路径中是否出现了空格等)。构建时间需要一两分钟,取决于计算机的性能。构建成功后,会出现图 5-17 所示的界面。

为了进一步确保构建过程的正确性,可检查是否正确地生成了 Hos-mips 系统的镜像,输入如下命令:

```
$ls ./obj/kernel/ucore-kernel-initrd -alh
```

执行该命令后,如果获得图 5-18 所示的结果,说明 Hos-mips 系统镜像已经构建成功,且 Hos-mips 系统镜像文件(ucore-kernel-initrd)的大小为 3.1MB。

```
/cygdrive/d/Hos/hos-mips-master
"mips-sde-elf-"gcc -g -ggdb -c -D__ASSEMBLY__ -DMACH_FPGA -EL -mno-mips16 -msoft-float -march=m14k -G0 -Wformat -O2 -msoft-float -ID:/Hos/hos-mips-master/kern-ucore/include D:/Hos/hos-mips-master/kern-ucore/exception.S  -o D:/Hos/hos-mips-master/obj/kernel/exception.o
"mips-sde-elf-"gcc -g -ggdb -c -D__ASSEMBLY__ -DMACH_FPGA -EL -mno-mips16 -msoft-float -march=m14k -G0 -Wformat -O2 -msoft-float -ID:/Hos/hos-mips-master/kern-ucore/include D:/Hos/hos-mips-master/kern-ucore/entry.S  -o D:/Hos/hos-mips-master/obj/kernel/entry.o
Linking uCore
sed 's%_FILE_%D:/Hos/hos-mips-master/obj/sfs-orig.img%g' tools/initrd_piggy.S.in > D:/Hos/hos-mips-master/obj/kernel/initrd_piggy.S
"mips-sde-elf-"as -g --gen-debug -EL -mno-micromips -msoft-float -march=m14k D:/Hos/hos-mips-master/obj/kernel/initrd_piggy.S -o D:/Hos/hos-mips-master/obj/kernel/initrd.img.o
"mips-sde-elf-"ld  -n -G 0 -static -EL -nostdlib -T D:/Hos/hos-mips-master/kern-ucore/ucore.ld D:/Hos/hos-mips-master/obj/kernel/kernel-builtin.o   D:/Hos/hos-mips-master/obj/kernel/switch.o  D:/Hos/hos-mips-master/obj/kernel/exception.o  D:/Hos/hos-mips-master/obj/kernel/entry.o D:/Hos/hos-mips-master/obj/kernel/initrd.img.o -o D:/Hos/hos-mips-master/obj/kernel/ucore-kernel-initrd
"mips-sde-elf-"objdump -d -S -l D:/Hos/hos-mips-master/obj/kernel/ucore-kernel-initrd 1>D:/Hos/hos-mips-master/obj/kernel/u dasm.txt

zhiyuan@B5040 /cygdrive/d/Hos/hos-mips-master
$
```

图 5-17　Hos-mips 系统镜像的构建成功后的界面

```
zhiyuan@B5040 /cygdrive/d/Hos/hos-mips-master
$ ls obj/kernel/ucore-kernel-initrd -alh
-rwxrwxr-x+ 1 zhiyuan zhiyuan 3.1M 12月  5 14:12 obj/kernel/ucore-kernel-initrd
```

图 5-18　验证 Hos-mips 系统镜像构建成功

5.2.3　运行 Hos-mips 系统

成功构建 Hos-mips 系统镜像文件后，就可以在前面的实验构造的 MIPSfpga 硬件平台上运行该系统了。这里，假设在前面的实验中，在 Nexys 4 DDR FPGA 开发板上已经下载了 MIPSfpga 硬件平台的比特流文件。实际上，可以将 Vivado 加入系统路径，并打开 run.bat 文件，对其进行编辑，删除该文件第二行开头的注释符(图 5-19)，让 Vivado 在 Hos-mips 运行前将标准的 MIPSfpga 硬件平台对应的比特流文件先下载到开发板中(也可以不修改 run.bat 文件第二行，而先使用 Vivado 手动下载 MIPSfpga 硬件平台对应的比特流文件)。

```
run.bat
1 CD /D debug
2 :call program.bat   %NOTE: this command will overwrite your soft MIPS-core with standard core.
3 start "" PUTTY.EXE -serial COM12 -sercfg 115200
4 start cmd /C loadMIPSfpga.bat ../obj/kernel/ucore-kernel-initrd
5 mips-mti-elf-gdb.exe ../obj/kernel/ucore-kernel-initrd -x startup-ucore.txt
6 CD /D ..
7 EXIT
```

图 5-19　编辑修改 run.bat 文件

运行前，还需要根据 Nexys 4 DDR FPGA 开发板连接的串口端口号相应地修改 run.bat 文件(图 5-19 中第 3 行的 COM12)。方法如下(以 Windows 10 系统为例，Windows 7 系统的过程类似)：

(1) 在桌面的“我的电脑”图标上右击，在弹出的快捷菜单中选择“属性”命令，在出现的“系统”窗口中，选择左上方的“设备管理器”，如图 5-20 所示。

(2) 在接下来出现的“设备管理器”窗口中，展开“端口(COM 和 LPT)”选项，可以看到图 5-21 所示的界面，可以看到，Nexys 4 DDR FPGA 开发板连接的是 COM4 端口。

图 5-20 “系统”窗口

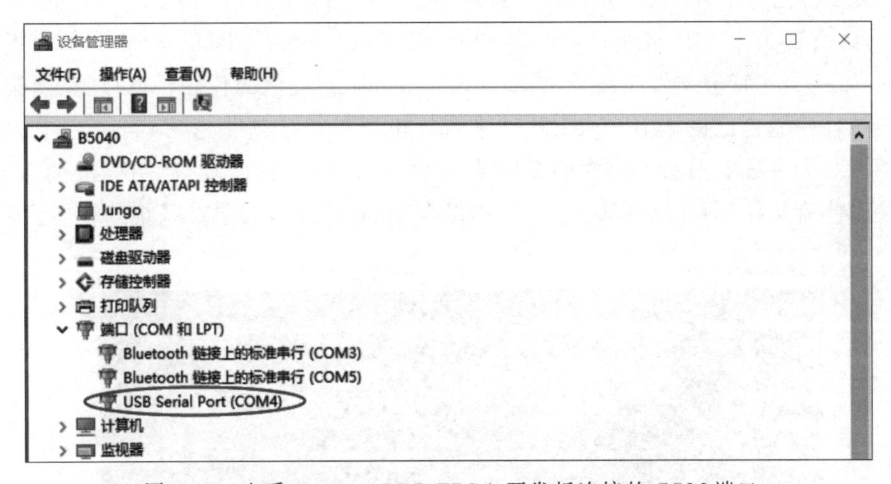

图 5-21 查看 Nexys 4 DDR FPGA 开发板连接的 COM 端口

接下来，就可以用任意的文本编辑器打开 Hos-mips 源代码目录中的 run.bat 文件，并修改该文件的第三行，写入对应的 COM 端口号。run.bat 中默认的端口是 COM12，因此需要将其修改为 COM4。

在修改了 run.bat 中对应的 COM 端口号后，就可以在 Cygwin 中直接执行该批处理文件，从而运行 Hos-mips 操作系统了。执行 run.bat 后，Cygwin 中的显示如图 5-22 所示，且会弹出两个新的窗口，如图 5-23 所示。图 5-23 中，第一个窗口是 OpenOCD 的执行结果窗口，其实质是 JTAG 驱动以及 JTAG 中的 GDB 用户的运行结果；第二个窗口是 PuTTY 的执行结果窗口（在 Hos-mips 的源代码中加入了 PuTTY.exe，读者无须专门安装 PuTTY），其中的输出表明 Hos-mips 操作系统已经运行起来了，可在该窗口中输入简单的

UNIX 命令,如 ls 等,观察其执行结果。

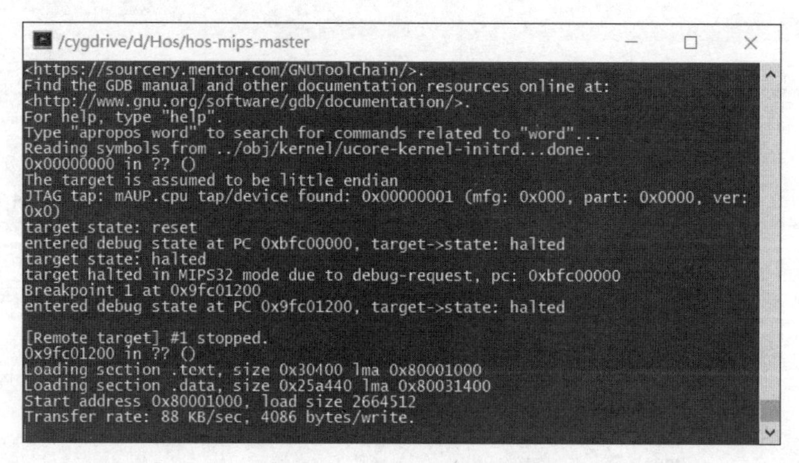

图 5-22　run.bat 的执行结果

为了理解这些输出,可以打开 run.bat 文件(图 5-19),理解其中的每个动作,具体如下:

(1) 第一行是进入 Hos-mips 源代码目录中的 debug 目录。

(2) 第二行是调用 Vivado 将 debug 目录中已经准备好的一个标准 MIPSfpga 硬件平台比特流文件(文件名为 MIPSfpga_wrapper.bit)烧写到 Nexys 4 DDR FPGA 开发板中。需要注意的是,这个比特流文件是用于测试 Hos-mips 的,不提供源代码,所以还是要按本书前面实验的内容构造自己的 MIPSfpga 硬件平台。也正是出于这个考虑,第二行中的命令被注释掉了。对于跳过本书前 4 个实验的读者来说,可以将该行恢复,使用标准的 MIPSfpga 硬件平台比特流文件,但在这样做之前,要确保 Vivado 的安装目录在系统路径中。

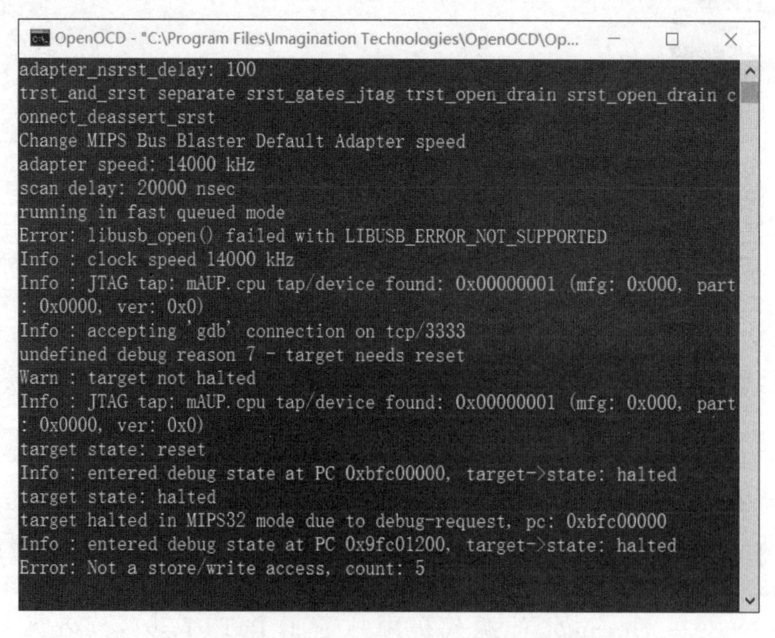

图 5-23　OpenOCD 和 PuTTY 的执行结果窗口

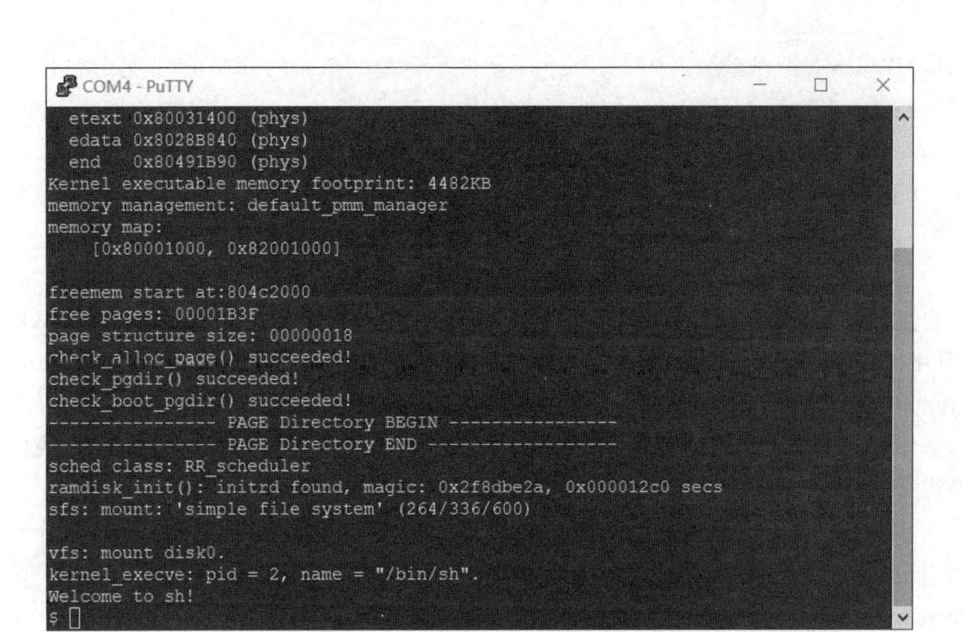

图 5-23 （续）

(3) 第三行是启动 PuTTY，让它以 115 200 的波特率连接 Nexys 4 DDR FPGA 开发板，它的执行结果会弹出图 5-23 上边的窗口。

(4) 第四行是启动 debug 目录中的 loadMIPSfpga.bat 命令，该命令启动 OpenOCD（也就是 JTAG），并弹出图 5-23 下边的窗口。

(5) 第五行是启动交叉编译器自带的 mips-mti-elf-gdb.exe，并自动执行 debug 目录中的 startup-ucore.txt 配置脚本，该配置脚本将 Hos-mips 系统加载到 Nexys 4 DDR FPGA 开发板的内存中，并开始它的执行。需要注意的是，这一行在使用 VSCode 调试 Hos-mips 时（详见第 6 章的实验 6）需要被注释掉，因为 VSCode 会在调试过程中自行调用 mips-mti-elf-gdb.exe。

5.3 实验背景及原理

5.3.1 Hos-mips 简介

Hos-mips 是基于清华大学的 ucore 开发的适用于 MIPSfpga 硬件平台的小型操作系统。可以访问清华大学陈渝老师的 github 主页，网址是 https://github.com/chyyuu/ucore_pub，阅读陈渝和向勇老师编著的《操作系统实验指导》（清华大学出版社，2013 年 7 月出版），并完成书中设计的实验，以了解 ucore 操作系统的具体内容。

需要指出的是，ucore 操作系统是面向 x86 体系结构开发的。可以在陈渝老师的 github 主页上找到 ucore 操作系统的多处理器支持版本 ucore-plus，网址是 https://github.com/chyyuu/ucore_os_plus。该版本扩展了 ucore，使其能够通过构建选项支持多平台（如 ARM 处理器、MIPS 处理器）等。Hos-mips 在 ucore-plus 的基础上做了大量的修改，并且为了避免和 ucore-plus 可能出现的名称混淆的情况，将实验中用到的操作系统命名为 Hos-mips。

它可以看作 ucore 操作系统面向 MIPSfpga 硬件平台的一个新的分支,而非另起炉灶。

Hos-mips 与 ucore-plus 的不同体现在以下几点:

(1) Hos-mips 面向的平台是本书前 4 个实验开发的 MIPSfpga 硬件平台,所以去掉了 ucore-plus 中的多平台支持部分(如 x86 处理器、ARM 处理器等),使得代码更加简洁。这样做的目的是帮助读者在以后的开发过程中将精力集中于 MIPSfpga 硬件平台。

(2) 虽然 MIPSfpga 硬件平台也是 MIPS 体系结构的一个实例,但它与标准的 MIPS32 平台(也就是 ucore-plus 所考虑的 MIPS 平台)仍然存在很多不同,例如其外设、接口、TLB 的设计细节等,Hos-mips 为 MIPSfpga 硬件平台进行了专门的定制。所以,从这个角度来看,Hos-mips 可以视作一个专用(而非通用)的操作系统。

(3) 由于对 ucore 的 BootLoader、内存以及虚存管理等部分进行了人规模的裁剪与简化,使得 Hos-mips 的代码更为简洁(总代码量缩减到两万行),更适合初学者。

(4) Hos-mips 在对 ucore 的裁剪过程中考虑到了与本书中操作系统实践部分的适应性,所以更强调延续和铺垫作用。这部分内容延续了读者在实验 1～实验 7 所做的 MIPSfpga 硬件平台工作的同时,也为实验 8～实验 11 中的系统实战打下了基础。

需要强调的是,由于写作目的的不同,本书操作系统实践部分涵盖的内容与陈渝和向勇老师编著的《操作系统实验指导》中涵盖的内容只存在较小的交集,两者互相独立、互为补充。对于本书的读者来说,完成后面的所有实验,并不需要先阅读和掌握《操作系统实验指导》中的所有知识点并且完成所有实验。然而,对于希望进一步理解和掌握操作系统运作规律细节的读者,强烈推荐在完成本书设计的实验后,继续阅读《操作系统实验指导》,并完成其设计的 9 个实验。

5.3.2 相关软件工具

在本实验中,用到的主要软件工具是 Cygwin。可以在互联网上找到大量的对 Cygwin 的安装、使用进行介绍的文章。

由于篇幅和侧重点方面的考虑,本书只对其基本安装过程及其要被用到的软件包(如 make、gcc 和 perl)的安装过程进行了简单的介绍。然而,Cygwin 实际上在 Windows 平台上模拟了一个近乎完整的 Linux 环境,能够在该环境中运行的 Linux 命令有很多,有兴趣的读者可以在 Cygwin 中加入更多的软件包(如 git 等)。

5.3.3 Hos-mips 调试

1. Hos-mips 调试概述

由于 Hos-mips 是在 MIPSfpga 硬件平台上使用的操作系统,因此必须使用基于 MIPS 交叉编译环境的 GDB 进行远程调试,同时通过 GDB 及 JTAG 将 Hos-mips 操作系统上传到 Nexys 4 DDR FPGA 开发板上,具体操作步骤如下:

(1) 通过 GDB 及 JTAG 将 Hos-mips 操作系统的代码段、数据段等部分上传到编译过程中链接文件(ld)所确定的内存地址。

(2) GDB 和 JTAG 工具将 MIPSfpga 硬件平台的 PC 指针跳转到 Hos-mips 操作系统的开始内存地址位置,直接引导操作系统运行。即,Hos-mips 不是通过标准的 BootLoader 引导的，而是每次都需要利用 GDB 加载和启动。

2. GDB 上传 Hos-mips 操作系统

在 Hos-mips 根目录下，通过 run.bat 批处理文件运行 GDB 和串口程序 PuTTY（具体见 5.2.3 节）。注意，run.bat 会启动 tool 目录下的 loadMIPSfpga.bat 批处理文件，由于 loadMIPSfpga.bat 使用绝对地址来启动交叉编译器和 OpenOCD，因此，如果没有将它们安装到默认目录，就需要自行修改启动交叉编译器和 OpenOCD 的路径。

在 Cygwin 环境下使用的是 MIPS 交叉编译环境下的 GDB 工具，因此 GDB 启动时需要设置一些远程调试的相关命令，将这些命令放在名为 startup ucore.txt 的文件中，其具体内容如下：

```
target remote localhost:3333
set endian little
monitor reset halt
b * 0x9fc01200
continue
delete 1
load
continue
```

startup-ucore.txt 文件的第一行（target remote localhost：3333）设置目标端口，因此需要确保其他程序不能占用 3333 端口。第二行（set endian little）设置小端地址模式，这是由 MIPSfpga 硬件平台的编址方式决定的。第三行（monitor reset halt）完成两个动作：一个是软重启 GDB；另一个是暂停 CPU 运行，此时 CPU 会在 MIPSfpga 处理器复位地址（0xBFC0000）处停下来。接下来的 3 行是为了保证 CPU 运行完 MIPSfpga 硬件平台中固化的程序而对 CPU 进行初始化。接下来的一行（load）是上传 Hos-mips 操作系统镜像。最后一行通过 continue 命令使操作系统开始运行。

3. GDB 调试方法

由于在 MIPSfpga 硬件平台上 Hos-mips 操作系统全部装入内存中，因此通过 GDB 可以看到 Hos-mips 操作系统位于内存中任何位置的代码和数据，利用“p/x * 目标地址”命令，就可以轻松获得目标地址的数据或者指令。

除此之外，根据 MIPSfpga 硬件平台内存分配的结构，操作系统在 0x80000000～0x90000000 内存地址空间中（虚拟地址），而内存地址空间 0x00000000～0x40000000 是用户地址，这部分地址在 MIPSfpga 硬件平台中是通过 MMU 由 TLB 进行地址映射的。因此，在内核调试的过程中，不建议直接观察低地址空间的内存数据或者指令。

其他调试方式与标准 GDB 一致。需要注意的是，重启时应使用 monitor reset run/halt 命令进行操作系统软重启，如果使用 Reset 按键重置操作系统，那么 GDB 调试会丢失跟踪。可使用 info register 命令查看所有寄存器的值，或者使用 info register 后跟目标寄存器编号的命令查看目标寄存器的值。注意，协处理器的寄存器无法利用 GDB 查看，需要自行在操作系统中添加打印代码进行观察。使用 bt 命令在完全内核模式下可以查看所有的堆栈；但是对于从用户态陷入的内核态，用户态的堆栈是无法查看的，只能查看内核态的堆栈。单步调试使用 step(s)命令，继续执行直到下一个断点使用 continue(c)命令。

其他常用 GDB 命令可参见 1.3.4 节，或参考 GDB 的官方文档，网址是 http://sourceware.org/gdb/current/onlinedocs/gdb/。

4. GDB 内核调试注意事项

GDB 能够对操作系统内核进行单步调试并看到其代码；但是，一旦进入用户态，就只能利用内存和机器指令进行调试。

如果想添加一个断点，应在 startup-ucore.txt 文件的 load 和 continue 命令之间添加 break 命令。除此之外，在内核态运行时，也可利用 Ctrl+C 暂停操作系统，然后进行调试。

内核调试需要注意的是：虽然可以通过 list 命令看到当前操作系统的 C 语言代码段，但是对于 GDB 而言，其调试仍是根据 MIPS 处理器汇编指令进行的，因此，在实际的单步调试(使用 step 命令和 next 命令)中，CPU 运行的指令不一定是完全单步的(对于汇编指令而言)，应该参考编译后的汇编代码。此时，如果出现无法达到下一步指令的情况，那么就必须检查汇编指令是否陷入循环；如果单步执行突然陷入中断(详见 Hos-mips 源代码 trap.c 中的相关函数)，那么就需要根据中断号检查相应的汇编指令的错误。

最后需要注意的是：要进行内核调试，编译内核时应使用-O0 编译选项。

第 6 章 实验 6：Hos-mips 集成开发调试环境安装

6.1 实验目的

在本实验中，将安装 Hos-mips 的集成开发环境——VSCode，使用 VSCode 打开 Hos-mips 源代码，并在该环境中构建内核，执行并调试 Hos-mips。

6.2 实验内容

6.2.1 安装 VSCode

选择 VSCode(Visual Studio Code)作为 Hos-mips 的集成开发和调试环境，这是出于两个原因：首先，VSCode 是在 Windows 平台上与 MIPS 交叉编译器配合得最好的工具软件；其次，VSCode 能够在 Windows 中运行，这样就可以在 Windows 中开发 Hos-mips 这样的类 UNIX 内核。

需要访问以下链接下载 VSCode：https://code.visualstudio.com/Download。

需要注意的是，VSCode 发展出了非常多的版本。本书选用的是 1.7.2 版本(安装文件大小为 32MB)。更高的版本应该也是可用的，但最好选择 Windows 7、Windows 8、Windows 10 平台的 32 位 VSCode 版本。

完成 VSCode 的安装后，打开 VSCode，单击左侧工具栏中的扩展图标，如图 6-1 所示。在文本框中输入 gdb，安装 Native Debug 插件。安装完成后，应重启 VSCode 以进行后面的实验。

图 6-1 在 VSCode 中安装 Native Debug

6.2.2 使用 VSCode 编辑、构建和调试 Hos-mips

使用 VSCode 编辑、构建和调试 Hos-mips 的具体步骤如下：

(1) 打开 VSCode，单击 VSCode 界面左边的“资源管理器”，单击“打开文件夹”按钮，如图 6-2 所示，接下来在“打开文件夹”对话框中浏览到 Hos-mips 源代码所在的目录（例如 D:\Hos\hos-mips-master）。

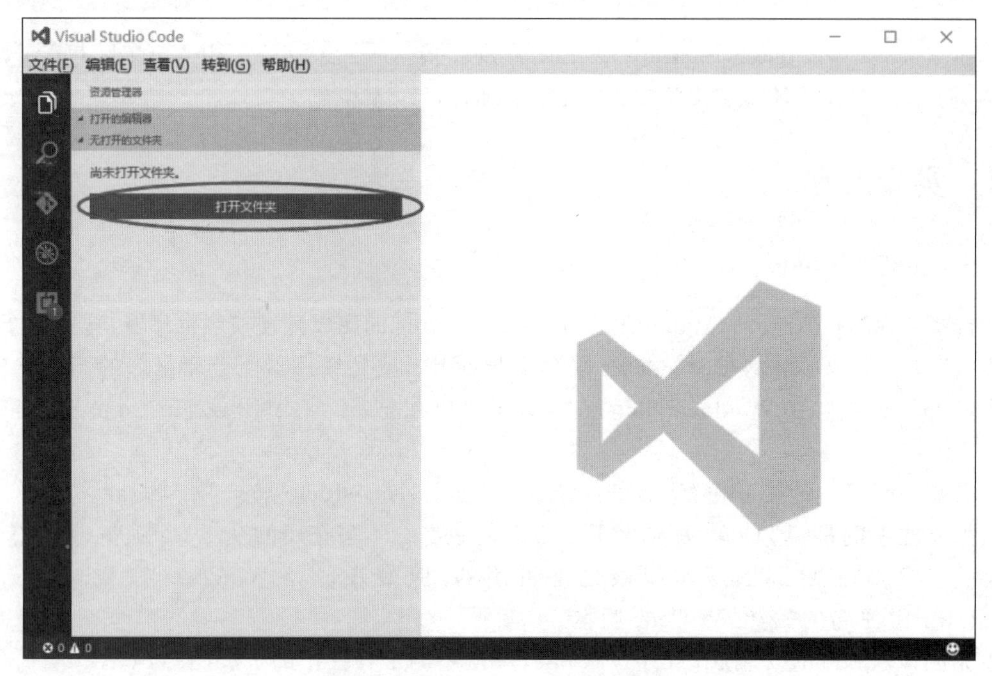

图 6-2 打开 Hos-mips 源代码目录

(2) 打开 Hos-mips 源代码目录后，VSCode 会在“资源管理器”中列出该目录中的所有子目录和文件。在其中找到并打开 kern-ucore 子目录下的 init.c 文件，如图 6-3 所示。

(3) 现在就可以开始对 Hos-mips 代码进行浏览、编辑了（从实验 7 开始，将在 Hos-mips 中加入新的代码），这里只介绍如何用 VSCode 对 Hos-mips 源代码进行调试。在对 Hos-mips 进行调试前，需要关闭前面为了运行 Hos-mips 系统而打开的所有窗口（包括 Cygwin、PuTTY 和 OpenOCD 等，参见 5.2 节）。

(4) 将光标移动到 init.c 代码窗口中程序行号的左边，此处就会显示一个浅红色的圆点。例如，在图 6-3 中，光标的位置在第 30 行行号的左边，所以在该行行号的左边显示了一个浅红色的圆点；这时，若单击该行，就会在 init.c 的第 30 行设置一个断点。实际上，init.c 中的 kern_init(void) 函数（第 15 行）就是 Hos-mips 操作系统的入口，可以在该入口函数的任意程序行上设置断点。这里选择第 30 行仅是出于演示的目的，并无实质调试目标。

(5) 接下来，打开和修改 Hos-mips 源代码根目录中的 run.bat 文件（此时假设已经正确构建 Hos-mips 系统），该文件的内容如图 5-19 所示（参见 5.2 节）。这里需要修改 run.bat 的第 5 行，修改方法很简单，只需要在该行的最前面加上一个冒号（:）即可，也就是找到下面

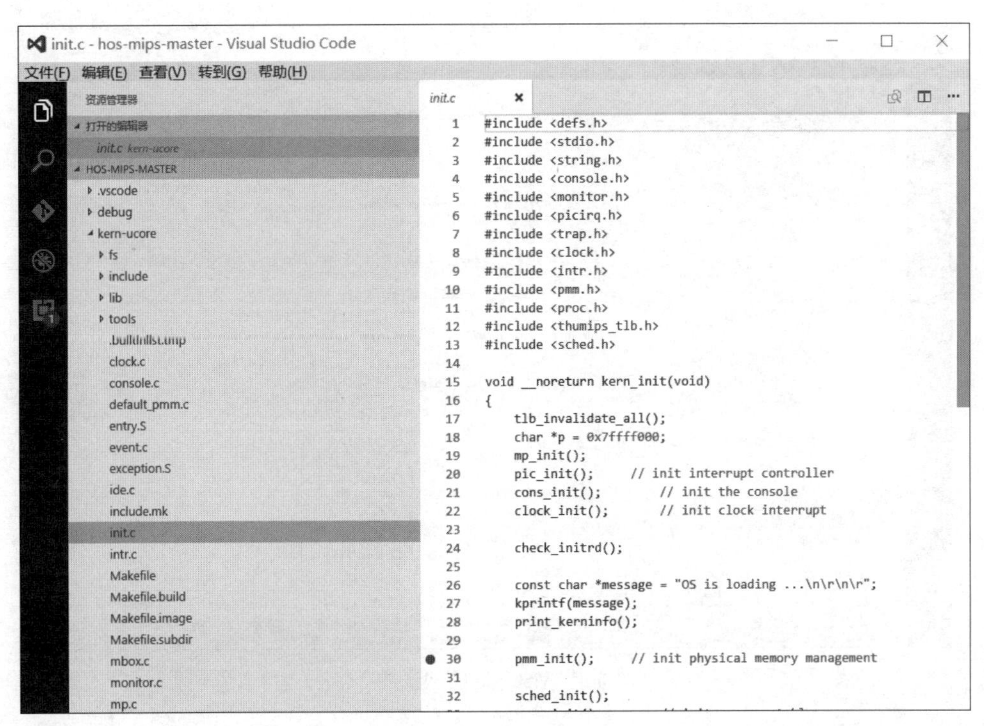

图 6-3　打开 init.c 文件

的代码：

```
mips-mti-elf-gdb.exe ../obj/kernel/ucore-kernel-initrd -x startup-ucore.txt
```

将其修改为

```
: mips-mti-elf-gdb.exe ../obj/kernel/ucore-kernel-initrd -x startup-ucore.txt
```

其目的是在调用 run.bat 的时候关闭 mips-mti-elf-gdb.exe 调试程序的执行。这是因为，在调试过程中，会通过 VSCode 调用 mips-mti-elf-gdb.exe 来执行调试，所以就不需要在命令行执行该程序了。

(6) 完成对 run.bat 的修改后，可以打开 Cygwin，通过命令进入 Hos-mips 源代码所在的目录(方法见 5.2 节中的描述)，出现图 5-16 所示的界面。运行 run.bat 文件后，系统会弹出图 5-23 所示的 OpenOCD 和 PuTTY 两个窗口，但是这时 PuTTY 窗口并无内容(因为 Hos-mips 系统并未开始运行)。

(7) 切换到 VSCode，并按 F5 键进入调试模式。VSCode 此时会打开调试界面，调用 mips-mti-elf-gdb.exe 调试程序将 Hos-mips 镜像加载到 MIPSfpga 硬件平台的内存中(这个过程会耗费 1min 左右的时间)。在加载完成后，VSCode 启动并执行 Hos-mips 操作系统，并在预设的断点(init.c 的第 30 行)处停下来。此时，VSCode 的调试界面如图 6-4 所示。

(8) 注意图 6-4 中圈出的一组调试按钮。使用这些按钮，就能完成常用的调试操作，如继续执行、单步跳过、单步调试、单步跳出、后退等，甚至重启或断开与 MIPSfpga 硬件平台的连接。这时，可以看到在步骤(6)弹出的 PuTTY 窗口也出现了变化，如图 6-5 所示。

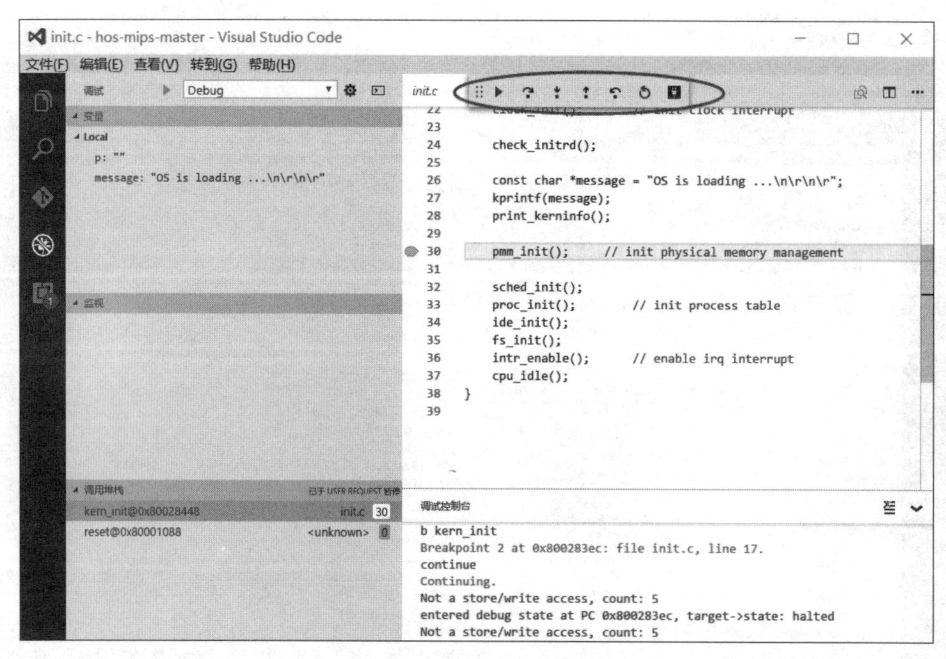

图 6-4　VSCode 的调试界面

PuTTY 窗口中的输出实际上是因为前面让执行中断在 init.c 文件的第 30 行，而该文件中的 kern_init(void)函数在此之前已有输出内容。这就意味着可以通过 VSCode 的调试功能并配合 kprintf()函数完成对内核的调试。这些功能在为 Hos-mips 编写程序并在遇到错误时进行调试非常有用。

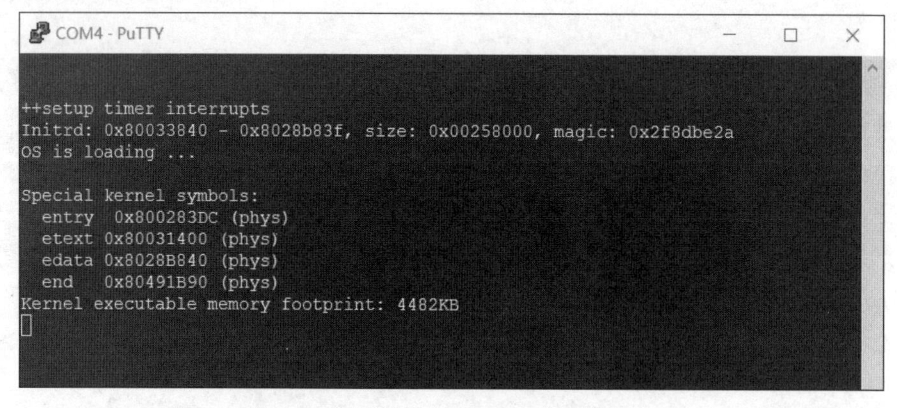

图 6-5　调试过程中 PuTTY 窗口的输出

6.3　实验背景及原理

6.3.1　Hos-mips 的构建过程

Hos-mips 的构建过程中用到的重要工具是 Cygwin 中的 make。该工具在被(通过命令行)调用后,会首先寻找当前目录下的 Makefile 文件,解析并判断 Makefile 文件中的伪目标(phony),根据选择的伪目标,判断其依赖关系并执行相应的动作。关于 Makefile 的基础知识,可以通过互联网资源自行了解,推荐阅读 CSDN(中国软件开发者社区)上的这个帖子:http://blog.csdn.net/foryourface/article/details/34058577。

接下来,仅对 Hos-mips 的构建过程作简要介绍,感兴趣的读者可以通过修改 Makefile 来体会该构建过程的细节。为了对构建过程有较为直观的认识,先来了解 Hos-mips 的目录结构,如图 6-6 所示。

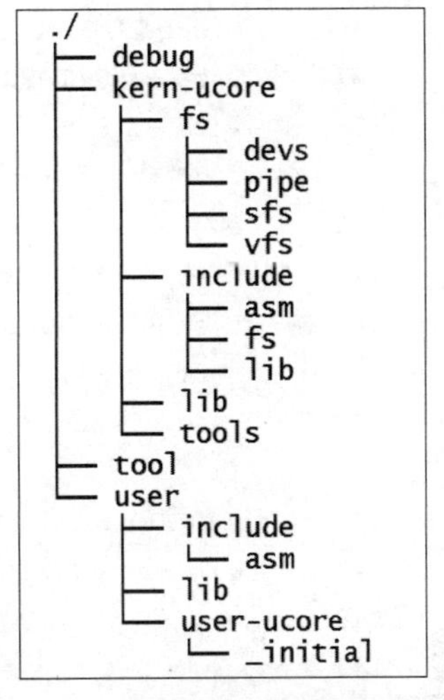

图 6-6　Hos-mips 的目录结构

在 VSCode 中打开 Hos-mips 根目录下的 Makefile 文件。在该文件的第 73 行,可以看到名为 all 的伪目标,它代表 make 的默认目标。

```
72  PHONY+=$(OBJPATH_ROOT)
73  all: sfsimg kernel
```

这个默认目标有两个较大的依赖伪目标:sfsimg 和 kernel,也就是说,必须先构建 sfsimg 和 kernel 这两个伪目标,才能最终完成 all 这个伪目标的构建过程。在以下的论述中,假定 $(TOPDIR)=./(也就是 Hos-mips 所在的顶层目录)。

1. sfsimg 伪目标的构建

先看 sfsimg 伪目标的构建,与它相关的定义在 Makefile 的第 104~117 行:

```
104  ##image
105  SFSIMG_LINK:=$(OBJPATH_ROOT)/sfs.img
106  SFSIMG_FILE:=$(OBJPATH_ROOT)/sfs-orig.img
107  TMPSFS:=$(OBJPATH_ROOT)/.tmpsfs
108  sfsimg: $(SFSIMG_LINK)
109
110  $(SFSIMG_LINK): $(SFSIMG_FILE)
111      @ln -sf sfs-orig.img $@
112
113
114  $(SFSIMG_FILE): $(TOOLS_MKSFS) userlib userapp FORCE | $(OBJPATH_ROOT)
115      @echo Making $@
116      @mkdir -p $(TMPSFS)
117      @mkdir -p $(TMPSFS)/lib/modules
 ⋮
129      @cp -r $(OBJPATH_ROOT)/user-ucore/bin $(TMPSFS)
130  ifneq ($(UCORE_TEST),)
131      @cp -r $(OBJPATH_ROOT)/user/testbin $(TMPSFS)
132  endif
```

```
133     @$(Q)$(MAKE) -f $(TOPDIR)/user/user-ucore/Makefile -C $(TOPDIR)/user/
        user-ucore
134     @if [ $(ARCH) ="mips" ]; \
135     then \
136       echo " mips"; \
137       cp -r $(TOPDIR)/user/user-ucore/_initial/hello.txt $(TMPSFS); \
138       rm -f $@; \
139       dd if=/dev/zero of=$@count=4800; \
140     else \
141       echo -n $(ARCH)." not mips"; \
142       cp -r $(TOPDIR)/user/user-ucore/_initial/* $(TMPSFS); \
143       rm -f $@; \
144       dd if=/dev/zero of=$@bs=256K count=$(UCONFIG_SFS_IMAGE_SIZE); \
145     fi
146     @$(TOOLS_MKSFS) $@$(TMPSFS)
147     @rm -rf $(TMPSFS)
148
149 endif
```

实际上 sfsimg 的(宏观)构建目标是生成 \$(OBJPATH_ROOT),也就是./obj 目录(见 Makefile 的第 17 行)下的 sfs.img。为了这个目标,make 工具将依次完成以下工作:

(1) 创建 \$(OBJPATH_ROOT),也就是./obj 目录。

(2) 构建生成镜像文件的工具。该工具由 \$(TOOLS_MKSFS) 定义,其值为 \$(TOOLS_MKSFS)/mksfs,见 Makefile 文件的第 99~102 行:

```
99  TOOLS_MKSFS_DIR :=$(TOPDIR)/tool
100 TOOLS_MKSFS :=$(OBJPATH_ROOT)/mksfs
101 $(TOOLS_MKSFS): | $(OBJPATH_ROOT)
102     $(Q)$(MAKE) CC=$(HOSTCC) -f $(TOOLS_MKSFS_DIR)/Makefile -C $(TOOLS_
        MKSFS_DIR) all
```

这个工具是用 HOSTCC 编译的,实际上也就是在第 5 章安装 Cygwin 时附带安装的 gcc 工具。该工具的源代码在 tool 子目录下,该目录包括一个 Makefile 文件和一个扩展名为.c 的文件(mksfs.c)。mksfs 工具的工作原理是:创建一个空白文件,作为一个虚拟的磁盘分区,然后再向其中写入 i 节点(i-node)等数据结构,从而完成对其格式化的过程。需要指出的是,系统采用了自定义的简单文件系统(simple file system,sfs)来格式化虚拟的磁盘分区。对于该文件系统的格式以及相应工具的代码,有兴趣的读者可自行了解。

(3) 构建 userlib,见 Makefile 的第 80、81 行:

```
80  userlib: $(OBJPATH_ROOT)
81          $(Q)$(MAKE) -f $(TOPDIR)/user/Makefile -C $(TOPDIR)/user  all
```

可以看到,对 userlib 的构建将进入 Hos-mips 的 user 目录进行,而构建的结果是生成 Hos-mips 的用户态库,也就是 obj/user/ulib.a 文件。

(4) 构建 userapp,见 Makefile 的第 93、94 行:

```
93  userapp: $(OBJPATH_ROOT)
94          $(Q)$(MAKE) -f $(TOPDIR)/user/user-ucore/Makefile -C $(TOPDIR)/
            user/user-ucore all
```

可以看到,构建过程将进入 user/user-ucore 目录进行,其目标是构建 obj/user-ucore/bin 下的一系列应用程序。应用程序名字的列表在 Hos-mips 源代码根目录下的 Makefile.config 文件中定义,具体如下:

```
2 USER_APPLIST:=pwd cat sh ls cp echo mount umount # link mkdir rename unlink
lsmod insmod
```

也即是说,user/user-ucore 目录中包含 pwd、cat、sh、ls、cp、echo、mount、umount 等应用。实际上,这些就是能在 Hos-mips 中使用的命令的集合,感兴趣的读者可以在 user/user-ucore 目录下阅读这些命令对应的源代码。值得注意的是,这些应用的构建用到了在步骤(3)中已经构建好的 obj/user/ulib.a 文件。因为 ulib.a 文件中包含一些公用的函数,就使得应用程序的编写相对简单了。

(5) 在以上步骤都完成后,make 会进行以下操作:

① 创建 obj/.tmpsfs 目录以及 obj/.tmpsfs/lib/modules 目录(Makefile 的第 116、117 行)。

② 将 obj/user-ucore/bin 中的文件(连同目录)复制到 obj/.tmpsfs 目录(Makefile 的第 129 行)。

③ 将 user/user-ucore/_initial/hello.txt 文件复制到 obj/.tmpsfs 目录中(Makefile 的第 137 行)。

④ 删除以前的 obj/sfs-orig.img 文件(如果它存在),并生成一个空白的 obj/sfs-orig.img 文件(Makefile 的第 138、139 行),其大小为 4800×512B=2400KB≈2.4MB。

⑤ 调用以前生成的 mksfs 工具,根据 obj/.tmpsfs 目录中的内容来格式化由 obj/sfs-orig.img 文件所模拟的磁盘分区(Makefile 的第 146 行)。

⑥ 删除 obj/.tmpsfs 目录(Makefile 的第 147 行)。

⑦ 为生成的 obj/sfs-orig.img 文件创建符号链接,也就是生成 obj/sfs.img 文件(Makefile 的第 111 行)。

为了便于理解,可以把以上步骤的构建过程看作为计算机创建硬盘分区(类似于 Windows 中的 C 盘),并对该硬盘分区进行格式化的过程。格式化以后的硬盘分区用到的文件系统不是大家耳熟能详的 NTFS、FAT,甚至不是 Linux 中的 EXT 系列文件系统,而是操作系统定义的一个简单文件系统——SFS。

2. kernel 伪目标的构建

先来阅读 Hos-mips 根目录下的 Makefile 中对应 kernel 伪目标的构建语句,在该文件的第 77、78 行:

```
77  kernel: $(OBJPATH_ROOT) $(SFSIMG_LINK)
78          $(Q)$(MAKE)  -C $(KTREE) -f $(KTREE)/Makefile.build
```

它的含义是:转入 kern-ucore 目录(KTREE = $(TOPDIR)/kern-ucore,见 Makefile 的第 16 行),以 Makefile.build 为主构建文件,开始构建过程。打开 kern-ucore/Makefile.build,

并查找它的默认构建伪目标(all),可以看到:

```
35  all: $(KTREE_OBJ_ROOT) $(KERNEL_BUILTIN_O)
36  ifneq ($(UCORE_TEST),)
37          $(Q)touch $(KTREE)/process/proc.c
38  endif
39          $(Q)$(MAKE) KERNEL_BUILTIN=$(KERNEL_BUILTIN_O)  -C $(KTREE) -f
            $(KTREE)/Makefile.image all
40
41  $(KERNEL_BUILTIN_O): subdir
42          @echo Building uCore Kernel for $(UCONFIG_ARCH)
43          $(Q)$(TARGET_LD) $(TARGET_LDFLAGS) -r -o $@ $(shell xargs <
            .builtinlist.tmp)
44
45  $(KTREE_OBJ_ROOT):
46          mkdir -p $@
```

这里 all 的构建又依赖于两个新的伪目标:$(KTREE_OBJ_ROOT)和$(KERNEL_BUILTIN_O)。将这两个伪目标展开:

```
$(KTREE_OBJ_ROOT) =$(TOPDIR)/obj/kernel
$(KERNEL_BUILTIN_O) =$(TOPDIR)/obj/kernel/kernel-builtin.o
```

对于第一个伪目标$(KTREE_OBJ_ROOT),可以看到,对应的操作非常简单(见 Makefile.build 文件第 45、46 行),即创建./obj/kernel 目录。然而,第二个伪目标$(KERNEL_BUILTIN_O)所对应的操作(第 41~43 行)比较复杂,它有自己的依赖伪目标 subdir,所以先来看 subdir 伪目标所对应的操作:

```
53  subdir: $(KTREE_OBJ_ROOT) $(KCONFIG_AUTOCONFIG) FORCE
54          $(Q)rm -f .builtinlist.tmp
55          $(Q)touch .builtinlist.tmp
56  ifneq ($(UCORE_TEST),)
57          $(Q)touch $(KTREE)/process/proc.c
58  endif
59          $(Q)$(MAKE) -f Makefile.subdir OBJPATH=$(KTREE_OBJ_ROOT) LOCALPATH
            =$(KTREE) BUILTINLIST=$(KTREE)/.builtinlist.tmp
```

这个 subdir 伪目标也不简单,它也有 3 个依赖伪目标:$(KTREE_OBJ_ROOT)、$(KCONFIG_AUTOHEADER)和 FORCE,先将宏展开:

```
$(KTREE_OBJ_ROOT) =$(TOPDIR)/obj/kernel
$(KCONFIG_AUTOCONFIG) =$(TOPDIR)/Makefile.config
```

由于./obj/kernel 目录已经创建,而 Hos-mips 根目录下的./Makefile.config 早已存在,FORCE 无实际动作,所以 subdir 的依赖伪目标都已满足,make 将继续执行它所规定的动作(第 54~59 行)。大体来说,这 6 行代码完成两个操作:创建空白的 kern-ucore/

.builtinlist.tmp 文件，以及执行 Makefile.subdir 中规定的创建操作且输入 OBJPATH、LOCALPATH 以及 BUILTINLIST 这 3 个环境变量，它们的定义如下：

```
$(OBJPATH)=$(KTREE_OBJ_ROOT)=$(TOPDIR)/obj/kernel
$(LOCALPATH)=$(KTREE)=$(TOPDIR)/kern-ucore
$(BUILTINLIST) = $(KTREE)/.builtinlist.tmp = $(TOPDIR)/kern-ucore/.builtinlist.tmp
```

接下来，打开 $(TOPDIR)/src/kern-ucore/Makefile.subdir 文件（以下简称 Makefile.subdir 文件），

```
1  include $(KCONFIG_AUTOCONFIG)
2
3  include Makefile
4
5  DEPS :=$(addprefix $(OBJPATH)/, $(obj-y:.o=.d))
6  BUILTIN_O :=$(OBJPATH)/builtin.o
7  OBJ_Y :=$(addprefix $(OBJPATH)/,$(obj-y))
8
9  all: $(OBJPATH) $(BUILTIN_O) $(dirs-y) FORCE
10 ifneq ($(obj-y),)
11     $(Q)echo $(BUILTIN_O) >>$(BUILTINLIST)
12 endif
13
14 ifneq ($(obj-y),)
15 $(BUILTIN_O): $(OBJ_Y)
16     @echo LD $@
17     $(Q)$(TARGET_LD) $(TARGET_LDFLAGS) -r -o $@$(OBJ_Y)
18
19 -include $(DEPS)
20
21 else
22 $(BUILTIN_O):
23     $(Q)touch $@
24 endif
25
26 $(OBJPATH)/%.ko: %.c
27     @echo CC $<
28     $(Q)$(TARGET_CC) $(TARGET_CFLAGS) -c -o $@$<
29
30 $(OBJPATH)/%.o: %.c
31     @echo CC $<
32     $(Q)$(TARGET_CC) $(TARGET_CFLAGS) -c -o $@$<
33
34 $(OBJPATH)/%.o: %.S
```

```
35          @echo CC $<
36          $(Q)$(TARGET_CC) -D__ASSEMBLY__ $(TARGET_CFLAGS) -c -o $@$<
37
38  $(OBJPATH)/%.d: %.c
39          @echo DEP $<
40          @set -e; rm -f $@; \
41              $(TARGET_CC) -MM -MT "$(OBJPATH)/$*.o $@" $(TARGET_CFLAGS) $<>$@;
42
43  $(OBJPATH)/%.d: %.S
44        @echo DEP $<
45          @set -e; rm -f $@; \
46              $(TARGET_CC) -MM -MT "$(OBJPATH)/$*.o $@" $(TARGET_CFLAGS) $<>$@;
47
48  define make-subdir
49  $1: FORCE
50          @echo Enter $(LOCALPATH)/$1
51          -$(Q)mkdir -p $(OBJPATH)/$1
52          +$(Q) $(MAKE) -f $(KTREE)/Makefile.subdir -C $(LOCALPATH)/$1 KTREE=
         $(KTREE) OBJPATH=$(OBJPATH)/$1 LOCALPATH=$(LOCALPATH)/$1
          BUILTINLIST=$(BUILTINLIST)
53  endef
54
55  $(foreach bdir,$(dirs-y),$(eval $(call make-subdir,$(bdir))))
56
57  PHONY +=FORCE
58  FORCE:
59
60  #Declare the contents of the .PHONY variable as phony.  We keep that
61  #information in a variable so we can use it in if_changed and friends
62  .PHONY: $(PHONY)
```

可以发现，这个文件并不长，但是在它的第1、3行分别包含了另外两个文件：$(KCONFIG_AUTOCONFIG)以及Makefile，它们分别对应$(TOPDIR)/Makefile.config和$(TOPDIR)/kern-ucore/Makefile这两个文件。其中，前者只是定义了一些构造内核需要的宏，而后者的内容是与Makefile.subdir文件直接相关的。将其打开，可以看到：

```
1  dirs-y :=lib fs
2  obj-y :=$(patsubst %.c,%.o,$(wildcard *.c))
3  #obj-y +=$(patsubst %.S,%.o,$(wildcard *.S))
```

该文件主要定义了两个变量：dirs-y和obj-y。对于当前的Makefile.subdir而言，$(dirs-y)的值为lib fs；而$(obj-y)的值则依赖于当前所处的目录，将目录中所有的.c文件的扩展名换成.o，并合并在一起(文件名间加上空格隔开)就是$(obj-y)的取值，实际上这也就是patsubst函数的功能。对Makefile.subdir而言，$(OBJ_Y)则是将$(obj-y)中的所有文件名加上它的绝对路径，这也就是addprefix函数的功能。

例如，对于./kern-ucore/fs/pipe而言(因为该目录中扩展名为.c的文件较少，所以以该目录为例)，该目录下有4个.c文件，分别是pipe.c、pipe_inode.c、pipe_root.c和pipe_state.c，则有

```
$(obj-y)=pipe.o pipe_inode.o pipe_root.o pipe_state.o
```

而$(OBJ_Y)的值为

```
$(OBJ_Y)=$(TOPDIR)/obj/kernel/fs/pipe/pipe.o
$(TOPDIR)/obj/kernel/fs/pipe/pipe_inode.o
$(TOPDIR)/obj/kernel/fs/pipe/pipe_root.o
$(TOPDIR)/obj/kernel/fs/pipe/pipe_state.o
```

同时，DEPS变量也会通过addprefix函数生成，对应./kern-ucore/fs/pipe目录，它的取值为

```
$(DEPS)=$(TOPDIR)/obj/kernel/fs/pipe/pipe.d
$(TOPDIR)/obj/kernel/fs/pipe/pipe_inode.d
$(TOPDIR)/obj/kernel/fs/pipe/pipe_root.d
$(TOPDIR)/obj/kernel/fs/pipe/pipe_state.d
```

对于.d文件，它们的生成规则在Makefile.subdir文件的第43～46行，通过TARGET_CC变量定义的工具(也就是mips-mti-elf-gcc)生成，它的作用是找到.c文件的所有依赖文件，如.h文件等。

了解了这4个重要变量(dirs-y、obj-y、OBJ_Y和DEPS)的取值以及patsubst函数和addprefix函数的功能后，接着看Makefile.subdir中的all伪目标，它有4个依赖伪目标：$(OBJPATH)、$(BUILTIN_O)、$(dirs-y)和FORCE。其中，FORCE伪目标并无直接的动作(第58行)，$(OBJPATH)(=$(TOPDIR)/obj/kernel)已经创建。

$(BUILTIN_O)的定义在Makefile.subdir文件的第6行：

```
$(BUILTIN_O) =$(OBJPATH)/builtin.o =$(TOPDIR)/obj/kernel/builtin.o
```

它的目标是生成$(TOPDIR)/obj/kernel/builtin.o文件，对应的操作在Makefile.subdir文件的第14～24行定义。

对于当前目录./kern-ucore而言，由于存在大量.c文件，如clock.c、ide.c、monitor.c等，所以$(obj-y)和$(OBJ_Y)并不为空，Makefile.subdir文件的第15～17行生效。而$(BUILTIN_O)伪目标的构建又依赖于$(OBJ_Y)，也就是说，必须要等$(OBJ_Y)定义的所有.o文件生成后，才会最终通过第17行的ld命令将这些.o文件链接到集成文件builtin.o中。而.d文件，也就是.c文件的所有依赖文件，这时会被加进来(第19行)，而.c文件会在Makefile.subdir文件的第32行通过交叉编译器进行编译，从而生成所有$(BUILTIN_O)依赖的.o文件，而最终生成$(BUILTIN_O)定义的builtin.o文件。这样，对于当前目录./kern-ucore而言，它所对应的$(TOPDIR)/obj/kernel/builtin.o就生成了。

是不是到这里就万事大吉了呢？实际上，还远没有结束。因为对于Makefile.subdir而言，它的最终伪目标(all)还有一个依赖伪目标，那就是$(dirs-y)。在前面的叙述中提到，对于./kern-ucore目录而言，$(dirs-y) = lib fs，所以最终伪目标all还有两个隐性的依赖目

标,就是 lib 和 fs。

而在 Makefile.subdir 中并未找到 lib 和 fs 这两个伪目标的定义,那么它们是在哪定义的呢?先查看 Makefile.subdir 的第 48～55 行,特别是第 55 行:

```
55 $(foreach bdir,$(dirs-y),$(eval $(call make-subdir,$(bdir))))
```

它的作用是,对于 $(dirs-y)中的每一个项目,调用在 48～53 行定义的 make-subdir 函数进行处理,$(dirs-y)中的每一个项目都将作为参数传递给 make-subdir 函数,也就是该函数的 $1。现在试图把 lib 作为参数带入该函数并展开,会得到以下函数:

```
49  lib: FORCE
50      @echo Enter $(LOCALPATH)/lib
51      -$(Q)mkdir -p $(OBJPATH)/lib
52      +$(Q)$(MAKE) -f $(KTREE)/Makefile.subdir -C $(LOCALPATH)/lib KTREE=
        $(KTREE) OBJPATH=$(OBJPATH)/lib LOCALPATH=$(LOCALPATH)/lib
        BUILTINLIST=$(BUILTINLIST)
```

这样,就得到了 lib 伪目标对应的构建动作了。同理,会得到 fs 参数带入后定义的伪目标构建动作。先来分析以上 lib 所对应的构建动作。可以看到有两个动作:一个动作是建立 $(OBJPATH)/lib 目录,也就是 $(TOPDIR)/obj/kernel/lib 目录;另一个动作是进入 $(LOCALPATH)/lib 目录(make 命令的-C 参数,$(LOCALPATH)/lib 展开后得到./kern-ucore/lib),并仍然执行 Makefile.subdir 构建脚本。也就是说,流程不变,但构建的目录换成了./kern-ucore/lib,且传入的参数 LOCALPATH 也换成了./kern-ucore/lib。这就意味着 Makefile.subdir 的构建过程是嵌套进行的。

进入./kern-ucore/lib,可以发现该目录下的 Makefile 文件非常简单:

```
1  obj-y :=$(patsubst %.c,%.o,$(wildcard *.c))
```

该文件只规定了 obj-y,它等于./kern-ucore/lib 下所有.c 文件的扩展名换成.o 之后的字符串。而未规定 dirs-y,也就是 dirs-y 的值为空。这样,在./kern-ucore/lib 下进行的构建动作只会生成最终的 builtin.o 文件,也就是./obj/kernel/lib/builtin.o,而不会进一步嵌套。

但是对于./kern-ucore/fs 目录则不同,查看该目录下的 Makefile 文件:

```
1  dirs-y :=devs pipe vfs
2  dirs-$(UCONFIG_HAVE_SFS) +=sfs
3
4  obj-y :=file.o fs.o iobuf.o sysfile.o
```

对 dirs-y 的定义,意味着在./kern-ucore/fs 目录下进行的构建过程将嵌套调用 4 次 Makefile.subdir 构建脚本,分别对应./kern-ucore/fs/devs、./kern-ucore/fs/pipe、./kern-ucore/fs/vfs 和./kern-ucore/fs/sfs。

对 Makefile.subdir 脚本对应的构建过程进行总结,可以发现,它对应的动作发生在以下 7 个目录中:

(1) ./kern-ucore。

(2) ./kern-ucore/lib。

（3）./kern-ucore/fs。

（4）./kern-ucore/fs/devs。

（5）./kern-ucore/fs/pipe。

（6）./kern-ucore/fs/vfs。

（7）./kern-ucore/fs/sfs。

构建过程分别进入这些目录，并依次编译它们中的.c 文件，生成以下 builtin.o 文件：

（1）./obj/kernel/builtin.o。

（2）./obj/kernel/lib/builtin.o。

（3）./obj/kernel/fs/builtin.o。

（4）./obj/kernel/fs/devs/builtin.o。

（5）./obj/kernel/fs/pipe/builtin.o。

（6）./obj/kernel/fs/sfs/builtin.o。

（7）./obj/kernel/fs/vfs/builtin.o。

最终，回到./kern-ucore 目录下的 Makefile.build 文件（Makefile.subdir 的上一级），执行其中的第 43 行，生成最终的 $(KTREE_OBJ_ROOT)/kernel-builtin.o，也就是./obj/kernel/kernel-builtin.o 文件。

但是，由于 Makefile.build 文件中的 $(KERNEL_BUILTIN_O)伪目标只是最终伪目标 all 的一个依赖伪目标，所以将继续 Makefile.build 文件中第 39 所规定的构建动作：

```
35  all: $(KTREE_OBJ_ROOT) $(KERNEL_BUILTIN_O)
36  ifneq ($(UCORE_TEST),)
37          $(Q)touch $(KTREE)/process/proc.c
38  endif
39          $(Q)$(MAKE) KERNEL_BUILTIN=$(KERNEL_BUILTIN_O)  -C $(KTREE) -f
            $(KTREE)/Makefile.image all
```

也就是进入./kern-ucore 目录，并执行 Makefile.image 脚本。这样，就进入了 Hos-mips 内核构建的第 3 个阶段。

3. image 的生成

先来查看 Makefile.image 脚本的内容：

```
1  ifneq ($(MAKECMDGOALS),clean)
2  include $(KCONFIG_AUTOCONFIG)
3  endif
4
5  ARCH_DIR :=$(KTREE)
6
7  KERNEL_ELF :=$(KTREE_OBJ_ROOT)/ucore-kernel-initrd
8  LINK_FILE :=$(KTREE)/ucore.ld
9
10 ROOTFS_IMG:=$(OBJPATH_ROOT)/sfs-orig.img
11
```

```
12 SRC_DIR :=$(ARCH_DIR)/include
13 ASMSRC :=$(wildcard $(KTREE)/*.S)
14 MIPS_S_OBJ:= $(patsubst $(ARCH_DIR)/%.S, $(KTREE_OBJ_ROOT)/%.o, $(ASMSRC))
15 INCLUDES :=$(addprefix -I,$(SRC_DIR))
16
17 MK_DIR:
18         mkdir -p $(KTREE_OBJ_ROOT)
19         mkdir -p $(KTREE_OBJ_ROOT)/init
20         mkdir -p $(KTREE_OBJ_ROOT)/trap
21         mkdir -p $(KTREE_OBJ_ROOT)/process
22         mkdir -p $(KTREE_OBJ_ROOT)/module
23
24 ifeq  ($(ON_FPGA), y)
25 MACH_DEF :=-DMACH_FPGA
26 else
27 MACH_DEF :=-DMACH_QEMU
28 endif
29
30 $(MIPS_S_OBJ): $(KTREE_OBJ_ROOT)/%.o: $(ARCH_DIR)/%.S
31         $(TARGET_CC) -g -ggdb -c -D__ASSEMBLY__ $(MACH_DEF) -EL -mno-mips16
   -msoft-float -march=m14k -G0 -Wformat -O0 -msoft-float $(INCLUDES) $<-o $@
32
33 $(KERNEL_ELF): $(LINK_FILE) $(KERNEL_BUILTIN) $(RAMDISK_OBJ) $(MIPS_S_OBJ)
34         @echo Linking uCore
35         sed 's%_FILE_%$(ROOTFS_IMG)%g' tools/initrd_piggy.S.in >$(KTREE_OBJ
   _ROOT)/initrd_piggy.S
36         $(CROSS_COMPILE)as -g --gen-debug -EL -mno-micromips -msoft-float
   -march=m14k $(KTREE_OBJ_ROOT)/initrd_piggy.S -o $(KTREE_OBJ_ROOT)/initrd.
   img.o
37          $(Q) $(TARGET_LD) $(TARGET_LDFLAGS) -T $(LINK_FILE) $(KERNEL_
   BUILTIN) $(RAMDISK_OBJ) $(MIPS_S_OBJ) $(KTREE_OBJ_ROOT)/initrd.img.o -o $@
38         $(CROSS_COMPILE)objdump -d -S -l $@1>$(KTREE_OBJ_ROOT)/u_dasm.txt
39
40 $(BOOTSECT): $(OBJPATH_ROOT)
41         $(Q)$(MAKE) -C $(BLTREE) -f $(BLTREE)/Makefile all
42
43 .PHONY: all clean FORCE
44 all: $(KERNEL_ELF)
45
46 FORCE:
47
48 clean:
49         rm -f $(KERNEL_ELF)
```

先理清这个构建脚本的最终伪目标 all 的依赖路径(用箭头表示依赖关系,例如,A→B,

C 就表示 A 依赖于 B 和 C)：

```
all→$(KERNEL_ELF)→$(LINK_FILE),$(KERNEL_BUILTIN), $(RAMDISK_OBJ),$(MIPS_S_OBJ)
```

逐次查看被依赖的伪目标，可以发现：

(1) $(LINK_FILE) = $(KTREE)/ucore.ld = ./kern-ucore/ucore.ld。

(2) $(KERNEL_BUILTIN)是在 Makefile.image 脚本被调用时从 Makefile.build 中传递过来的参数，它等于 $(KTREE_OBJ_ROOT)/kernel-builtin.o，也就是./obj/kernel/kernel-builtin.o。

(3) $(RAMDISK_OBJ)并无实际定义。

(4) $(MIPS_S_OBJ)实际上是先查找./kern-ucore 下所有的.S 汇编文件，再将扩展名变为.o 并将其路径替换为./obj/kernel 后的结果。因为./kern-ucore 下有 3 个.S 文件，它们分别是 entry.S、exception.S 和 switch.S，替换后，$(MIPS_S_OBJ)的值为

```
$(MIPS_S_OBJ) =./obj/kernel/switch.o ./obj/kernel/exception.o ./obj/kernel/entry.o
```

这样，Makefile.image 最终的构建伪目标所依赖的伪目标就只有对 $(MIPS_S_OBJ)中所规定的.o 文件的编译了(Makefile.image 的第 31 行)。编译完成后，将进行第 35～38 行的动作。第 35 行的动作是替换(sed 命令)./kern-ucore/tools/initrd_piggy.S.in 中的部分内容，将结果输出到 $(KTREE_OBJ_ROOT)/initrd_piggy.S(也就是./obj/kernel/initrd_piggy.S)中。./kern-ucore/tools/initrd_piggy.S.in 中的内容为

```
1  .section .data
2  .align 4 #which either means 4 or 2**4 depending on arch!
3
4  .global _initrd_begin
5  .type _initrd_begin, @object
6  _initrd_begin:
7  .incbin "_FILE_"
8
9  .align 4
10 .global _initrd_end
11 _initrd_end:
```

替换后，结果输出文件./obj/kernel/initrd_piggy.S 的内容为

```
1  .section .data
2  .align 4 #which either means 4 or 2**4 depending on arch!
3
4  .global _initrd_begin
5  .type _initrd_begin, @object
6  _initrd_begin:
7  .incbin "D:/Hos/hos-mips/obj/sfs-orig.img"
8
9  .align 4
```

```
10 .global _initrd_end
11 _initrd_end:
```

对比两个文件，可以发现 initrd_piggy.S.in 文件中的_FILE_字符串被替换为 D:/Hos/hos-mips/obj/sfs-orig.img，也就是在 Hos 构建过程中构建 sfsimg 伪目标时生成的虚拟磁盘镜像文件。initrd_piggy.S 文件的作用是定义最终生成的 ELF 文件中的数据段(.data)，把第一步生成的虚拟磁盘镜像文件整体放到数据段的_initrd_begin 和_initrd_end 两个符号之间。

接下来，回到 Makefile.image 脚本的第 36 行，该行的动作是调用交叉编译器的汇编命令，生成 $(KTREE_OBJ_ROOT)/initrd.img.o，也就是./obj/kernel/initrd.img.o。该文件是按照 initrd_piggy.S 文件生成的 ELF 文件，只包含数据段，且将虚拟磁盘镜像文件嵌入该数据段中。

再看 Makefile.image 脚本的第 37 行，将该行的宏定义替换后得到以下命令行：

```
"mips-mti-elf-"ld -n -G 0 -static -EL -nostdlib -T ./kern-ucore/ucore.ld ./obj/
kernel/kernel - builtin. o ./obj/kernel/switch. o  ./obj/kernel/exception. o
./obj/kernel/entry.o ./obj/kernel/initrd. img. o - o ./obj/kernel/ucore - kernel -
initrd
```

该命令实际上是通过交叉编译器所提供的链接程序(ld)根据./kern-ucore/ucore.ld 模板生成 ELF 文件。构造该 ELF 文件的输入有 3 个：一是在构建 kernel 伪目标时生成的内核镜像文件(./obj/kernel/kernel-builtin.o)；二是根据.S 文件编译生成的.o 文件(./obj/kernel/switch.o、./obj/kernel/exception. o 和./obj/kernel/entry. o)；三是刚刚生成的包含构建 sfsimg 伪目标时得到的虚拟磁盘镜像的 ELF 文件(./obj/kernel/initrd.img.o)。其中模板文件(./kern-ucore/ucore.ld)中重要的部分如下：

```
1  OUTPUT_FORMAT(elf32-tradlittlemips)
2  OUTPUT_ARCH(mips:isa32)
3  ENTRY(kernel_entry)
4
5  SECTIONS
6  {
7     . =0x80001000;
8     .text       :
9     {
10       . =ALIGN(4);
11       wrs_kernel_text_start =.; _wrs_kernel_text_start =.;
12        * (.startup)
13        * (.text)
14        * (.text. * )
15        * (.gnu.linkonce.t * )
16        * (.mips16.fn. * )
17        * (.mips16.call. * ) /* for MIPS */
18        * (.rodata) * (.rodata. * ) * (.gnu.linkonce.r * ) * (.rodata1)
```

```
19         . =ALIGN(4096);
20         * (.ramexv)
21       }
22   . =ALIGN(16);
23   wrs_kernel_text_end =.; _wrs_kernel_text_end =.;
24   etext =.; _etext =.;
25   .data ALIGN(4)    : AT(etext)
26   {
27      wrs_kernel_data_start =.; _wrs_kernel_data_start =.;
28      * (.data)
29      * (.data.*)
30      * (.gnu.linkonce.d*)
31      * (.data1)
32      * (.eh_frame)
33      * (.gcc_except_table)
34      . =ALIGN(8);
35     _gp =. +0x7ff0;   /* set gp for MIPS startup code */
36        /* got*, dynamic, sdata*, lit[48], and sbss should follow _gp */
37      * (.got.plt)
38      * (.got)
39      * (.dynamic)
40      * (.got2)
41      * (.sdata) * (.sdata.*) * (.lit8) * (.lit4)
42        . =ALIGN(16);
43   }
⋮
```

可以看到，该 ELF 文件的目标平台是 MIPSfpga，其入口是 kernel_entry（见 kern-ucore/init.c），起始虚地址为 0x80001000。ELF 文件的第一个段是代码段(.text)，接下来才是数据段(.data)。经过链接，构建过程中生成的所有“成果”都汇集到./obj/kernel 目录下文件名为 ucore-kernel-initrd 的文件中。在本书中，称该文件为 Hos-mips 的操作系统镜像文件。

最后，Makefile.image 脚本在第 38 行通过交叉编译器的 objdump 将 ELF 文件中的符号反编译输出到./obj/kernel/u_dasm.txt 中。

6.3.2 Hos-mips 的载入和调试

在前面的实验中，Hos-mips 镜像文件(ucore-kernel-initrd)是通过交叉编译器提供的 GDB 工具装载到 MIPSfpga 硬件平台上的，其装载过程分为代码段的装载和数据段的装载。由于这个原因，Hos-mips 与传统的操作系统不同，它没有 BootLoader(也就是加载操作系统到内存的)部分。之所以可以通过 GDB 加载整个镜像文件，是因为 JTAG 的作用类似于 gdb-server。需要说明的是，JTAG 的 gdb-server 对应的代码自动地加载到虚地址 0x80000000～0x80001000，这也是为什么 Hos-mips 的起始虚地址是 0x80001000 而不是

0x80000000(ucore 以及 ucore-plus)的原因。

其调试过程是通过主机上的 GDB、VSCode 以及 JTAG 的配合,在给定的虚地址(VSCode 中设置的断点)暂停操作系统的执行而实现的。

为了更好地理解加载和调试过程,建议读者先对 ELF 文件的格式和 GDB 工具的使用进行了解(Hos-mips 的调试可参看 5.3.3 节)。陈渝和向勇老师编著的《操作系统实验指导》对这两个知识点进行了较好的讲解,在此不再赘述。

第7章 实验7：从内核到应用

7.1 实验目的

通过本实验，回顾操作系统特权级知识，掌握 Hos-mips 操作系统中从应用层到系统内核层的完整调用路径，在 Hos-mips 内核中添加系统调用，使得应用层能够触发操作系统特权级的动作。

7.2 实验内容

7.2.1 添加“Hello world!”应用

与标准的 Linux 不同，Hos-mips 并不提供丰富的编辑、编译工具(如 vim、gcc 等)。为了在 Hos-mips 中添加新的应用，就必须搞清 Hos-mips 系统的镜像文件生成过程。第 6 章介绍了 Hos-mips 系统镜像文件的生成过程。

应用的开发应该在开发主机上用 VSCode 完成，用交叉编译器进行编译，并需要将编译生成的二进制代码(ELF 文件)添加到 Hos-mips 的系统镜像文件中。一个比较简单的做法是将“Hello world!”应用视作 Hos-mips 中的一个命令(如 ls、cd 等)，因为它与其他命令一样，处于操作系统的应用层。当然，也可以用其他的办法将用户自己编写的应用添加到系统镜像文件中，作为 sfs 文件系统中的一个普通文件。

在完成应用的编写、编译和链接，并将其添加到系统镜像文件后，依照第 5 章和第 6 章介绍的方法重新启动系统。在 PuTTY 终端中，切换到新的应用所在的目录，并执行新的应用，将看到图 7-1 所示的界面。

需要注意的是，Hos-mips 的用户态 lib 只提供了 fprintf 编程接口，没有程序员熟悉的 printf。为了实现“Hello world!”字符串的打印，可以在程序中定义如下的宏：

```
#define printf(…)  fprintf(1, __VA_ARGS__)
```

其中，fprintf 的第一个参数(即 1)表示将输出定向到标准输出文件，也就是 Hos-mips 的终端。这样，就能够像在其他标准 Linux 中那样使用 printf 了。

另外，重新编译、构建 Hos-mips 操作系统镜像文件有两个方法：

(1) 切换到 Cygwin，使用 make 命令行构建镜像文件。

(2) 在 Vscode 中通过 Ctrl+Shift+B 组合键构建镜像文件。

7.2.2 添加系统调用

出于安全性方面的考虑，今天的操作系统在 CPU 硬件(例如，在前 4 个实验中设计的 MIPSfpga 处理器就提供这样的支持)的配合下，将软件的执行环境分为用户态和核心态。

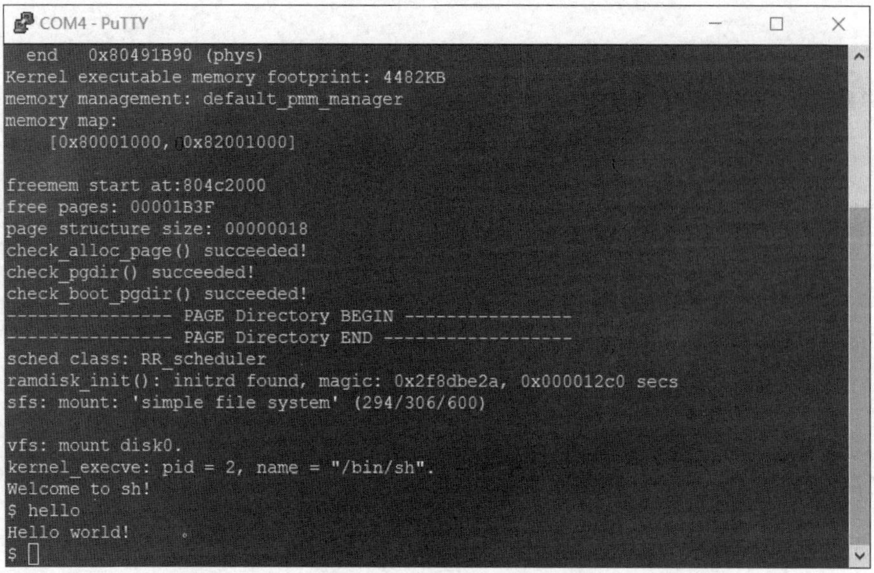

```
COM4 - PuTTY
  end   0x80491B90 (phys)
Kernel executable memory footprint: 4482KB
memory management: default_pmm_manager
memory map:
    [0x80001000, 0x82001000]

freemem start at:804c2000
free pages: 00001B3F
page structure size: 00000018
check_alloc_page() succeeded!
check_pgdir() succeeded!
check_boot_pgdir() succeeded!
---------------- PAGE Directory BEGIN ----------------
---------------- PAGE Directory END ------------------
sched class: RR_scheduler
ramdisk_init(): initrd found, magic: 0x2f8dbe2a, 0x000012c0 secs
sfs: mount: 'simple file system' (294/306/600)

vfs: mount disk0.
kernel_execve: pid = 2, name = "/bin/sh".
Welcome to sh!
$ hello
Hello world!
$ 
```

图 7-1 "Hello world!"应用的输出

与此对应,CPU 硬件在这两个状态下分别处于最低特权级和最高特权级两个状态。

一般来说,在用户态运行的程序使用计算机资源的特权级也最低,只能执行一些非特权指令,如算术逻辑指令和对指定地址区间的访存指令。而在核心态运行的程序,则能够使用计算机系统的所有资源。在 Hos-mips 操作系统中,应用程序(例如在 7.2.1 节中编写的"Hello world!"程序)就是在用户态下运行的,而操作系统内核则在核心态下运行。

这样的安排带来一个问题:如果用户态的程序希望执行核心态的动作(例如控制 I/O 设备,将在实验 8~11 中遇到这方面的问题),应该如何实现呢?一个简单和直接的方法是通过系统调用来实现。当然,还可以采用其他方法,在实验 8~11 中将介绍为了提高系统的性能而设计的其他方法。本节将完成从应用到系统调用的全路径实验,具体实验步骤如下:

(1) 在 Hos-mips 操作系统内核中添加一个系统调用,该系统调用的动作非常简单,即在核心态打印"kernel:hello world!"字符串(提示:这个过程涉及的主要文件是.\kern-ucore\syscall.c)。

(2) 考虑如何在应用层启动程序来触发新添加的系统调用(提示:这个过程涉及将新添加的系统调用加入 Hos-mips 体系中,可以参考其他系统调用的实现方法)。具体来说,需要修改以下文件:kern-ucore\include\lib\unistd.h 和 user\include\unistd.h,还需要在 user\include\syscall.h 中声明一个可以由应用层代码调用的接口。

(3) 在 7.2.1 节所述的实验代码的基础上,调用 user\include\syscall.h 中声明的接口,从而完成对新添加的系统调用的触发。实验完成后,Hos-mips 的执行如果如图 7-2 所示。

7.2.3 显示内存空闲页面数量

7.2.2 节的实验介绍了在应用层编写程序实现特权动作的方法。在本节,将应用这个方法,在应用层编写程序实现特权动作,即显示系统中内存空闲页面的数量。这个程序类似于

```
COM6 - PuTTY
Welcome to sh!
$ ls
 @ is  [directory] 4(hlinks) 3(blocks) 1280(bytes) : @'.'
   [d]   4(h)        3(b)      1280(s)    .
   [d]   4(h)        3(b)      1280(s)    ..
   [d]   2(h)        9(b)      2816(s)    bin
   [-]   1(h)        1(b)        13(s)    hello.txt
   [d]   3(h)        1(b)       768(s)    lib
$ ls bin
 @ is  [directory] 2(hlinks) 9(blocks) 2816(bytes) : @'bin'
   [d]   2(h)        9(b)      2816(s)    .
   [d]   4(h)        3(b)      1280(s)    ..
   [-]   1(h)       27(b)    108222(s)    cat
   [-]   1(h)       27(b)    108017(s)    cp
   [-]   1(h)       27(b)    107947(s)    echo
   [-]   1(h)       27(b)    107768(s)    hello
   [-]   1(h)       29(b)    115653(s)    ls
   [-]   1(h)       27(b)    108753(s)    mount
   [-]   1(h)       28(b)    114116(s)    pwd
   [-]   1(h)       29(b)    115810(s)    sh
   [-]   1(h)       27(b)    108616(s)    umount
$ hello
kernel: hello world!
$ 
```

图 7-2 在核心态输出“kernel：hello world!”

Linux 的 free 命令，可以显示系统的剩余内存量。

本实验可以借鉴 7.2.1 节和 7.2.2 节的内容，内存空闲页面数量的获取可以参考./kern-ucore/pmm.c 中 Hos-mips 对物理内存的管理机制。本实验的运行结果如图 7-3 所示。

```
COM6 - PuTTY
  end   0x80491A30 (phys)
Kernel executable memory footprint: 4482KB
memory management: default_pmm_manager
memory map:
    [0x80001000, 0x82001000]

freemem start at:804c2000
free pages: 00001B3F
page structure size: 00000018
check_alloc_page() succeeded!
check_pgdir() succeeded!
check_boot_pgdir() succeeded!
---------------- PAGE Directory BEGIN ----------------
---------------- PAGE Directory END ------------------
sched class: RR_scheduler
ramdisk_init(): initrd found, magic: 0x2f8dbe2a, 0x000012c0 secs
sfs: mount: 'simple file system' (287/313/600)

vfs: mount disk0.
kernel_execve: pid = 2, name = "/bin/sh".
Welcome to sh!
$ free
free pages: 6821
$ 
```

图 7-3 显示内存空闲页面数量

7.3 实验背景及原理

7.3.1 Hos-mips 操作系统的特权态

由于本书对应的课程是面向高年级本科生的，应该已经完成了“操作系统原理”课程的学习，已经接触过操作系统特权态的概念。然而，在本书中要强调的是：操作系统特权态的实现是有硬件条件的，操作系统提供特权态支持的前提是运行该操作系统的处理器必须支持特权级的区分。

在 MIPS 处理器(也就是运行 Hos-mips 的处理器)中，是通过 CP0 协处理器来实现特权级的区分的。实际上，CP0 协处理器是 MIPS 系统中一个非常重要的寄存器，起到控制 CPU 的作用。MMU、异常处理、乘除法等功能都依赖于 CP0 协处理器才能实现，它也是进入 MIPS 特权级模式的大门。

在 Hos-mips 中，要实现未开放的特权动作(Hos-mips 中没有 Linux 中的/proc 文件系统)，只能通过“应用程序→用户态函数库→内核”这个流程来开发。

7.3.2 MIPS 的内存映射

在 32 位 MIPS 体系结构下，最多可寻址 4GB 地址空间。图 7-4 是 MIPS 处理器的逻辑地址空间，从中可以看到：

(1) 0x00000000～0x7FFFFFFF(即 4GB 低端的 2GB 地址空间)为用户空间，可以在用户态访问；当然，在核心态也是可以访问的。程序在访问用户空间的内存时，会通过 MMU 的 TLB 将地址映射到实际的物理地址空间。也就是说，这一段逻辑地址空间和物理地址空间的对应关系是由 MMU 中的 TLB 决定的。

(2) 0x80000000～0xFFFFFFFF(即 4GB 高端的 2GB 地址空间)为核心空间，仅限于在核心态访问；如果在用户态访问这一段内存，会引发系统的异常。

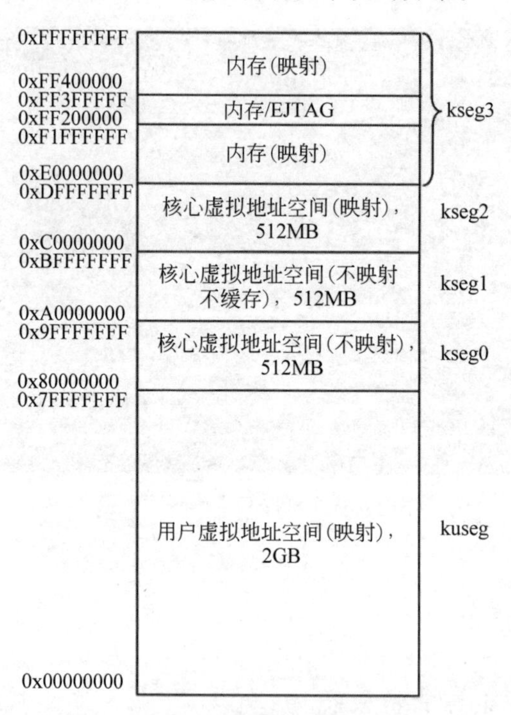

图 7-4　MIPS 处理器的逻辑地址空间

MIPS 处理器的核心空间又可以划分为 3 部分：

① 0xC0000000～0xFFFFFFFF 是通过 MMU 映射(通过 TLB 进行地址转换)到物理地址的 1GB 地址空间。这 1GB 地址空间可以用来访问实际的 DRAM 内存，可以为操作系统的内核所用。

② 0x80000000～0x9FFFFFFF 这一段的特点是“不映射但缓存”，也就是说，对它的访问可以借助高速缓存的帮助而得到性能上的提高。一般，这段内存空间用于操作系统内核代码段或者操作系统内核中的堆栈。

③ 0xA0000000～0xBFFFFFFF 这一段的特点是“不映射不缓存”，也就是说，对它的访问是直接定向到存储器的，无法利用高速缓存。这样做的好处在于无须考虑高速缓存一致性的问题，所以更加适合对硬件 I/O 寄存器的操纵。例如，MIPS 处理器的程序上电启动地址 0xBFC00000 也在这段地址空间内(上电时，MMU 和高速缓存均未初始化，因此，只有这段地址空间可以正常读取并处理)。

需要指出的是，对②和③中的两段逻辑地址(0x80000000～0xBFFFFFFF)的访问都直接映射到物理内存，且这个过程无须进行 MMU 映射，也就是说无须通过 TLB 进行地址转换。

7.3.3　Hos-mips 的虚拟地址规划

Hos-mips 中的虚拟地址规划是：内核虚拟地址起点为 0x80000000，而应用程序的虚拟地址起点为 0x10000000。对应图 7-4 中所示的 MIPS 系统的虚拟地址空间，Hos-mips 对各段的逻辑地址空间进行了定义，以方便管理，具体说明如下。

第一段：0x00000000～0x7FFFFFFF(0～2GB)，称为 kuseg。

这段地址是用户态可用的地址，通常使用 MMU 进行地址转换。换句话说，除非已经建立了 MMU 的机制，这 2GB 地址是不可使用的。在 Hos-mips 系统中，用户程序的起始地址均为 0x10000000。

第二段：0x80000000～0x9FFFFFFF(2～2.5GB)，称为 kseg0。

这段地址通过简单的映射即可找到对应的物理地址(虚拟地址直接减 0x80000000 即可得到物理地址)。映射方法是：把最高位清零，然后映射到物理地址低段 512MB 空间(0x00000000～0x1FFFFFFF)。虽然这种映射方式非常简单，但是对这段地址的存取都会通过高速缓存；因此在高速缓存设置好之前，不能随便使用这段地址。通常一个没有 MMU 的系统会使用这段地址作为其绝大多数程序和数据的存放位置；对于有 MMU 的系统，操作系统核心会存放在这个区域。

第三段：0xA0000000～0xBFFFFFFF(2.5～3GB)，称为 kseg1。

这段地址与 kseg0 一样，通过简单的映射即可找到对应的物理地址(虚拟地址直接减 0xA0000000 得到物理地址)。映射方法是：把最高 3 位清零，然后映射到相应的物理地址。但是 kseg1 是非高速缓存存取的，因此 kseg1 是唯一在系统重启时能正常工作的地址空间，主要用来存放系统初始化 ROM，或用作 I/O 寄存器地址空间。这也是重新启动时的入口向量的地址是 0xBFC00000 的原因。入口向量对应的物理地址是 0x1FC00000。

第四段：0xC0000000～0xFFFFFFFF(3～4GB)，称为 kseg2。

这段地址只能在核心态下使用，并且要经过 MMU 的转换。在 MMU 设置好之前，不能存取这段地址。因此，一般情况下，不需要使用这段地址空间。

由上可见，kseg0 和 kseg1 可以不依赖 MMU，直接通过地址转换来访问物理地址。这也解释了为什么操作系统核心是从 0x80000000 开始的（即位于 kseg0 这一段），且大部分外设（如串口、键盘、VGA 等）的统一编址都位于 kseg1 这一段。而 kuseg 这一段是留给用户的应用程序使用的地址空间。

在前面关于 4 段地址的介绍的基础上，下面对 MIPS 处理器虚实地址转换机制进行详细说明，如图 7-5 所示。

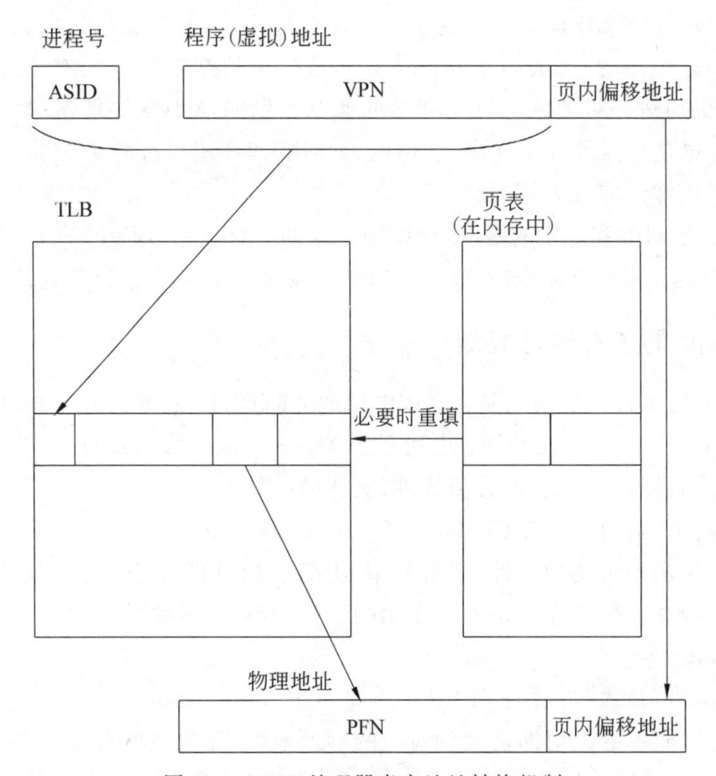

图 7-5　MIPS 处理器虚实地址转换机制

如图 7-5 所示，MIPS 处理器虚实地址转换过程大致如下：

(1) 虚拟地址被分为两部分。低半部分地址位（通常为 12 位）无须转换，因此地址转换结果总是落在一个页内（通常页大小为 4KB），因此这部分被称作页内偏移地址。

(2) 虚拟地址的高半部分地址位也就是虚拟页号（Virtual Page Number，VPN），通常 VPN 由页目录和页表号组成，然后再在其前面拼接当前运行的进程号（Address Space ID，ASID），以形成一个独一无二的地址，这样也就不必担心两个不同的进程的同一个虚拟地址会访问同一个物理地址。

(3) 在 TLB 中查找页表中是否有当前 VPN 的表项。如果该表项存在，即可得到对应的物理地址的高位，最终得到可用来访问的物理地址。

这里的重点是 TLB。TLB 是一个有特殊用途的硬件，可以运用各种有效的方法来匹配地址，从而将程序的虚拟地址转换成要访问的物理地址。MIPS 处理器的地址转换单位为页，页内偏移地址可以直接传递给物理地址，而虚拟页号和物理页号则需要通过查找页表来实现，在MIPS处理器中，页表会被缓存到TLB当中，即MIPS处理器是通过TLB将虚拟页号翻译成物理页号的。

TLB中的每一表项中含有一个虚拟页号（VPN）和一个物理页号（Page Frame Number，PFN）。当程序给出一个虚拟地址时，该地址的VPN会一一和TLB中的每一个表项进行比较，如果匹配成功，就给出对应的PFN，并返回一组标志位让操作系统来确定某一页为只读或者是否进行高速缓存(cache)。

TLB一个表项的结构如图7-6所示，一个表项可以容纳一对相邻的虚拟页和对应的两个单独的物理地址。同时，在图中标出了加载和读取TLB表项时涉及的CP0寄存器的名称。

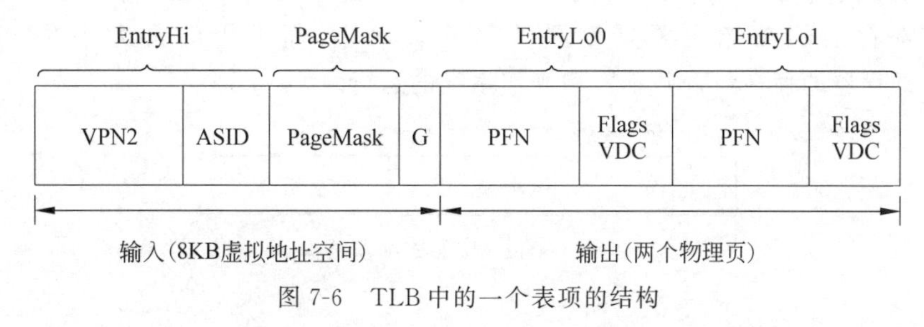

图7-6 TLB中的一个表项的结构

为了顺利完成页式地址转换的过程，CP0寄存器会辅助TLB进行地址转换，具体如表7-1所示。

表7-1 用于虚实地址转换的CP0寄存器

寄存器助记符	CP0寄存器号	功能说明
EntryHi	10	保存VPN和ASID
EntryLo0	2	VPN映射的物理页号以及对应物理页的存取权限
EntryLo1	3	
PageMask	5	用来创建能映射超过4KB的页的入口
Index	0	决定相应指令要读写的TLB表项
Random	1	实际上是一个自由计数的计数器，它生成的伪随机值用来让tlbwr写入新的TLB入口到一个随机选择的位置，使软件在陷入TLB重装入异常时节省处理时间
Context	4	用来加速TLB重装入的过程。其高位可读写，低位从不可转换的VPN中得来
XContext	20	XContext指0号Context以外的其他寄存器，它们在处理超过32位有效地址时与Context寄存器做相同的工作

下面对表7-1中主要的CP0寄存器进行简要介绍。

(1) EntryHi寄存器。

EntryHi寄存器结构如图7-7所示。VPN2是除去页内偏移地址的虚拟地址，一共有20

位。ASID是用来保存操作系统当前地址空间的标识。但是,当系统发生异常时,该数据不会发生改变。因为处理完异常后,当前执行的进程仍然可以对应该ASID。总的来说,利用EntryHi寄存器就可以定位到某个进程的虚拟页号。

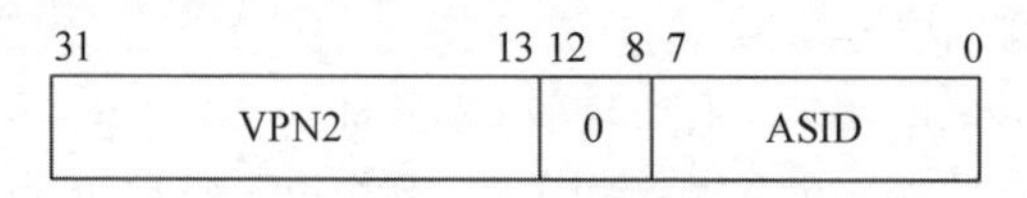

图7-7 EntryHi寄存器结构

(2) PageMask寄存器。

PageMask寄存器结构如图7-8所示。PageMask用来设置TLB,让它可以映射更大的页。PageMask寄存器只在QEMU模拟器中存在,而在MIPSfpga硬件平台上并没有预留。PageMask寄存器的功能主要是设置映射的页大小,而常用的页大小是4KB,因此PageMask寄存器的存在与否并不影响操作系统的运行。

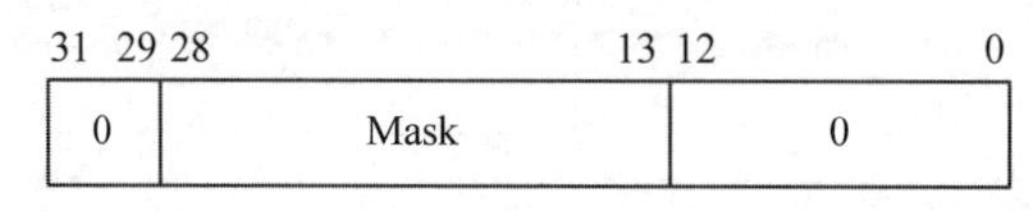

图7-8 PageMask寄存器结构

(3) EntryLo寄存器。

EntryLo寄存器结构如图7-9所示。PFN是地址转换项的物理地址的高位部分;C用来设置多处理器情况下的高速缓存一致性算法;D代表常见脏位;V代表该项是否有效;G代表global(全局),提供所有进程共享的地址空间。

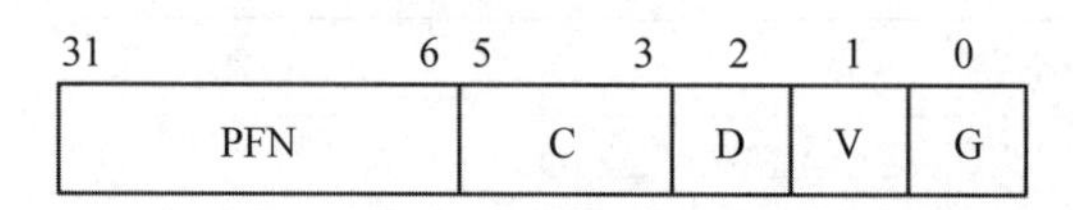

图7-9 EntryLo寄存器结构

系统将用户进程的ASID和虚拟地址的VPN传给CP0的EntryHi寄存器,然后硬件就会自动从TLB中查找到对应的EntryLo寄存器,从而得到物理地址的PFN和相应物理地址的读写权限和高速缓存设置等信息,从而使用户可以获取进程中虚拟地址指向的指令或数据。

这里需要提到的是,tlb_refill函数的功能是将内存中的数据填充到TLB中,从而使MIPS处理器可以正常地在TLB中使用虚拟地址匹配对应的物理地址。但是,事实上QEMU模拟器和MIPSfpga硬件平台有不同之处。在标准CP0中存在一个Random寄存器,它的功能是生成一个伪随机值,然后执行tlbwr指令,该指令的功能是将新的TLB入口设置为一个随机选择的位置,然后把数据写入那个位置,这样能使软件在陷入TLB缺失异常后节省重新装入TLB的处理时间,从而整体提升效率。但是,前面说过,为了提高MIPS处理器的频率,MIPSfpga硬件平台不再包含Random寄存器和tlbwr指令。因此,不能使用这种随机写入页表项的方式刷新的TLB硬件。但是,可以通过Index寄存器和tlbwi指令对TLB进行FIFO刷新,来代替原来的刷新方式。

7.3.4　缺页异常与处理

1. 缺页异常产生原因

操作系统和用户程序都存放在磁盘中，而不是内存中。其原因有很多，例如：

(1) 内存使用易失性存储介质，断电时会导致其中存放的用户数据丢失。

(2) 本应存放在磁盘上的用户程序、数据内容的大小远远超过内存容量。

但是，为了保证程序高效运行，又不能让 CPU 直接到磁盘上寻找数据。因此，需要一种方案主动将数据从磁盘载入内存，这就是缺页异常的产生原因。

MIPS 处理器访问内存的一般过程为：CP0 中的一些寄存器首先帮助 MIPS 处理器访问 TLB 的页表中的指定表项内容，然后根据对应的 TLB 表项找到物理地址，最后再通过物理地址进行访问。如果 TLB 中没有数据，则会发生 TLB 缺页异常。根据中断异常处理的设计流程，此时会有对应的 TLB 缺页异常的中断服务函数(TLB Miss Handler)处理 TLB 缺页异常。处理完异常后，即可在 TLB 表项中找到物理地址。处理 TLB 缺页异常的过程有两种情况：

(1) 需要访问的地址在内存中，但是其对应的内容不在 TLB 的页表的表项中。

(2) 需要访问的地址不在内存中，此时该数据一定不会出现在 TLB 的任意一个表项中。

对于第一种情况，系统会通过 tlb_refill 函数将缺失的页面地址信息重新载入 TLB 中。

对于第二种情况，先将数据从磁盘载入内存中，然后再使用 tlb_refill 函数进行数据的访问。在这种情况下，系统首先需要获取出现异常的地址以及其相关权限信息。如果权限信息表明该地址属于异常访问的地址，系统会返回一个错误码；如果权限信息正常，则系统会访问磁盘，将磁盘中的数据载入新分配的内存页面中，并将异常地址信息载入 TLB 中。

2. 中断和异常处理过程

中断和异常处理是操作系统中极为重要的功能。一个系统要与外部进行有效通信，通常需要利用中断处理功能来达到目的；如果一个系统要长时间有效执行，必须具备处理异常的能力。

每次在进入中断或异常处理前，系统都必须首先保护现场。这是因为，在中断或异常处理结束后，系统需要重新回到尚未执行完的任务中。这一过程主要包括两部分工作：一个部分是保存现场和状态，主要是 CPU 的寄存器和 CP0 的寄存器；另一部分是将中断向量号、异常处理号与对应的中断或异常处理函数对应起来。

通过设计，操作系统中可以允许发生的 MIPS 处理器中断和异常如表 7-2 所示。

表 7-2　MIPS 处理器中断和异常

符　号	编　号	说　明
EX_IRQ	0	中断(interrupt)
EX_MOD	1	对只读页进行写操作(TLB modify)
EX_TLBL	2	取数时 TLB 缺失(TLB miss on load)
EX_TLBS	3	存数时 TLB 缺失(TLB miss on store)

续表

符　号	编　号	说　明
EX_ADEL	4	取数时地址错(address error on load)
EX_ADES	5	存数时地址错(address error on store)
EX_SYS	8	系统调用(syscall)
EX_BP	9	断点(breakpoint)
EX_RI	10	非法指令(illegal instruction)
EX_CPU	11	协处理器不可用(coprocessor unusable)

MIPS 处理器不通过设置中断门和异常门来实现系统对中断和异常的响应,而主要是通过 CP0 的寄存器给出的 MIPS 处理器的状态,然后按照表 7-2,通过软件的方式进行处理。MIPS 处理器的中断和异常的实现主要依赖于前面提到的 CP0 的 Cause 寄存器和 EPC 寄存器来实现。将 CP0 寄存器表(见 MIPS 处理器手册)和表 7-2 结合起来,可以轻松地完成这一部分的工作。

事实上,在 Hos-mips 操作系统中,所有的外部中断和异常都会使用同一个中断处理程序进行处理,从而使整个中断作为一个分支被纳入异常处理功能中。因此,这里提到的异常包括以下几类:

(1) 外部事件。当有外部事件时,中断被用来引起处理器的注意。中断是唯一由外部事件引起的异常。当前只能通过 pic_disable 函数使得中断变得无效。可能的外部事件是由键盘、串口或时钟等基本设备引发的。

(2) 内存地址变换异常。当处理器根据虚拟地址没有找到与之对应的物理地址时,或者当程序试图写一个有写保护的页面时,会发生此类异常。

(3) 程序或硬件检查出的错误。例如,处理器执行了非法指令,在不正确的用户权限下执行了指令,地址对齐出错,等等。

(4) 系统调用和陷入。某些指令专门用来产生异常。它们提供了一种进入操作系统的安全机制。

关于异常处理的内容可以参考前面的异常处理号对应表(见表 7-2)。X86 处理器硬件或微指令通常把 CPU 分派到不同的入口地址;而 MIPS 的协处理器 CP0 会记住产生异常的原因,然后再由操作系统内核通过软件的方式将异常派发到对应的异常处理函数进行解决。

Hos-mips 操作系统的中断和异常处理流程如图 7-10 所示。整个中断异常处理流程如下:

(1) 发生中断或异常时,首先进入通用处理入口 ramExcHandle,在这里的操作包括保存当前进程现场、获取 CP0 的 Cause 寄存器信息等,为中断异常处理做好准备。

(2) 根据 CP0 的 Cause 寄存器来确定中断和异常处理函数。中断和异常处理大体上可以划分为 5 类,即中断处理、TLB 缺失处理、非法指令处理、系统调用处理和未定义异常处理。

(3) 根据相应的原因进行中断和异常处理。例如,若为外部中断,则根据中断向量号找到对应的中断处理函数；若为系统调用，则根据系统调用号找到对应的内核函数进行处理；若为 TLB 缺失，则调用相应平台的缺页填充机制或者将磁盘数据移到内存中。

(4) 处理完中断或异常后，统一进入 exception_return 过程，这一步将恢复以前保护的线程，修改 CP0 的异常状态，并继续执行原来的程序。

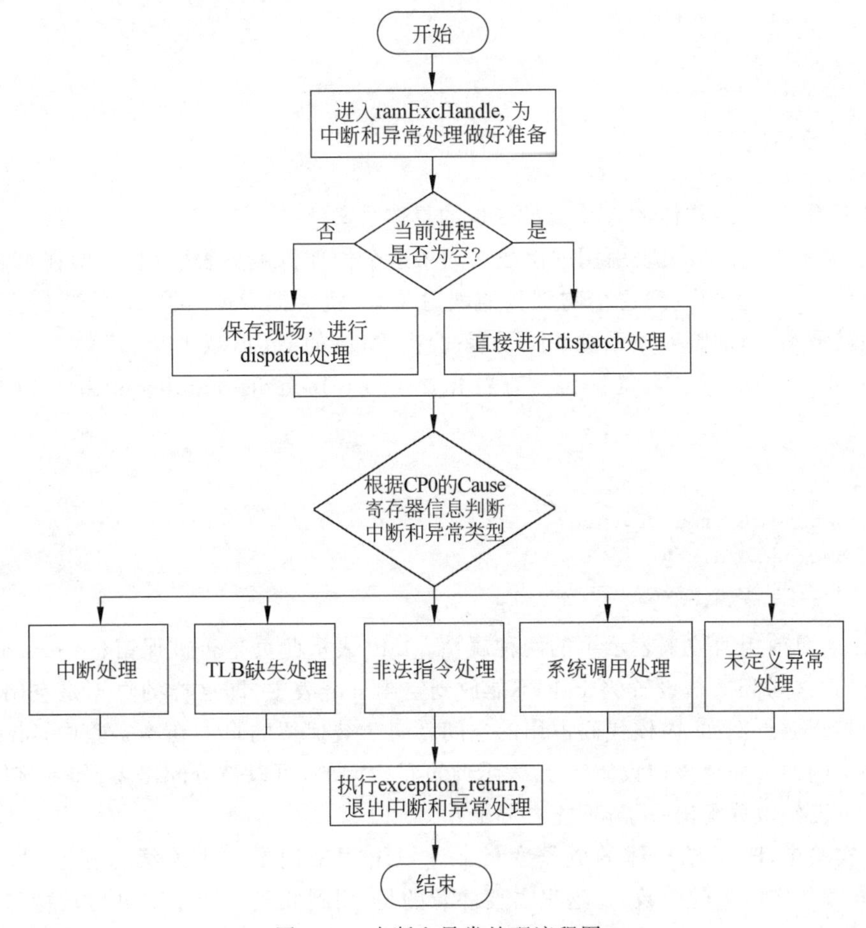

图 7-10 中断和异常处理流程图

7.3.5 以页为单位管理物理内存

在获得可用物理内存范围后，系统需要建立相应的数据结构来管理以物理页（按 4KB 对齐且大小为 4KB 的物理内存单元）为最小单位的整个物理内存，以配合后续的内存分配管理机制。物理页可以用 Page 结构体来表示。由于一个物理页需要占用一个 Page 结构体的空间，Page 结构体在设计时应尽可能小，以减少对内存的占用。Page 结构体的定义在 kern-ucore/include/memlayout.h 中，以页为单位的物理内存分配管理的实现在 kern-ucore/default_pmm.c 中。

为了与内存分配管理机制配合，首先需要将计算机内存的物理页的属性用 Page 结构体来表示，它包含映射此物理页的虚拟页个数、描述物理页属性的 flags 和双向链接各个 Page

结构体的 page_link 双向链表。

Page 结构体如下：

```
54  struct Page {
55      atomic_t ref;
56      uint32_t flags;
57      unsigned int property;
58      int zone_num;
59      list_entry_t page_link;
60  };
```

首先来看 Page 结构体的各个成员变量的具体含义。

ref 是这个物理页被页表引用的次数。如果这个物理页被页表引用了，即在页表中有一个表项设置了一个虚拟页到这个物理页的映射关系，就会把 Page 的 ref 值加 1；反之，若一个页表项被取消了，即映射关系被解除了，就会把 Page 的 ref 值减 1。

flags 是这个物理页的状态标记。查看 kern-ucore/include/memlayout.h，可以看到以下定义：

```
63  #define PG_reserved  0
64  #define PG_property  1
65  #define PG_dirty     3
66  #define PG_active    5
```

这表示 flags 目前用两位来表示页的两种属性。bit0 表示此页是否被保留(reserved)。如果是被保留的页，则 bit0 被设置为 1，且不能放到空闲页链表中，即这样的页不是空闲页，不能动态分配与释放。例如，内核代码占用的空间就属于被保留的页。在本实验中，bit1 表示此页是否是空闲的。如果该位设置为 1，表示此页是空闲的，可以被分配出去；如果该位设置为 0，表示此页已经被分配出去了，不能再分配。

在本实验中，Page 结构体的成员变量 property 用来记录一个连续内存空闲块的大小(即地址连续的空闲页的个数)。这里需要注意的是，用到此成员变量的页比较特殊，是这个连续内存空闲块中地址最小的一页(即首页)。连续内存空闲块利用首页的成员变量 property 记录此块内空闲页的个数。这里的成员变量名 property 不是很直观，其原因是在不同的页分配算法中 property 有不同的含义。

当内存管理算法采用伙伴系统时，Page 结构体的成员变量 zone_num 用来记录页所属的区域号。

Page 结构体的成员变量 page_link 是用于把多个连续内存空闲块链接在一起的双向链表指针。这里需要注意的是，用到此成员变量的页是一个连续内存空闲块的首页。连续内存空闲块利用首页的成员变量 page_link 来链接其他连续内存空闲块。

在初始情况下，物理内存的空闲物理页可能是连续的，这样就会形成一个大的连续内存空闲区域。但随着物理页的分配与释放，这个大的连续内存空闲区域会变为多个分散的连续内存空闲块，而每个连续内存空闲块内部的物理页地址是连续的。为了有效地管理这些连续内存空闲块，可以将所有的连续内存空闲块用一个双向链表管理，以便于分配和释放。

为此，定义了 free_area_t 结构体，包含 list_entry_t 结构体的双向链表指针变量 free_list 和记录当前空闲页的个数的无符号整型变量 nr_free，其中的双向链表指针指向空闲的物理页。free_area_t 数据结构的具体定义如下：

```
86 typedef struct {
87     list_entry_t free_list;
88     unsigned int nr_free;
89 } free_area_t;
```

有了上面两个结构体，IIos mips 就可以管理以页为单位的整个物理内存空间。关于操作系统内存分配原理方面的知识还有很多，但在本实验中只实现了最简单的内存页分配算法。相应的实现参见 default_pmm.c 中的 default_alloc_pages 函数和 default_free_pages 函数。具体实现很简单，这里就不作分析了，可以直接阅读源代码。

本实验在内存分配和释放方面最主要的工作是建立了内存物理页管理器框架 pmm_manager，它实际上是一个函数指针列表，其定义如下：

```
19 struct pmm_manager {
20     const char * name;
21     void ( * init) (void);
22
23     void ( * init_memmap) (struct Page * base, size_t n);
24
25     struct Page * ( * alloc_pages) (size_t n);
26     void ( * free_pages) (struct Page * base, size_t n);
27     size_t( * nr_free_pages) (void);
28     void ( * check) (void);
29 };
```

这个内存物理页管理器框架的重点是 init_memmap、alloc_pages、free_pages 这 3 个函数。

至此，读者应该已经掌握获得系统当前剩余内存容量的方法了。

第8章 实验8：蓝牙模块及电动机驱动模块硬件实现

从本实验开始进入本书的第3部分。本部分将介绍如何在第1部分(实验1～实验4)MIPSfpga硬件平台上添加适当的硬件模块,并与第2部分(实验5～实验7)的Hos-mips操作系统相结合,实现手机蓝牙控制的小车应用,以展示系统能力综合实践的意义。

读者还可以以这个蓝牙小车应用为基础自行扩展,例如,记录小车运行轨迹,在小车运行的过程中播放音乐,自动回避障碍物,等等,以展示这个基于蓝牙小车的系统能力综合实践的高阶性、创新性和挑战度。

8.1 实验目的

在了解、学习并实践了MIPSfpga硬件平台搭建和自定制外设模块之后,在本实验中将对蓝牙小车两个重要的硬件模块,即基于AXI4总线接口的蓝牙模块和电动机驱动模块进行设计和实现,同时将通过相应的测试程序对其进行必要的测试和验证,为后续在Hos-mips操作系统上实现蓝牙小车应用打下硬件基础。

在本实验中,将完成以下主要工作:

(1) 在实验1～实验4中实现的MIPSfpga硬件平台上再添加一个UART串口模块,经该UART串口模块通过Nexys 4 DDR FPGA开发板的PMOD接口连接蓝牙外设,该模块称为蓝牙模块。

(2) 基于AXI4总线接口,采用自定制外设方式设计并实现电动机驱动模块。

(3) 将设计并实现的电动机驱动模块集成到MIPSfpga硬件平台,同样通过Nexys 4 DDR FPGA开发板的PMOD接口连接一个L293D电动机驱动板。

(4) 两个PMOD接口添加完成后,对MIPSfpga硬件平台进行综合布线,生成比特流文件,并将其烧写到Nexys 4 DDR FPGA开发板上。

(5) 编写蓝牙模块和电动机驱动模块的驱动和测试程序,经MIPS MTI交叉编译器编译后下载到MIPSfpga硬件平台,对以上两个硬件模块添加的正确性进行测试、验证。

通过本实验,读者将了解关于无线蓝牙外设的基本工作原理和L293D电动机驱动板的基本工作原理,以便更好地实现其外设接口的设计。

在本实验中,希望读者能通过对这些硬件模块的设计和实现,加深对PMOD接口协议的理解和自定制外设模块设计方法的理解,提高系统集成能力。

8.2 实验内容

8.2.1 添加蓝牙模块

蓝牙模块是基于串口方式工作的,即,在MIPSfpga硬件平台中增加一个串口模块,就可以对蓝牙模块进行控制。因此，可以使用 Vivado 提供的 UART 串口 IP 核为基础进行设计，当然也可以采用自定制外设方式设计一个串口传输模块。这里直接添加 Vivado 工具 IP 库中的 AXI UART16550 串口模块(具体添加方法请参看 2.2.2 节)，如图 8-1 所示。

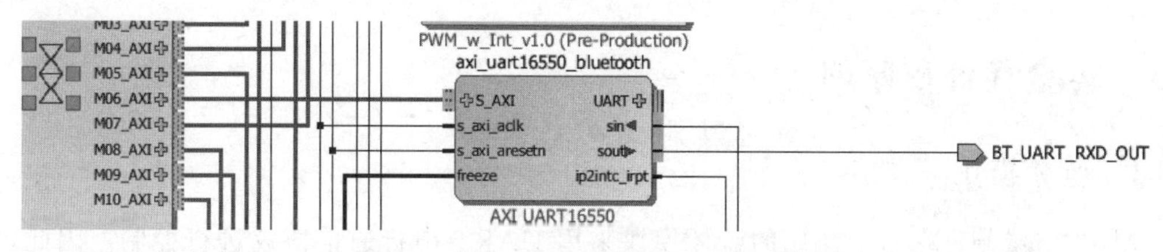

图 8-1 添加 AXI UART16550 串口模块

通过 Block Design 添加串口模块后，在 Address Editor 中给该模块分配合适的物理地址，就可以根据需要生成比特流文件，并编写对应的 C 语言程序对其进行测试，具体方法参见实验 2，这里不再赘述。

8.2.2 设计并添加电动机驱动模块

根据电动机驱动模块的需求，按照实验 3 的方法自定制一个(或多个)电动机驱动模块；然后将电动机驱动模块添加到 MIPSfpga 硬件平台。如图 8-2 所示，电动机驱动模块由两个 IP 模块构成：一个是电动机转动方向控制 IP 模块，即 Car_Driver_Int；另一个是电动机速度控制 IP 模块，即 PWM_w_Int。其中，添加了 4 个 PWM_w_Int 模块，分别控制蓝牙小车 4 个轮子的驱动电动机。

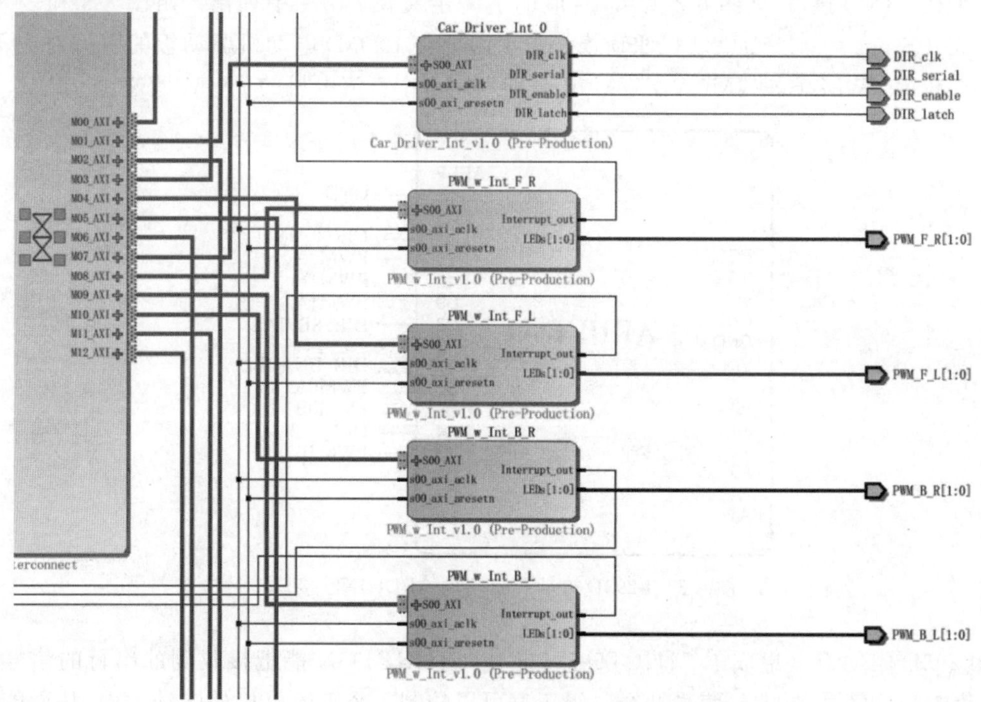

图 8-2 添加电动机驱动模块

通过 Block Design 添加电动机驱动模块后，在 Address Editor 中给这些模块分配合适的物理地址，就可以根据需要生成比特流文件，并编写对应的 C 语言程序，对其进行测试，具体方法见实验 3，这里不再赘述。

8.3 实验背景及原理

8.3.1 蓝牙模块

MIPSfpga 硬件平台上使用的蓝牙模块采用 UART 串行通信协议进行控制。因此，发送时，发送端在发送时钟脉冲(TxC)的作用下将发送移位寄存器的数据按位串行移位输出，通过串行通信线传递到蓝牙模块；接收时，接收端在接收时钟脉冲(RxC)的作用下对来自通信线上的串行数据(即蓝牙模块接收的信息)按位串行移入接收寄存器。关于蓝牙模块的具体工作流程和控制方式，需要查阅相应的蓝牙模块的文档资料。这里需要注意的是，使用的蓝牙模块与串口通信时默认的波特率是 9600baud。

8.3.2 电动机驱动板

蓝牙小车的驱动采用直流电机，给电机提供的电流越大，电动机的转速越快，因此可以采用脉宽调制(Pulse Width Modulation，PWM)来控制电动机的转速。即通过 PWM 控制 CPU 发送给电动机驱动板的数据的不同占空比来控制电流的大小，再经过电动机驱动板转换和放大后驱动电动机。这里使用的电动机驱动板型号是 L293D，该电动机驱动板采用标准的 ARDUINO 接口，如图 8-3 所示，对应的引脚定义在表 8-1 中列出。由图 8-3 和表 8-1 可知，MIPSfpga 硬件平台电动机驱动模块的引脚要与 L293D 电动机驱动板的引脚对应，其中 PWM2A、PWM2B、PWM0A、PWM0B 分别控制 4 个直流电机的 PWM 调速。

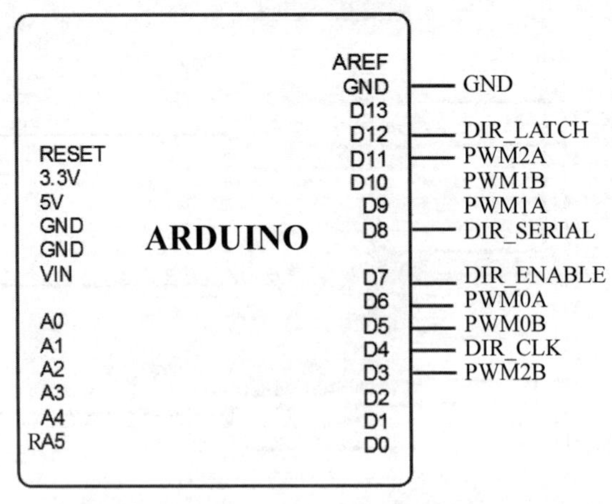

图 8-3 L293D 电动机驱动板 ARDUINO 接口

L293D 驱动板上集成了 74HCT595N 芯片，74HCT595N 能把接收到的串行的信号转为 8 位的并行信号，这 8 位信号 2 个一组正好可以控制 4 个直流电机的转动方向，从而能够实现电动机驱动的正转和反转。

表 8-1　L293D 电动机驱动板引脚定义

编号或符号	名　称	定　义	编号或符号	名　称	定　义
3	PWM2B	Y2A/B 的 PWM 调速	24	GND	逻辑电源接地
4	DIR_CLK	串锁器串行输入时钟	25	VCC_LOGIC	逻辑电源正极
5	PWM0B	Y3A/B 的 PWM 调速	+	VCC_MOTOR	驱动电源正极
6	PWM0A	Y4A/B 的 PWM 调速	−	GND	驱动电源接地
7	DIR_ENABLE	串锁器使能端	a/b	Y1A/B	电动机 M1 的两端
8	DIR_SERIAL	串锁器串行输入	d/e	Y2A/B	电动机 M2 的两端
11	PWM2A	Y1A/B 的 PWM 调速	f/g	Y3A/B	电动机 M3 的两端
12	DIR_LATCH	串锁器锁存时钟	i/j	Y4A/B	电动机 M4 的两端

74HCT595N 芯片原理图如图 8-4 所示。它采用串行输入方式，通过 DIR_SERIAL 和 DIR_CLK 控制串行数据输入 8 位移位寄存器。其中，DIR_SERIAL 是串行数据线；DIR_CLK 是串行数据时钟，通常时钟频率为 1000Hz。8 位串行数据传输完成之后，给 DIR_LATCH 提供有效信号，即将其置为 1，则可以将 8 位移位寄存器的内容送到 8 位存储寄存器中并锁存。74HCT595N 芯片的引脚功能如表 8-2 所示。需要注意的是，DIR_ENABLE (使能信号)低电平有效。

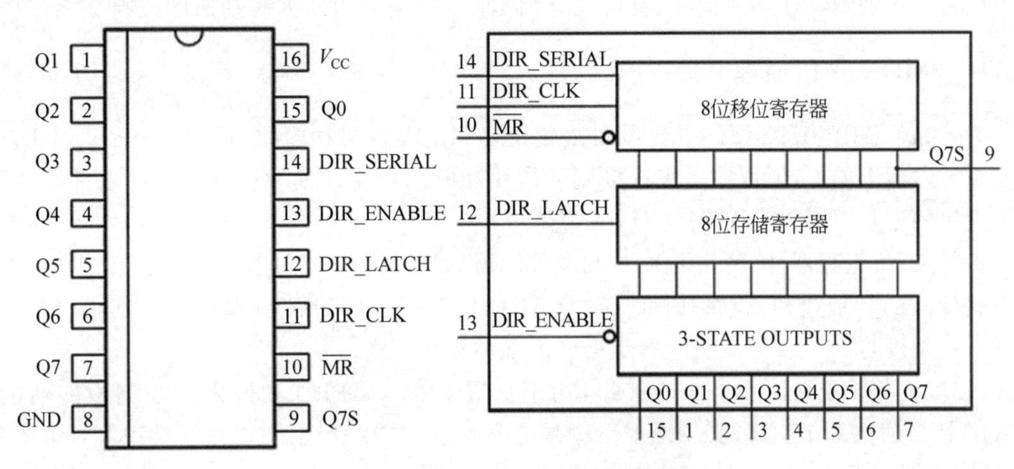

图 8-4　74HCT595N 芯片原理图

表 8-2　74HCT595N 芯片引脚功能

控制信号				输入信号	输出信号	
DIR_CLK	DIR_LATCH	DIR_ENABLE	$\overline{MR}$	DIR_SERIAL	Q7S	Q1～Q7
×	×	L	L	×	L	NC
×	↑	L	L	×	L	L

续表

控制信号				输入信号	输出信号	
DIR_CLK	DIR_LATCH	DIR_ENABLE	$\overline{MR}$	DIR_SERIAL	Q7S	Q1～Q7
×	×	H	L	×	L	Z
↑	×	L	H	H	Q6S	NC
×	↑	L	H	×	NC	Q1S～Q7S
↑	↑	L	H	×	Q6S	Q1S～Q7S

图 8-5 给出了 L293D 电动机驱动板上的 74HCT595N 芯片与 4 个直流电机转动方向控制模块的连接关系。由图 8-5 可知，只要向 74HCT595N 芯片的 8 位存储寄存器中输入 8 位正确的数值，就可以分别控制电动机驱动直流电机输出电流的方向，从而控制电动机正转或反转。

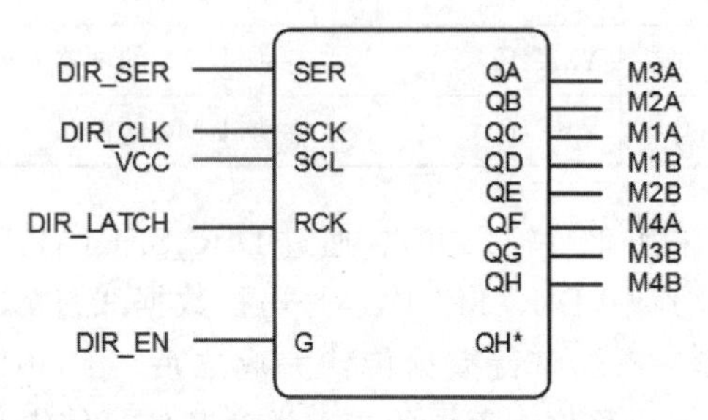

图 8-5　74HCT595N 芯片与 4 个直流电机转动方向控制模块的连接关系

总结一下，通过向 L293D 电动机驱动板上的 74HCT595N 芯片锁存不同的 8 位数据，就可以分别控制 4 个直流电机的转动方向。向 PWM2A、PWM2B、PWM0A、PWM0B 提供不同占空比的 PWM 调速信号，就可以分别实现 4 个直流电机的转动速度控制。

8.3.3　PMOD 接口原理

为了方便 MIPSfpga 硬件平台添加蓝牙模块和电动机驱动模块，使用了 Nexys 4 DDR FPGA 开发板上的 PMOD 接口来连接蓝牙模块和电动机驱动模块（MIPSfpga 硬件平台上其他模块的添加也可以采用 PMOD 接口）。

多年来，可编程器件（例如 FPGA 和微控制器）制造商为便于其客户扩展标准板卡，提供了一些标准的扩展接口，例如 FMC 接口、ARDUINO 接口、PMOD 接口等。其中，PMOD 接口是将外设与 FPGA 开发板进行组合和匹配的常用方式。

PMOD 接口属于小尺寸 I/O 接口，用于扩展 FPGA/CPLD 和嵌入式控制板的功能。PMOD 接口通过 6 个引脚（其中两个引脚是电源和地）或 12 个引脚（其中 4 个引脚是电源和地）的连接器与系统主板连接和通信。PMOD 接口引脚排列类型如图 8-6 所示。

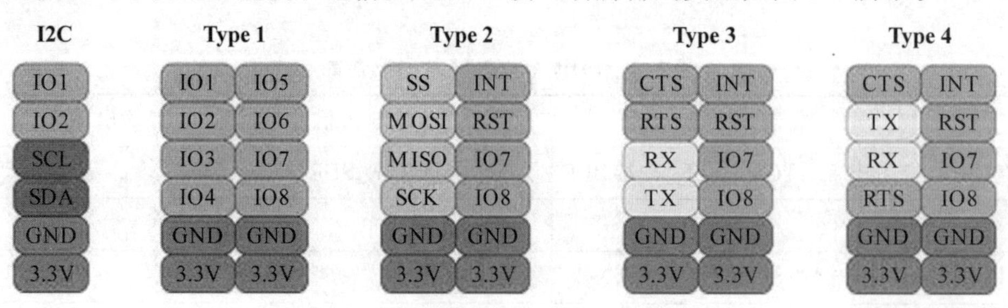

图 8-6　PMOD 接口引脚排列类型

8.4 两个测试程序源码

8.4.1 无线蓝牙测试程序

无线蓝牙测试程序如下：

```
void init_bluetooth(void) {
     * WRITE_IO(BT_UART_BASE + lcr) = 0x00000080;
    delay();
     * WRITE_IO(BT_UART_BASE + dll) = 69;
    delay();
     * WRITE_IO(BT_UART_BASE + dlm) = 0x00000001;
    delay();
     * WRITE_IO(BT_UART_BASE + lcr) = 0x00000003;
    delay();
     * WRITE_IO(BT_UART_BASE + ier) = 0x00000001;
    delay();
}
char BT_uart_inbyte(void) {
    unsigned int RecievedByte;
    while(!((* READ_IO(BT_UART_BASE + lsr) & 0x00000001) == 0x00000001));
    RecievedByte = * READ_IO(BT_UART_BASE + rbr);
    return (char)RecievedByte;
}
void _mips_handle_irq(void* ctx, int reason) {
    unsigned int value = 0;
    unsigned int period = 0;
    // * WRITE_IO(UART_BASE + ier) = 0x00000000;
     * WRITE_IO(IO_LEDR) = 0xF00F;
    delay();
    BT_rxData = BT_uart_inbyte();
    if (BT_rxData == 'w') {
      round = 0;
       * WRITE_IO(IO_LEDR) = 0x1;
    delay();
 }
 else if (BT_rxData == 's') {
     round = 0;
      * WRITE_IO(IO_LEDR) = 0x2;
     delay();
 }
 else if (BT_rxData == 'q') {
      * WRITE_IO(IO_LEDR) = 0x4;
```

```
        delay();
    }
    else if (BT_rxData == 'e') {
        *WRITE_IO(IO_LEDR) = 0x8;
        delay();
    }
    else if (BT_rxData == 'd') {
        round = 0;
        *WRITE_IO(IO_LEDR) = 0x10;
        delay();
    }
    else if (BT_rxData == 'a') {
        round = 0;
        *WRITE_IO(IO_LEDR) = 0x20;
        delay();
    }
    else if (BT_rxData == '8') {
        *WRITE_IO(IO_LEDR) = 0x20;
        delay();
    }
    else if (BT_rxData == 'h') {
        round = 0;
        *WRITE_IO(IO_LEDR) = 0x20;
        delay();
    }
    else {
        round = 0;
        *WRITE_IO(IO_LEDR) = 0x40;
        delay();
    }
    //
    *WRITE_IO(IO_LEDR) = 0xFFFF;
    return;
}
```

8.4.2 电动机驱动板测试程序

电动机驱动板测试程序如下：

```
#define speed1 1024*1024-1
#define speed2 768*1024
#define speed3 384*1024
#define speed4 0
#define rb_f 0x00000020
#define lb_f 0x00000040
```

```
#define rf_f 0x00000080
#define lf_f 0x00000004
#define rb_b 0x00000010
#define lb_b 0x00000008
#define rf_b 0x00000002
#define lf_b 0x00000001
int gear2speed(int * gear) {
    if (* gear ==1) {
      return speed3;
    }
    else if (* gear ==2) {
      return speed2;
    }
    else if (* gear ==3) {
      return speed1;
    }
    else if (* gear ==-1) {
      return speed3;
    }
    else if (* gear ==-2) {
      return speed2;
    }
    else if (* gear ==-3) {
      return speed1;
    }
    else if (* gear >=3) {
      * gear =3;
      return speed1;
    }
    else if (* gear <=-3) {
      * gear =-3;
      return speed1;
    }
    else {
      return 0;
    }
}
void set_gear(int lf, int lb, int rf, int rb) {
    gear_lb =lb;
    gear_lf =lf;
    gear_rb =rb;
    gear_rf =rf;
    _go();
}
```

```
void _go(void){
    int direction =0;
    direction =direction | (gear_rf>=0? rf_f:rf_b);
    direction =direction | (gear_rb>=0? rb_f:rb_b);
    direction =direction | (gear_lf>=0? lf_f:lf_b);
    direction =direction | (gear_lb>=0? lb_f:lb_b);
    *WRITE_IO(dir_data) =direction;
    delay();
    *WRITE_IO(WHEEL_RF) =gear2speed(&gear_rf);
    delay();
    *WRITE_IO(WHEEL_LB) =gear2speed(&gear_lb);
    delay();
    *WRITE_IO(WHEEL_LF) =gear2speed(&gear_lf);
    delay();
    *WRITE_IO(WHEEL_RB) =gear2speed(&gear_rb);
    delay();
}
void speedup(void) {
    if (state !=0) {
      state =0;
    S  et_gear(2, 2, 2, 2);
    }
    else {
      set_gear(gear_lf +1, gear_lb +1, gear_rf +1, gear_rb +1);
    }
}

void slowdown(void) {
    if (state !=0) {
      state =0;
      set_gear(0, 0, 0, 0);
    }
    else {
      set_gear(gear_lf -1, gear_lb -1, gear_rf -1, gear_rb -1);
    }
}
void leftforward(void) {
    state =1;
    set_gear(0, 1, 3, 3);
}
void rightforward(void) {
    state =1;
    set_gear(3, 3, 0, 1);
}
```

```
void turnright(void) {
    state =1;
    set_gear(2, 2, -2, -2);
}
void turnleft(void) {
    state =1;
    set_gear(-2, -2, 2, 2);
}
void mystop(void) {
    state =0;
    set_gear(0, 0, 0, 0);
}
```

第9章　实验9：蓝牙模块及电动机驱动模块的驱动程序开发

9.1　实验目的

在实验8中，在MIPSfpga硬件平台上添加了蓝牙模块和电动机驱动模块，从而完成了蓝牙小车两个重要的外设接口的硬件设计。在本实验中，将在Hos-mips操作系统中实现蓝牙模块和电动机驱动模块的驱动程序，并以蓝牙模块和电动机驱动模块的驱动程序为基础，对蓝牙小车前进、后退、转向等基本功能进行测试。

在本实验中，将完成以下工作：

(1) 在Hos-mips操作系统中实现蓝牙模块和电动机驱动模块的驱动程序，并进行测试。

(2) 在Hos-mips操作系统用户态中通过设备驱动程序的调用，实现蓝牙小车前进、后退、转向等基本功能，并进行测试。

读者应理解Hos-mips操作系统外设驱动程序的实现与调用原理，加深对操作系统设备驱动程序实现的理解，同时体会操作系统和裸机在设备驱动程序和用户应用程序上的区别。

9.2　实验内容

9.2.1　蓝牙模块和电动机驱动模块的驱动程序

1. 蓝牙模块驱动程序

在实现了蓝牙模块的硬件设计之后，就需要在Hos-mips操作系统中添加蓝牙模块的驱动程序。由于蓝牙模块的硬件接口采用串口实现，因此需要在Hos-mips内核头文件arch.h中注册为蓝牙模块分配的地址，同时需要利用前面所学的硬件和软件中断方式编写串口中断处理程序，完善串口中断处理程序入口函数的中断分发部分的逻辑，将串口中断处理程序注册到arch.h中。完成以上工作后，在trap中完善核心态对中断的处理。然后需要在dev中设计相应设备，主要的逻辑是从串口数据寄存器所在的地址中取出数据并放入驱动程序缓冲区。另一个需要做的工作就是串口的初始化，主要的工作是打开系统对串口中断的响应，这通过指明中断号来调用pic_enable函数完成。最后，在系统调用syscall中设计对该串口设备的调用，至此就完成了串口设备的驱动程序。有关串口的中断可以参考Hos_mips内核中的console.c代码实现。由于串口设备是只读的，只需完成与读设备相关的设计即可。

2. 电动机驱动模块驱动程序

在实现了与电动机驱动板PMOD接口相关的设计之后，需要在Hos-mips操作系统中添加电动机驱动板接口的驱动程序。与蓝牙模块驱动程序类似，需要在 Hos-mips 内核头文件 arch.h 中注册为电动机驱动模块分配的地址，同时实现相应的中断处理程序和设备系统调用。由于电动机驱动板接口设备是只写的，只需完成与写设备相关的设计即可。

3. 直接设备读写

上面的方法比较麻烦，需要首先在 Hos-mips 操作系统中添加蓝牙模块和电动机驱动模块的驱动程序，然后再通过驱动程序控制相应的设备。也可选择不通过驱动程序而直接对设备进行控制的方式，即通过对硬件地址直接进行读写操作来控制设备。

9.2.2 对设备驱动程序进行测试

在完成了蓝牙模块和电动机驱动模块的驱动程序之后，需要编写应用程序对驱动程序进行测试。蓝牙小车应用测试程序的实现方法可参看实验 7，这里不再赘述。基本思路是：在 Hos-mips 操作系统上实现一个简单的应用程序，该程序从蓝牙获取手机发送的控制信息，根据控制信息对电动机驱动板进行控制，使得蓝牙小车能够前进、后退和转向。

9.3 实验背景及原理

前面介绍了在 MIPS 处理器中处理中断和异常的 CP0 协处理器中的各寄存器。而在 Hos-mips 操作系统中，一般使用 trap 函数处理中断和异常。进入该函数后，通过调用 trap_dispatch 函数，根据 trapframe 中的异常号进行中断和异常的分发。此异常号是在进入统一入口后根据 CP0 的 Cause 寄存器第 2～6 位的值装填到 trapframe 中的，因此，为了能够调用正确的函数处理中断和异常，操作系统中的异常号要与硬件中的异常号一一对应。

若异常号为 8，则转到系统调用，并将 CP0 的 EPC 寄存器（存放异常处理返回地址）自动加一个指令长度（对于 32 位架构的 CPU，该值为 4），以避免返回时又要进行系统调用。此后进入系统调用路径。系统调用路径是一系列功能函数，完成提供给用户态的基础系统功能，如打开、关闭、分发等。

若异常号为 0，则转到中断处理程序进行中断的分发处理，根据中断号来调用对应的中断处理程序。中断号是与异常号一起从 CP0 的 Cause 寄存器第 8～15 位装填到 trapframe 中的，因此，中断号同样也必须遵循一一对应的关系。

设备与系统的数据交互在内存控制器中实现。首先在内存控制器中配置新串口（即蓝牙模块）的数据、状态字的内存地址以及电动机驱动板的数据的内存地址。这里分别选用了无人占用的 0x408 与 0x40C（串口设备）以及 0x420（电动机驱动板）。注意，这些地址是核心段地址，所以高位地址没有作用。这里使用的地址比较重要，不能与其他设备接口（例如 VGA 接口与 PS/2 接口等）冲突；此外，这些地址在内核中，在编写设备驱动程序的时候要用到，即这些地址将用来对设备进行读写。

在明确了设备地址之后，需要对内存控制器进行读写逻辑的完善。由于两个设备都是异步设备，不像存储器那样需要同步读、异步写，不需要 CPU 对读结果进行等待，因此，读逻辑只需要将数据从串口缓冲队列通过内存控制器转交给 CPU，而写逻辑只需要将数据从 CPU 通过内存控制器转交给设备驱动硬件接口（注意，这里的读逻辑是对数据和 CPU 之间的关系的一种描述,而不是指用户态通过系统调用读取串口数据。这里的读是指数据进入CPU)。

仔细推敲内存控制器的硬件代码,可以发现其中有负责读写的部分。以读逻辑为例,内存控制器通过将CPU正在访问的地址与现有的注册地址进行比对来判断是对什么设备进行的操作,这时上面注册的设备地址就起到作用了。在判断出操作的设备后,将设备的数据赋予内存控制器作为数据输出。CPU获取这个数据,完成读逻辑。实际上这就是一个多路选择器,根据访问的内存地址进行选择,多路选择器的输入是每个设备的输出,对其进行扩充就是多了一路输入。在这里有对ROM、RAM、PS/2接口等的读取,需要增加对串口的支持,按照上述逻辑在这个多路选择器里注册串口的数据地址以及串口的状态字地址即可。写逻辑的原理与读逻辑非常接近,对负责写逻辑的多路选择器进行扩充即可。在写逻辑里没有状态字地址,只有数据地址,扩充相对容易。

第 10 章　实验 10：设备驱动方式蓝牙小车应用实现

10.1　实验目的

本实验将采用设备驱动方式实现一个简单的蓝牙小车应用系统。

在实验 8 和实验 9 中，完成了蓝牙小车的蓝牙模块和电动机驱动模块的驱动程序并通过简单的应用程序进行了测试。在本实验中，将修改内核代码，使得通过类似/dev/stdout 的路径能够访问设备文件，也就是在 SFS 层添加设备文件节点，同时利用 Hos-mips 提供的添加设备驱动程序的机制添加蓝牙设备和电动机驱动板的驱动程序，并且在 dev 目录下创建相应的节点。

在本实验中，将完成以下工作：

(1) 在 Hos-mips 操作系统中实现在 SFS 层添加设备文件节点，实现 mknod 系统调用，并进行测试。

(2) 在 Hos-mips 操作系统中添加设备驱动程序，并重新编译 Hos-mips 内核。

(3) 编写并测试蓝牙模块和电动机驱动模块的驱动程序。

(4) 以设备驱动方式实现蓝牙小车应用，并进行测试。

10.2　实验内容

10.2.1　在 SFS 层添加设备文件节点

本节主要对以下 3 个文件进行更改：/kernel/fs/sfs/sfs_inode.c、/kernel/include/fs/sfs.h 以及/kernel/fs/devs/dev.c。

要添加代表设备的节点，就必须有代表该设备的 file type 值，因此，首先在 sfs.h 中新增了 SFS_TYPE_DEVICE 类型，并为其赋予一个特殊的值。接着要做的就是在磁盘索引节点 sfs_disk_inode 中添加设备文件的数据结构，因此新增了记录设备主次设备号的 dev_index 结构体并将其添加进索引节点中的 union 结构体中，这样，磁盘索引节点中就有了代表设备文件的类型了。也就是说，Hos-mips 除了支持普通文件、链接文件以及目录文件外，现在还可以支持设备文件了。但是，仅有磁盘索引节点还远远不够，还需要完善新增磁盘索引节点对应的操作函数，同时将其值赋给 inode_ops 结构体中的文件操作函数，只有这样，设备文件才能像其他文件一样向上提供一个统一的函数访问接口。

此时要做的就是在 sfs_inode.c 中完成上述工作。首先，增加声明 static const struct inode_ops sfs_node_devops，它声明了设备文件节点的函数访问接口。其次，分别编写 sfs_opendev()、sfs_closedev()、sfs_devread()、sfs_devwrite()、sfs_devfstat()、sfs_devioctl()、sfs_devgettype()、sfs_devtryseek()、sfs_devlookup()等函数，它们就是设备文件所对应的文件操作函数。最后，在 sfs_node_devops 内完成赋值。至此，设备文件节点的函数访问接口

就完成了。

但是,由于设备文件节点是在 dev 目录下统一管理的,为了便于在该目录下创建设备文件节点,参考 mknod 系统调用在 Linux 中的实现原理,对目录节点的操作函数访问接口作了改变,新增了 sfs_mknod_nolock()以及 sfs_mknod()函数,用来在指定目录下新建设备文件节点。其中,前者被后者调用。sfs_mknod()函数的流程如图 10-1 所示,它完成的主要工作就是取出 VFS 层 inode 中代表 SFS 层文件的 sfs_inode 节点。sfs_mknod_nolock()函数的主要工作是利用 SFS 层中已有的操作函数在 SFS 层创建一个设备文件节点。

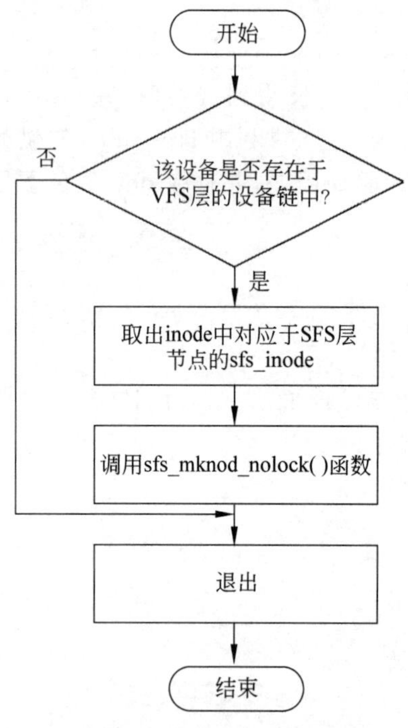

图 10-1　sfs_mknod()函数的流程

在 sfs_mknod_nolock()函数的执行过程中,会依次调用 SFS 层中的操作函数 sfs_dirent_search_nolock()、sfs_dirent_create_inode()以及 sfs_dirent_link_nolock()。sfs_dirent_search_nolock()是 SFS 层中常用的查找函数,它在目录下查找指定的名称,并且返回相应的搜索结果(文件或文件夹)的 inode 的编号(也是磁盘编号)和相应的 entry 在该目录下的编号以及该目录下的数据页是否有空闲的 entry。sfs_dirent_create_inode()函数负责创建设备文件对应的磁盘索引节点 sfs_disk_inode,并进一步初始化其对应的 sfs_inode,最后将 sfs_inode 与 VFS 层的 inode 链接。sfs_dirent_link_nolock()函数负责创建 dev 目录下的设备文件节点与目录文件节点之间的链接。当完成了这些工作后,该设备文件节点就和普通文件节点一样,可以通过 SFS 层提供的统一接口函数访问。

接着,还需在 sfs_node_devops 中新增一行赋值代码:vop_mknod=sfs_mknod,这样,当用户在 dev 目录下创建设备文件节点时,就会自动转到目录节点对应的操作函数 sfs_mknod()函数来执行。当然,仅完成这些还不够,在 dev.c 中也需要作出改变。

在添加具体的设备驱动程序时,将通过 dev_make_sfs_inode()函数在 SFS 层添加该设备文件的磁盘节点,在这个函数执行过程中调用了 vop_mknod(dir, devname, index, &node)函数,它会进一步调用 sfs_mknod()函数,这样对 SFS 层所作的改变就联系在一起了。

10.2.2　添加设备驱动接口

Hos-mips 操作系统提供了添加设备驱动程序的机制,但是却并不是常见的模块化机制,而是通过内核中提供的接口函数手动将新的设备驱动程序添加进内核,并重新编译内核。手动添加设备驱动程序所涉及的两个函数分别是 dev_init_devicename()和 dev_init_sfs_inode_devicename()。前者负责为新的设备驱动程序创建 VFS 层节点,并将其添加进 Hos-mips 中负责登记所有设备的双向设备链表 vfs_dev_t 中;后者则负责在 SFS 层为新设备添加文件节点 inode。因为目前只在设备驱动层有这些函数，还没有向内核登记这些初始化函数，所以最后还需要向上层的设备文件层提供这些函数，这样才完成了在内核中添加设备驱动程序的工作。在 Hos_mips 中添加设备驱动程序的流程如图 10-2 所示。

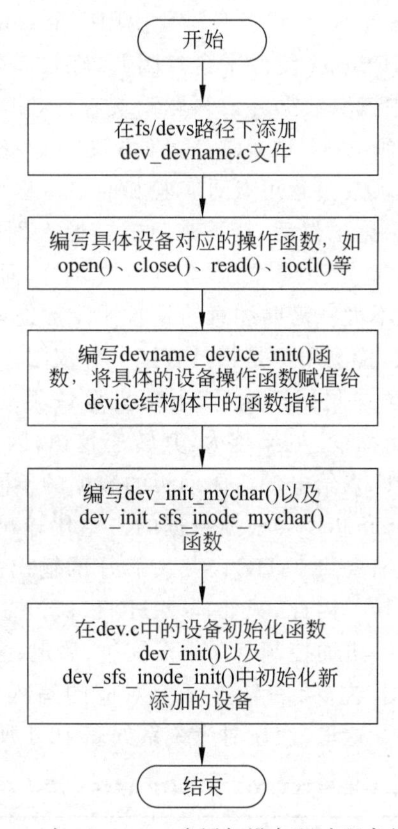

图 10-2　在 Hos-mips 中添加设备驱动程序的流程

10.2.3　添加蓝牙模块和电动机驱动模块的驱动程序

从实验 9 中可以了解到，蓝牙模块采用串口实现，所以需要在内核头文件/kernel/include/arch.h 中注册蓝牙模块（串口）的分配地址，具体实现如下：

```
#define BT_UART_BASE     0xB0500000
#define rbr 0 * 4
#define ier 1 * 4
#define fcr 2 * 4
#define lcr 3 * 4
#define mcr 4 * 4
#define lsr 5 * 4
#define msr 6 * 4
#define scr 7 * 4
#define thr rbr
#define iir fcr
```

```
#define dll rbr
#define dlm ier
```

注册蓝牙硬件模块地址后，就需要在/kernel/fs/devs目录中设计相应的设备驱动程序了。实验8和实验9可以了解到，蓝牙设备只需要使用一个sout口，通过它读取来自手机的蓝牙控制信号并将其输入MIPSfpga硬件平台。因此，在设备驱动程序中要做的就是从蓝牙模块(串口)的接收缓存区中读取数据并放入驱动缓存区(bluetooth_buffer)中。但是，要访问蓝牙模块(串口)，就必须按照UART通信协议初始化蓝牙设备，这里通过init_bluetooth()函数来完成，具体实现过程可参看实验2的串口程序。

完成蓝牙模块(串口)初始化工作后，接下来只需按照上面介绍的添加设备驱动程序的流程完成蓝牙设备对应的open()、close()、ioctl()函数即可，而这些函数可以参考dev.c中已有的代码来编写，所以难度不大。需要注意的是蓝牙设备是只读设备，因此调用open()函数时需要传入open_flag参数，检测用户是否具有读文件权限。

添加完蓝牙设备驱动程序并测试正确后，电动机设备驱动程序的实现就比较容易了。电动机的转速根据电流的大小而变，电流越大，其转速越快，因此采用PWM来控制电动机的转速。通过PWM控制CPU发给电动机驱动板的数据的不同占空比来控制电流的大小，电动机驱动板中的74HCT595N芯片会根据数据的占空比输出不同大小的电流，最终实现对电动机转速的控制。同时，需要将74HCT595N芯片的输出接到4个直流电机的8个引脚，分别控制电动机正转和反转。因此，只要向74HCT595N芯片寄存器输入8位的值，就能控制4个电动机正转和反转，进而控制蓝牙小车前进、后退、左转、右转。

因此，必须了解前进、后退、左转、右转这4个对应的写入74HCT595N芯片寄存器的值，这个值经过测试可以得到。这里，假设对应关系如表10-1所示。

表10-1　4个操作对应的写入74HCT595N芯片寄存器的值

操作名称	写入74HCT595N芯片寄存器的值
前进	0x2E
后退	0xD1
左转	0x9C
右转	0x63

接着，在内核头文件/kernel/include/arch.h中注册为电动机驱动模块分配的地址，具体如下：

```
#define CAR_DIR         0xB0700000
#define PWM_B_R_BASE    0xB0C00000
#define PWM_F_L_BASE    0xB0D00000
#define PWM_F_R_BASE    0xB0E00000
#define PWM_B_L_BASE    0xB0F00000
```

注册电动机驱动模块地址后，就需要在/kernel/fs/devs目录中设计相应设备了。需要向电动机驱动设备写入两个数据：一个用于控制小车的速度，即PWM控制信号；另一个用于控制小车各个轮的正转和反转，即74HCT595N芯片寄存器的值。为此，编写writecar()函数来完成这个任务。

添加了writecar()函数之后，同样，只需按照上面介绍的添加设备驱动程序的流程完成电动机驱动设备对应的open()、close()、ioctl()函数即可。需要注意的是电动机驱动设备是只写设备，因此调用open()函数时需要传入open_flag参数，以检测用户是否具有写文件权限。

10.2.4　蓝牙小车应用程序

在完成了蓝牙模块和电动机驱动模块这两个设备的驱动程序之后，还需要实现蓝牙小车的应用程序，即从蓝牙获取手机向MIPSfpga硬件平台发送的控制信息，根据控制信息对电动机驱动板进行控制，使得蓝牙小车按照控制要求运行。首先需要做的就是在/user/user-ucore目录下添加蓝牙小车应用程序所需的文件testcar.c。接着还需要修改Hos-mips源代码根目录下的Makefile.config文件，在USER_APPLIST：=…一行后增加新添的应用程序的名字，即testcar。最后重新编译Hos-mips操作系统内核，这样蓝牙小车的应用程序开发就完成了。

10.3　实验背景及原理

10.3.1　Linux设备驱动概述

Linux和Windows是目前市面上使用最广泛的，也是大家最熟悉的两个操作系统，它们都支持设备驱动，只是支持方式各有不同。因为Hos-mips操作系统内核与Linux类似，故本节只对Linux的设备驱动进行概述。

Linux是支持POSIX的类UNIX系统，所以Linux在设备驱动方面沿用了与UNIX设备处理类似的架构，即所有的设备都被看作一个从用户角度看来跟普通文件一样的文件节点。这样，设备就被纳入了文件系统的范畴，可以被应用程序以与设备无关的形式访问，可以像普通文件一样通过文件I/O操作实现面向设备的操作。因此，Linux的设备驱动具有以下特点：

(1) 文件系统中有一个或多个设备文件，即用节点代表每一个设备时都有文件名，一个设备文件能唯一确定一个设备。

(2) 上层应用可以像访问普通文件一样直接用设备文件名访问某个设备，并且设备文件也同文件系统中的普通文件一样，受到访问权限机制的保护。

(3) 当应用程序需要与特定设备通信，即准备与之建立连接时，通常会使用open()函数打开对应的设备。对应设备在文件系统中的节点包含了建立连接需要的相关信息。这个与特定设备建立连接的过程在进程看来就是打开了一个文件。

(4) 进程与设备建立连接(即打开了对应的设备文件)后，就可以通过标准库提供的操作文件的接口，如read()、write()、fstat()，对设备进行操作。

(5) 对于应用程序而言，设备文件被看作一个线性空间。内核负责提供从这个线性空间到设备物理空间的映射,从而将文件操作与设备驱动分开。

与很多操作系统一样,Linux将设备分为两类:

(1) 可随机访问,以数据块(block)为单位进行I/O操作的块设备。

(2) 顺序访问,以字符(字节)为单位进行I/O操作的字符设备。

文件系统通常建立在块设备之上。但经过多年发展,上述两类设备的界限逐渐模糊,出现了如网络接口这样兼具块设备和字符设备特点的设备。现在,块设备一般只用来表示以数据块为单位进行I/O操作,并且会在其上建立常规文件系统的设备。

Linux使用主次设备号来标识设备,也就是10.2.1节提到的应用程序与目标设备建立连接时节点中包含的信息之一(还有一个信息是设备文件的类型)。主设备号用于索引驱动程序,次设备号则用于索引同类设备。Linux中的主设备号有8位,这意味着块设备和字符设备的种类最多有256(2^8)种;次设备号也有8位,因此应用程序可以访问65 536(2^{16})个设备。Linux通常会把所有代表设备的文件节点放在磁盘根目录下名为dev的目录中。设备文件节点比较特殊,它在磁盘上仅占一个索引节点,不与存放数据的记录块相联系。

在给一个设备编写好驱动程序后,如何将其装入内核设备驱动层也是一个重要的问题。如果将其静态地链接到内核中,不但会让内核体积过大,而且无法扩展。因此,需要能够动态地将驱动程序链接到内核中的机制,既要能在多用户多进程环境下动态安装驱动程序,又要能保证内核不受破坏。Linux采用了可安装模块的机制。可安装模块实际上就是尚未链接的目标文件,可在系统运行时由用户或操作系统管理员动态地安装到内核中;已安装到内核中的模块也可被移除。这样就给予了内核极大的灵活性。动态安装有两种方式:一是由内核在需要一个模块时自动启动该模块;二是由拥有管理员权限的用户直接安装模块。设备驱动程序正是通过可安装模块机制实现动态安装的。

10.3.2 Hos-mips标准输入输出设备

在fs/devs目录下有一些已经实现的关键的设备驱动程序,包括空设备(null)、标准输入(stdin)、标准输出(stdout)、默认磁盘(disk0)等。本节对标准输入设备(stdin)和标准输出设备(stdout)的实现进行简要说明。

1. stdin设备文件

stdin实际上就是键盘输入,它对device结构体做了如下初始化:因为是字符设备,故d_block成员被赋值为0,d_blocksize成员被赋值为1;然后将访问操作的实现函数指针赋值给device中的对应成员;再初始化用于描述缓冲区的读写位置的两个变量;最后初始化一个等待队列,它用于等待缓冲区。

stdin是只读文件,因此其open操作将检查open_flags参数,如果其值为O_RDONLY外的其他值,均返回E_INVAL错误。stdin只进行读操作,否则返回错误;读操作的实现在dev_stdin_read()函数中,键盘缓冲区stdin_buffer用于存放从键盘输入的字符。

与其他驱动程序不同的是,该驱动程序定义了外部调用接口,即dev_stdin_write()函数,用于写入字符到键盘缓冲区stdin_buffer,它会在操作系统的键盘中断触发时被调用。

2. stdout设备文件

stdout实际上就是输出到console设备(目前仅实现了串口)。它对device结构体的初始化工作与 stdin 相同，只是没有缓冲区的初始化工作。其设备操作的实现也非常简单，主要是 I/O 操作，它调用 cputchar()函数将 iobuf 的数据逐字符输出到串口。

10.3.3 主要数据结构

首先需要设计的是表示设备的 device 结构体，它包含具体设备的一些信息，其中包括设备操作的函数指针。device 结构体的成员如表 10-2 所示。

表 10-2 device 结构体的成员

成员	描述
d_blocks	表示设备占用数据块的个数
d_blocksize	表示设备数据块的大小
d_open	打开设备操作的函数指针，参数列表为一个指向 device 结构体的指针和文件打开标志位 open_flags
d_close	关闭设备操作的函数指针，参数列表为一个指向 device 结构体的指针
d_io	读写设备操作的函数指针，参数列表为一个指向 device 结构体的指针、一个指向缓冲区结构体 iobuf 的指针以及一个 bool 值(用于区分读写)
d_ioctl	通过 ioctl 的方式控制设备操作的函数指针，参数列表为一个指向 device 结构体的指针、一个整型变量(表示要执行的操作)以及一个指向数据区的 void 型指针

如表 10-2 所示，通过 device 结构体，块设备和字符设备的表示就获得了支持，即通过 d_blocks 成员(设备占用的数据块个数，字符设备为 0)和 d_blocksize 成员(设备数据块的大小，字符设备为 1)。device 结构体含有 4 个基本操作的指针，编写设备驱动程序时，只需将合适的实现赋给该指针即可。有了 device 结构体，设备的基本信息就得以保存。如果需要扩展设备的信息，如增加设备操作指针，也可以很方便地修改。device 结构体的定义在 include/fs/dev.h 中，同时还定义了 4 个宏操作 dop_oepn、dop_close、dop_io 和 dop_ioctl，它们分别接收一个 device 结构体的指针和设备操作需要的参数，这样就提供了更便利的执行设备操作的接口。

device 结构体并没有与文件系统相关联，即未将上述信息加入 inode 中，因此需要修改 inode 结构体的定义。inode 结构体的定义在 include/fs/inode.h 中。inode 结构体需要修改的字段如下：

(1) in_type。一个枚举类型的成员，用于表示该 inode 所属的文件系统类型。为了支持在 inode 中加入设备的相关信息，in_type 需要新增一个枚举成员 inode_type_device_info，以表示该 inode 是设备节点。

(2) in_info。一个联合体类型的成员，它保存与 in_type 相对应的文件系统类型的 inode 信息。device 结构体保存为这个变量，即在 in_info 中增加一个 device 结构体类型的成员_ _device_info。

从代表设备的 inode 获取设备信息(即 device 结构体)时，也可直接通过 vop_info 宏进行操作，该宏会检查 in_type 是否与 in_info 相匹配。

接下来考虑所有设备的信息，即 device 结构体的所有实例。这些实例需要通过某种形式组织起来,以便查找设备时使用。因此,这里定义了一个设备链表(一个双向循环链表),将所有设备信息以链表形式组织起来。因为要将 device 信息加入虚拟文件系统层的 inode 而不是具体文件系统层的文件节点,所以还需要定义一个结构体,将设备对应的 inode 与设备相关信息绑定在一起,作为设备链表的一个元素。这个结构体就是 vfs_dev_t,其成员如表 10-3 所示。

表 10-3　vfs_dev_t 结构体的成员

成　　员	描　　述
devname	表示设备的名称
minorindex	表示设备的索引号,即设备号
devnode	表示设备对应的 inode,它是该结构体的关键,通过它来获取设备的信息(device 结构体)
fs	表示设备对应的文件系统
mountable	表示设备是否可挂载,这是一个 bool 型变量,在初始化的时候赋值。如果 fs 成员需要被赋值,则设备必须是可挂载的,即 moubtable 成员的值应为 true
vdev_link	用于实现双向循环链表的节点。hos-mips 中定义了一个通用的双向循环链表,这个成员依照定义加入

通过将 vfs_dev_t 结构体的实例组织成链表,并定义一系列查找等操作的函数,就能通过设备号获得对应的 inode 及设备信息,这样设备信息就与对应的 inode 绑定在一起了。

vfs_dev_t 结构体中虽然有 minorindex 成员,但是它定义为设备号。要实现对主次设备号的支持,需要使用十字链表组织设备信息,即定义一个以主设备号作为标识的结构体,其中包含同一主设备号的所有设备组成的链表,即 vfs_dev_t 类型的链表。该结构体为 vfs_dev_major,其成员如表 10-4 所示。

表 10-4　vfs_dev_major 结构体的成员

成　　员	描　　述
index	表示主设备链的索引号,即主设备号
vdev_list	主设备所包含的设备链表,即同一主设备号的所有设备组成的链表,这是用 Hos-mips 中通用的双向循环链表实现的链表
vdev_major_link	用于实现双向循环链表的节点。Hos-mips 中定义了一个通用的双向循环链表,这个成员依照定义加入

vfs_dev_t 结构体和 vfs_dev_major 结构体都定义在 fs/vfs/vfsdev.c 中,其中 vfs_dev_major 的链表头静态变量也定义在该文件中。

10.3.4　虚拟文件系统层

虚拟文件系统(VFS)层查找操作的接口是 vfs_lookup()和 vfs_lookup_parent()函数。vfs_lookup()函数用于查找与文件名对应的 VFS 层 inode,它接收一个路径参数和一个存放结果 inode 的指针;vfs_lookup_parent()函数用于查找路径所在目录的 VFS 层 inode,它接收一个路径参数，一个存放结果目录 inode 的指针以及一个存放路径中最后一级文件名的指针。这两个函数都是通过调用对应的具体文件系统层的宏，即通过 vop 系列宏得到对应的 inode。因此，其实现思路是：分别在调用这两个函数转到具体文件系统层的宏之前，就在设备链表中查找，当传入的路径参数是一个设备的时候，则作相应处理并返回适当的 inode，如返回设备根目录的 inode 或传入的路径参数对应的 inode。在设备链表中查找设备的一系列操作可以实现为一个函数供 vfs_lookup()和 vfs_lookup_parent()函数分别调用，该函数为 get_device()，定义在 fs/vfs/vfs_lookup.c 中。get_device()函数原型如下：

```
int get_device(char * path, char **subpath, struct inode **node_store);
```

get_device()函数的作用是：根据传入的路径获得这个路径所在起始目录的 inode；如果该路径中包含设备信息，则在设备链表中查找相应的设备，然后获得该路径去掉设备信息后剩余的子路径所在起始目录的 inode。该函数有 3 个参数：path 参数，用于传入要查找的设备的全路径；subpath 参数，用于存放将 path 参数中的设备信息去掉之后剩余的子路径；node_store 参数，用于存放查找结果的 inode。

为了便于查找的实现，将设备的打开形式定义为 device:path，即扩展了传统 UNIX 路径。该形式的前半部分表示要打开的设备名，后半部分则是原来的路径，两者通过冒号(:)分隔，表示 device 设备中的 path 路径。在这种扩展路径下，传统的 UNIX 路径则被当成默认情况，即将某个挂载了文件系统的设备设置为默认设备。如果路径中没有指定设备，就转为默认设备的路径，这就是启动文件系统 bootfs。相关的实现在 vfs.c 中。这里需要对操作系统的进程管理做一些修改：在 init 进程对应的进程执行体 init_main 中调用 vfs_set_bootfs()函数，将默认磁盘 disk0 挂载的文件系统设置为 bootfs。

定义了路径扩展后，get_device()函数的实现流程为：对传入的路径字符串进行遍历，查找是否有冒号分隔符，如果没有则查找第一个/的位置。遍历完路径之后，分 4 种情况进行处理：

(1) 没有冒号分隔符，并且第一个/不出现在路径的第一个字符位置。这表示这个路径是相对路径，则子路径(subpath)还是原来的路径(path)，调用 vfs_get_curdir()函数获得当前进程所在目录的 inode。

(2) 出现了冒号分隔符，并且冒号不出现在路径第一个字符位置。此时路径分隔为两部分：冒号前为设备名，冒号后为子路径。在这种情况下，获得前半部分设备名对应的设备根目录的 inode(如果该设备挂载了文件系统)，它是表示该设备入口的 inode，也就是代表这个设备的 inode。

(3) 没有冒号分隔符，并且第一个/出现在路径的第一个字符位置。这表示这个路径是绝对路径，即启动文件系统根目录的相对路径。在这种情况下，调用 vfs_get_bootfs()函数来获取启动文件系统的根目录的 inode。

(4) 冒号分隔符出现在路径第一个字符位置。这表示这个路径是当前目录所对应的设备的文件系统的相对路径，因此先调用 vfs_get_curdir()函数获得当前进程所在目录的 inode，然后通过 inode 的 in_fs 成员得到相应设备的文件系统，最后通过文件系统定义的宏 fsop_get_root 来调用与虚拟文件系统结构体对应的获取根目录的函数，得到该文件系统根目录的 inode。

通过以上的四种情况，get_device()函数得以实现获得传入路径所对应的设备起始目录的 inode，其后则是 vfs_lookup()和 vfs_lookup_parent()函数的逻辑，根据取得的 inode 调用其具体文件系统的查找函数获得最终路径对应的文件的 inode。例如，如果是普通文件，其具体文件系统在 Hos-mips 中是 SFS，则会调用 sfs_lookup()函数。

剩下的一个问题是：在获得设备对应的 inode 之后，如何使得宏 vop_lookup 或 vop_lookup_parent 对设备 inode 的调用能够转到在设备驱动程序中实现的设备操作函数。为了遵循抽象以及封装的原则，同时也为了简化实现驱动程序的流程，不能使驱动程序直接与虚拟文件接口层相接触；或者说，为了实现设备驱动程序而对 vop_lookup、vop_lookup_parent 这两个宏，甚至 VFS 层定义的 file_operations 的抽象函数指针数组作特殊的更改，会破坏整个文件系统的封装和层次性，造成后续维护和新增功能的不便。这个问题的解决方案是：提供一个间接调用设备操作函数的包装，即 file_operations 数组，在这个数组中，设备需要实现的函数指针指向的函数实现是已经编写好的，这些函数会从 inode 中取出。

由 10.3.3 节介绍的 device 结构体可知，在获得了设备具体信息后，device 结构体中存放了设备驱动程序中实现的设备操作的函数指针。这样，这些包装函数就能将文件操作转到驱动程序的设备操作函数，而无须对原来的 VFS 层做任何修改。这些包装函数和设备 inode 的 file_operations 数组被定义在 fs/dev/dev.c 中，目前它实现了 open()、close()、read()、write()、fstat()、ioctl()、gettype()、tryseek()和 lookup()等函数。

10.3.5 驱动接口

操作系统的驱动接口的实现如表 10-5 所示。

表 10-5 驱动接口的实现

函数原型	说明
void vfs_cleanup(void)	遍历所有设备，如果其挂载了文件系统，对其执行 cleanup 操作
int vfs_sync(void)	遍历所有设备，如果其挂载了文件系统，对其执行 sync 操作
int vfs_get_root(const char *, struct inode **)	根据设备名字符串查找设备，并获得该设备挂载的文件系统的根目录 inode 或设备对应的 inode
const char * vfs_get_devname(struct fs *)	根据传入的虚拟文件系统查找挂载的设备名称
int vfs_get_devnode(struct dev_index, struct inode **)	根据设备号获得设备对应的 inode
int vfs_add_dev(struct dev_index, const char *, struct inode *, bool)	将一个新设备加入设备链表，需要传入设备号、设备名称、设备对应的 inode 以及设备是否可挂载
int vfs_add_fs(struct dev_index, const char *, struct fs *)	将一个文件系统加入设备链表，这个文件系统不依赖于实体设备，如 emufs 或网络文件系统
struct dev_index vfs_register_dev(unsigned int, const char *)	注册设备，传入主设备号及设备名，获得填入了正确的次设备号的完整设备号。必须在新设备加入设备链表之前调用该函数

续表

函数原型	说　明
int vfs_mount(const char * , int (*)(struct device * dev, struct fs ** fs_store))	利用传入的函数指针挂载一个设备的文件系统，通过设备名在设备链表中查找设备
int vfs_unmount(const char *)	取消挂载一个设备的文件系统，通过设备名在设备链表中查找设备。取消挂载前会首先调用文件系统的同步操作
int vfs_unmount_all(void)	对设备链表中所有挂载了文件系统的设备执行取消挂载的操作

在表10-5中列出的驱动接口实现中，有几个重要接口的实现需要单独说明。

vfs_get_root()函数会被10.3.4节中提到的get_device()函数调用，即get_device()函数需要调用vfs_get_root()函数对传入路径参数的第二种情况（出现了冒号分隔符，并且冒号不出现在路径第一个字符的位置）进行处理。在这种情况下，路径中的设备名会被分离出来，然后传给vfs_get_root()函数。vfs_get_root()函数会遍历所有设备，当找到对应的设备之后，会判断该设备是否已挂载到文件系统中。如果是，则对设备挂载的虚拟文件系统结构体执行get_root操作，获得其根目录；否则返回该设备本身的inode。

vfs_register_dev()和vfs_add_dev()这两个函数都是暴露给驱动程序编写者的。驱动程序编写者需要在驱动程序的初始化函数中首先调用vfs_register_dev()函数来注册设备，确定设备的主设备号。该函数会查找对应主设备号的vfs_dev_major结构体是否已创建。如果未创建，则会创建vfs_dev_major结构体，并将设备加入vfs_dev_major结构体链表，然后返回该vfs_dev_major结构体的次设备链表的最近一个可用的次设备号，组合成dev_index结构体并将其返回。注册好结构体后，将其传入vfs_add_dev()函数，该函数会检查设备名是否唯一，并为其分配vfs_dev_t结构体，将其初始化后挂到对应设备号的设备链表中。

第11章 实例：自启动蓝牙小车的实现

11.1 概述

前面通过10个实验详细介绍了手机蓝牙控制的小车的设计与实现过程。本章将给出一个具体的实例，读者通过这个实例学习如何实现一个具有自启动功能的蓝牙小车，从而为自主开发具有挑战度和创新性的蓝牙小车奠定基础。

11.2 设计目标

在具备基本手机控制功能的蓝牙小车的基础上，在外设中添加Flash模块，该模块通过AXI4接口与MIPSfpga处理器连接，搭建一个具有Flash存储器的MIPSfpga硬件平台。然后利用该Flash模块存放系统硬件设计的比特流文件和Hos-mips操作系统镜像。此外，再设计一个BootLoader（引导）程序，使系统上电自动加载硬件比特流文件后再自动加载Flash存储器中的操作系统，并引导操作系统启动。

11.3 总体方案

具有自启动功能的蓝牙小车系统的总体方案框架如图11-1所示。在图11-1中，MIPS

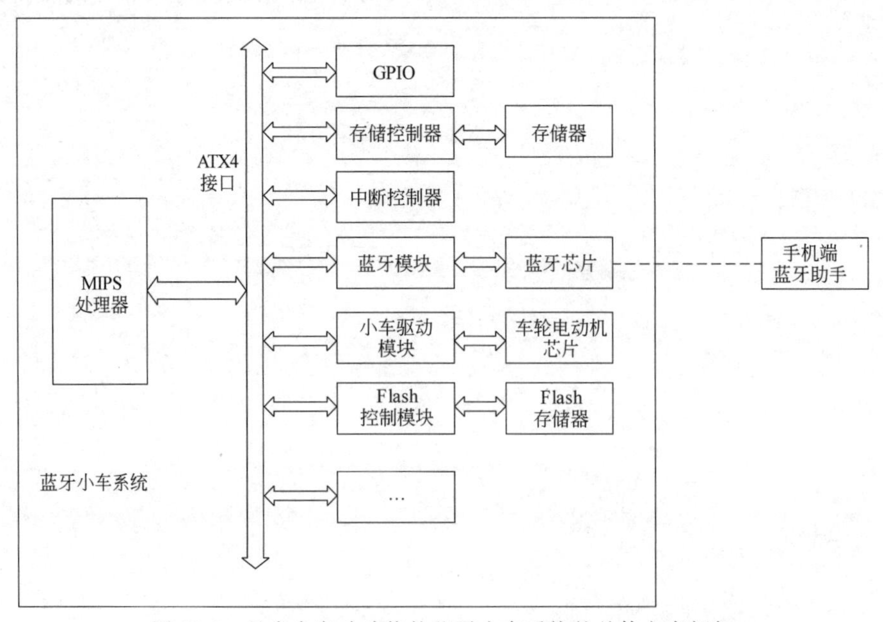

图11-1 具有自启动功能的蓝牙小车系统的总体方案框架

处理器通过 AXI4 总线接口连接外设，共同构成一个完整的计算机系统，并与手机端的蓝牙助手通信。

具有自启动功能的蓝牙小车系统的设计过程总体上分为两个部分：

（1）硬件设计。利用 Vivado 设计套件搭建一个基于 MIPSfpga 硬件平台的硬件系统，并在系统上添加 Flash 存储器及其控制模块。

（2）软件设计。编写蓝牙小车控制应用程序，将其添加到 Hos-mips 操作系统中。重新编译操作系统，获得操作系统镜像，并将编译完成的操作系统存储到 Flash 存储器中。编写 BootLoader 程序，实现操作系统的自动加载。

11.4 设计方法和步骤

具体来说，要完成以下工作：

（1）在 MIPSfpga 硬件平台上添加 SPI 接口的 Flash 控制模块。

（2）设计开发 BootLoader 程序，并用该 BootLoader 程序替换 MIPSfpga 硬件平台 ROM 中固化的初始化程序，即按照 2.2.1 节和 4.2.5 节的方法替换 ram_init.coe 的设计文件。

（3）在 Hos-mips 操作系统中实现一个利用手机蓝牙控制的蓝牙小车应用程序，能实现小车前进、后退、转向等基本功能。读者可以在此基础上完成更加复杂的小车动作，例如加/减速、原地转弯等。

11.5 硬件设计与实现

首先复制实验 8 的工程，并将复制后的工程目录重新命名，然后按照下述步骤开始实验：

（1）启动 Vivado，打开刚才复制并重新命名的工程（因为只修改了该工程的目录名称，因此该工程的名称仍然是原来的名称），然后打开 Block Design。

（2）添加 AXI Quad SPI 模块，然后双击该模块，对其进行配置。

（3）AXI Quad SPI 模块的配置界面如图 11-2 所示。AXI Interface Options 选项使用标准模式，即不要选择 Enable XIP Mode 和 Enable Performance Mode 两个复选框。在 SPI Options 选项组中，Transaction Width（传输宽度）使用默认值 8，Frequency Ratio（频率比）也使用默认值 2，将 Mode（模式）设置为 Quad，将 No. of Slaves（从器件数）设置为 1，将 Slave Device（从器件类型）设置为 Spansion。将 FIFO Depth（FIFO 深度）选项设置为 256，并且选择 Enable STARTUPE2 Primitive 复选框。

（4）将 AXI Quad SPI 模块的 AXI_LITE 端口与系统总线互连结构（AXI Interconnect）的一个 AXI4 主端口（master）相连，将 ext_spi_clk 引脚直接与系统时钟连接，将 s_axi_aclk 和 s_axi_aresetn 分别与对应的系统 aclk 和 aresetn 相连，将 SPI_0 输出端口设置为外部引脚（使用 Make External 命令）。完成连接后的 AXI Quad SPI 模块如图 11-3 所示。

（5）在 Address Editor 中给 AXI Quad SPI 模块分配相应的地址。

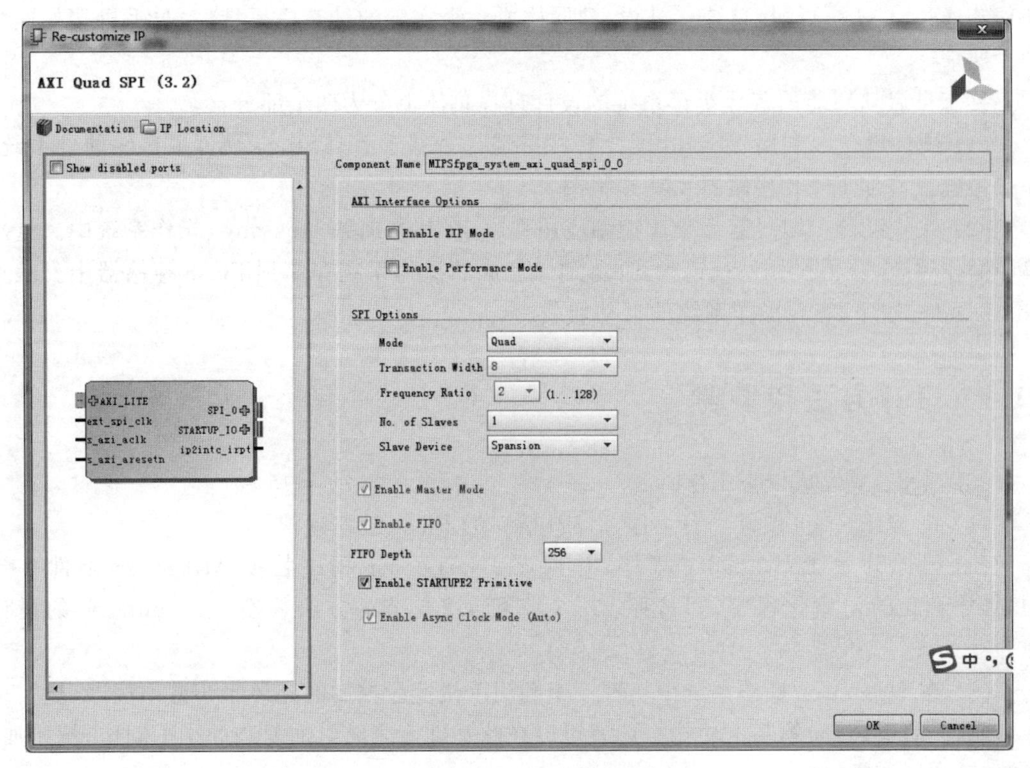

图 11-2　AXI Quad SPI 模块的配置界面

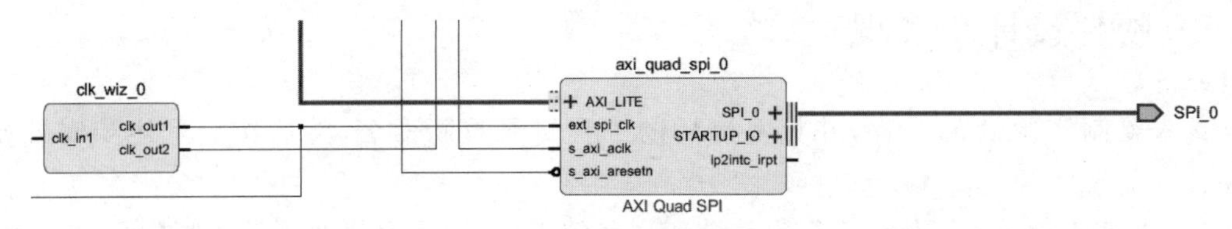

图 11-3　完成连接后的 AXI Quad SPI 模块

(6) 在约束文件中添加相应的引脚，连接基于 SPI 接口的 Flash 芯片，具体如下：

```
set_property -dict { PACKAGE_PIN K17    IOSTANDARD LVCMOS33 } [get_ports { spi_0_io0_io }]; #IO_L1P_T0_D00_MOSI_14 Sch=qspi_dq[0]
set_property -dict { PACKAGE_PIN K18    IOSTANDARD LVCMOS33 } [get_ports { spi_0_io1_io }]; #IO_L1N_T0_D01_DIN_14 Sch=qspi_dq[1]
set_property -dict { PACKAGE_PIN L14    IOSTANDARD LVCMOS33 } [get_ports { spi_0_io2_io }]; #IO_L2P_T0_D02_14 Sch=qspi_dq[2]
set_property -dict { PACKAGE_PIN M14    IOSTANDARD LVCMOS33 } [get_ports { spi_0_io3_io }]; #IO_L2N_T0_D03_14 Sch=qspi_dq[3]
set_property -dict { PACKAGE_PIN L13    IOSTANDARD LVCMOS33 } [get_ports { spi_0_ss_io }]; #IO_L6P_T0_FCS_B_14 Sch=qspi_csn
```

(7) 检查无误后，就可以生成硬件平台的比特流文件了。

11.6 软件设计与实现

11.6.1 开发小车应用程序

用 VSCode 打开 Hos-mips 操作系统源代码，在 Makefile.config 文件中的用户应用列表中添加名为 car 的应用程序，如图 11-4 所示。

```
欢迎使用 × | C syscall.c | ⚙ Makefile.config × | C sh.c | C arch.h
1  UCONFIG_CROSS_COMPILE="mips-sde-elf-"
2  USER_APPLIST:= pwd cat sh ls cp echo mount umount testSleep car # link mkdir rename unlink lsmod insmod
3  export USER_APPLIST
4
```

图 11-4 添加名为 car 的应用程序

在 user/user-ucore 目录下添加 car.c 文件，编写相应的源程序，如图 11-5 所示。

```
欢迎使用 | C syscall.c | ⚙ Makefile.config | C car.c ● | C
1   #include <stdio.h>
2   #include <unistd.h>
3   #include <syscall.h>
4   #define printf(...)                    fprintf(1, __VA_ARGS__)
5   int main(int argc, char const *argv[])
6   {
7       printf("Run the car\n\r");
8       sys_run();
9       return 0;
10  }
11
```

图 11-5 car.c 源程序

这个应用程序涉及一系列控制 I/O 设备的动作。出于安全性方面的考虑，现在的操作系统在 CPU 的配合下，将软件的执行环境分为两个状态，即用户态和核心态。CPU 在这两个状态下分别处于最低特权级和最高特权级。

在 Hos-mips 操作系统中，应用程序是在用户态运行的，而操作系统内核则在核心态运行。如果用户态的应用程序希望执行核心态的特权动作（例如控制 I/O 设备），最简单、直接的方法是通过系统调用来实现。

如图 11-5 所示，上述要求是通过在操作系统中添加系统调用 sys_run()来实现的。在 Hos-mips 操作系统内核中添加系统调用 sys_run()，该系统调用用于进行一系列 I/O 操作，包括与蓝牙设备的通信、对小车模块的控制等。该系统调用的流程如图 11-6 所示。

接下来，就要考虑如何在应用层启动程序，以触发添加的系统调用。这个过程涉及将添加的系统调用加入 Hos-mips 操作系统体系中，具体来说，需要修改以下文件：kern-ucore\include\lib\unistd.h、user\include\unistd.h，在这些文件中添加一个系统调用号，然后在 user\include\syscall.c 中声明一个可以由应用层代码调用的接口。

最后，调用 user\include\syscall.c 中声明的接口，从而完成对添加的系统调用的触发。

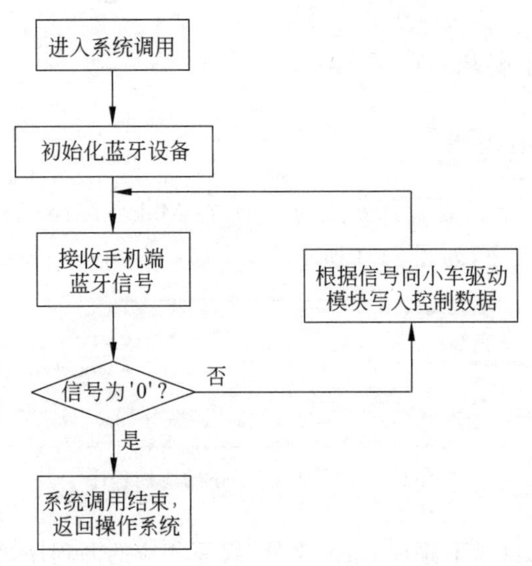

图 11-6　应用程序系统调用的流程

11.6.2　开发 BootLoader 程序

在前面搭建的 MIPSfpga 硬件平台中，仅仅在 BRAM 中放置了一段简单的初始化程序以完成 MIPSfpga 处理器的初始化工作和正常启动。现在系统需要通过使用 Flash 自举方式启动，因此需要在 BRAM 中放置 BootLoader 程序，该程序仍为 BRAM 初始化 coe 文件。BootLoader 程序的范例在 11.9 节中给出，其主要流程如下：

(1) 初始化硬件。

(2) 把操作系统内核镜像文件从 Flash 存储器复制到内存。

(3) 解析操作系统头文件，获取入口地址。

(4) 跳转到操作系统入口地址处，启动操作系统。

11.7　比特流和程序固化

为了实现蓝牙小车的自启动功能，需要将 MIPSfpga 硬件平台比特流文件和 Hos-mips 操作系统先固化到 Flash 存储器中。具体实现步骤如下：

(1) 打开 Vivado，在 Tcl Console 窗口中输入 write_cfgmem 命令，创建用于对 Flash 存储器编程的 download.mcs 文件，具体命令为

```
write_cfgmem -format mcs -interface spix4 -size 16 -loadbit "up 0x0 D://MIPSfpga_system.bit" -loaddata "up 0x00400000 ucore-kernel-initrd" -file D://download.mcs
```

在上面的命令中，-format mcs 指示生成 mcs 格式的文件；spix4 为模式设置选项，这里指示 SPI 总线宽度为 4 位；-size 16 指定 Flash 存储器的大小，单位为 B(16B=128b)；接下来加载 MIPSfpga 硬件平台比特流文件，由-loadbit 选项后的参数定义，从地址 0x00000000 处生成配置比特流；然后加载操作系统数据文件，由-loaddata 选项后的参数定义，从地址

0x0040000 处生成数据文件；最终创建名为 download.mcs 的 Flash 存储器编程文件。

注意：在执行这个命令时，可能出现错误，Tcl Console 窗口显示如图 11-7 所示的 SPI BUSWIDTH 出错信息。这是因为 Vivado 工程默认 SPI 总线宽度为 1 位，但是命令中要求的模式是 4(即 SPI 总线宽度为 4 位)，所以提示 SPI 总线宽度出错信息。此时，要在引脚约束文件中添加下面的约束，将生成的比特流文件的 SPI_BUSWIDTH(总线位宽)更改为 4 位(这样做的好处是能够更快地配置 FPGA，从而有效节省配置时的等待时间)：

```
set_property BITSTREAM.CONFIG.SPI_BUSWIDTH 4 [current_design]
```

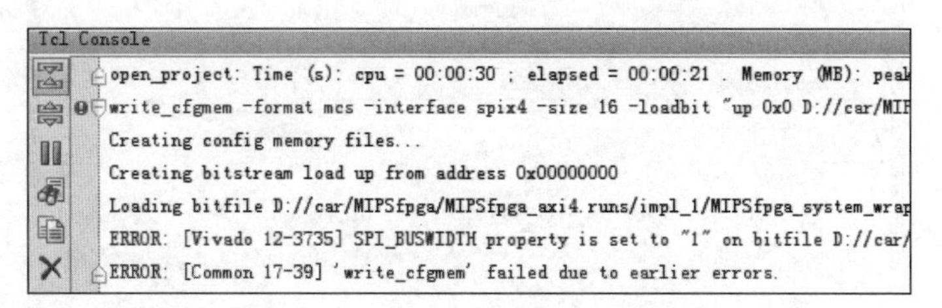

图 11-7 SPI BUSWIDTH 出错信息

如果 Tcl Console 窗口显示如图 11-8 所示的信息，表明 Flash 存储器编程文件创建成功。图 11-8 中还详细地列出了比特流文件和数据文件的起始地址。

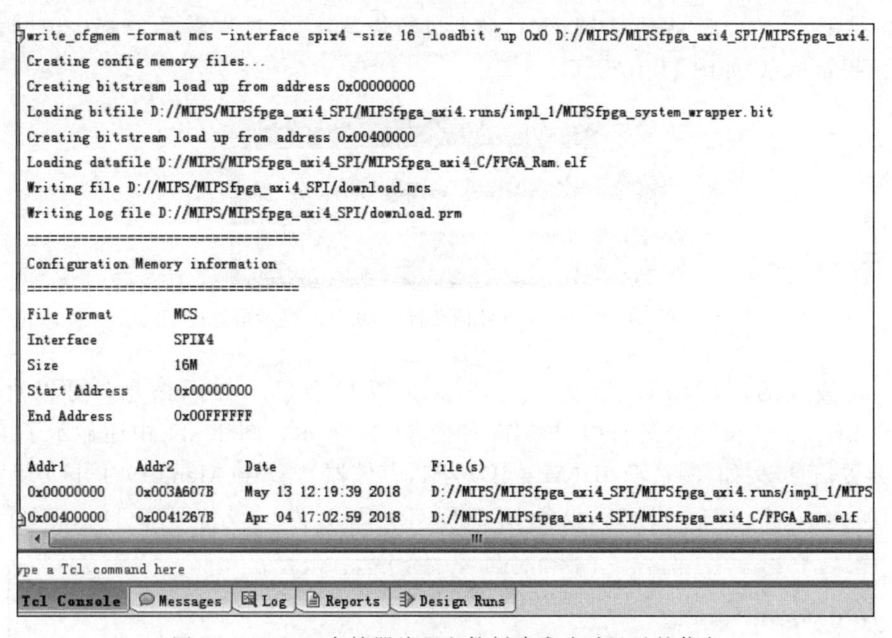

图 11-8 Flash 存储器编程文件创建成功时显示的信息

(2) 用 JTAG 线将 Nexys 4 DDR FPGA 开发板连接到计算机，打开 Vivado 的硬件管理器，识别出器件。然后右击识别出的器件，在弹出的快捷菜单中选择 Add Configuration Memory Device(添加配置存储器设备)命令，打开 Program Configuration Memory Device 对话框，在 Memory Device 下拉列表框中选择 Flash 存储器型号 s25fl128sxxxxxx0-spi-x1_

x2_x4，再选择需要烧写的编程文件(D:/car/MIPSfpga/core.mcs)，然后单击 OK 按钮，如图 11-9 所示。

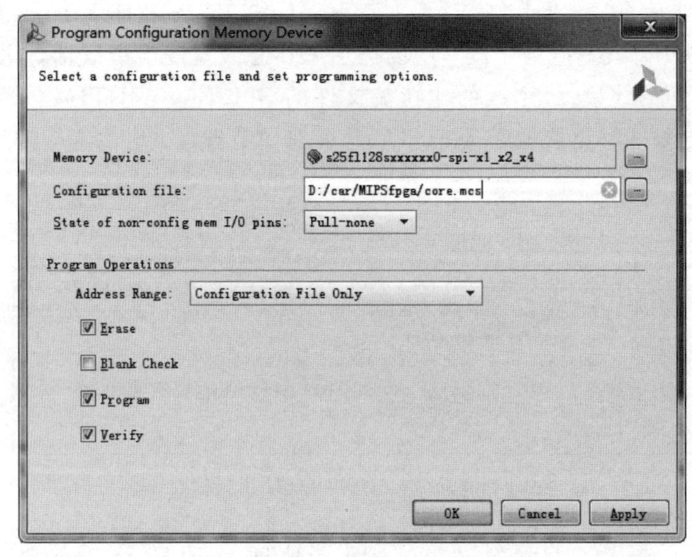

图 11-9　向 Flash 存储器中烧写编程文件

(3) 接下来，Vivado 就会对 Flash 存储器进行烧写，这个过程需要 3～5min。编程成功后会弹出提示信息，如图 11-10 所示。

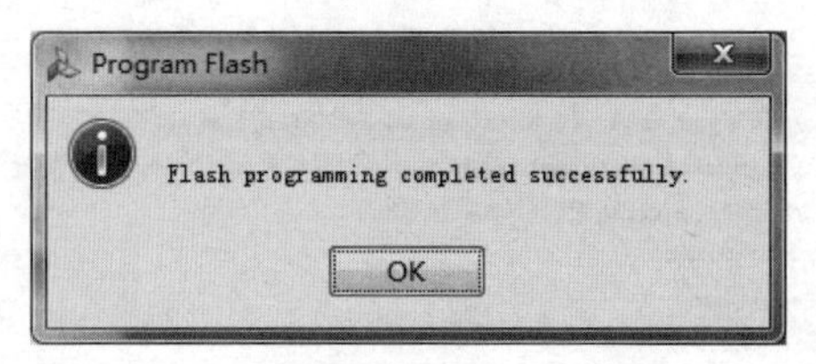

图 11-10　Flash 存储器编程成功时的提示信息

(4) 在编程的同时，Vivado 的 Tcl Console 窗口会显示提示信息。可以直接使用 program_hw_cfgmem 命令进行编程操作，如图 11-11 所示。图 11-11 中还显示了 Flash 存储器的配置信息，例如，制造商 ID(Mfg ID)为 1，存储器类型号(Memory Type)为 20，存储器容量(Memory Capacity)为 18，设备 ID 1(Device ID 1)为 0，设备 ID 2(Device ID 2)为 0。

```
program_hw_cfgmem -hw_cfgmem [get_property PROGRAM.HW_CFGMEM [lindex [get_hw_devices] 0 ]]
Mfg ID : 1   Memory Type : 20   Memory Capacity : 18   Device ID 1 : 0   Device ID 2 : 0
Performing Erase Operation...
Erase Operation successful.
Performing Program and Verify Operations...
Program/Verify Operation successful.
INFO: [Labtoolstcl 44-377] Flash programming completed successfully
program_hw_cfgmem: Time (s): cpu = 00:00:02 ; elapsed = 00:02:33 . Memory (MB): peak = 1321.961 ; gain = 0.000
endgroup
```

图 11-11　编程时 Tcl Console 窗口显示的 Flash 存储器的配置信息

11.8　背景知识及原理

11.8.1　AXI Quad SPI 模块

AXI Quad SPI 模块使得 MIPSfpga 处理器能够通过 AXI4 或 AXI4-Lite 总线接口连接到支持标准双路或四路 SPI 协议指令集的 SPI 从器件，因此，对于支持 SPI 协议接口的 Flash 存储器，可以通过该模块提供访问支持。

AXI Quad SPI 模块的结构如图 11-12 所示。由图 11-12 可知，AXI Quad SPI 模块主要由寄存器组（Register Module）、接收/发送缓冲区（RXFIFO 和 TXFIFO）、时钟域（CDC 块）、AXI4 总线接口（IPIC 接口）、SPI 总线接口和中断控制器（Interrupt Controller）等部件构成。

AXI Quad SPI 模块通过 AXI4 总线接口还是 AXI4-Lite 总线接口接受处理器的控制是由 Vivado 工具的使能性能模式（Enable Performance Mode）来选择的。使用 AXI4-Lite 总线接口时，AXI Quad SPI 模块可选择 3 种工作模式，分别是传统模式（Legacy Mode）、标准 SPI 模式（Standard SPI Mode）和双路/四路 SPI 模式（Dual/Quad SPI Mode）；使用 AXI4 总线接口时，AXI Quad SPI 模块也支持 3 种工作模式，分别是增强模式（Enhanced Mode）、XIP 模式（XIP Mode）和双路/四路 SPI 模式（Dual/Quad SPI Mode）。

表 11-1 列出了传统模式下 AXI Quad SPI 模块的寄存器组，这些寄存器可通过 AXI4-Lite 接口以 32 位的形式进行配置和访问。

表 11-1　传统模式下 AXI Quad SPI 模块的寄存器组

地址空间偏移	寄存器名称	访问类型	默认值	描　述
40H	Software Reset Register	写	N/A	软件复位寄存器
60H	SPI Control Register	读/写	0x180	SPI 控制寄存器
64H	SPI Status Register	读	0x0a5	SPI 状态寄存器
68H	SPI Data Transmit Register	写	0x0	SPI 发送数据寄存器
6CH	SPI Data Receive Register	读	N/A	SPI 接收数据寄存器
70H	SPI Slave Select Register	读/写	0xFFFF（无从器件）	SPI 从器件选择寄存器
74H	SPI Transmit FIFO Occupancy Register	读	0x0	SPI 发送 FIFO 占用寄存器
78H	SPI Receive FIFO Occupancy Register	读	0x0	SPI 接收 FIFO 占用寄存器

关于各个寄存器的详细描述可以参考 Xilinx IP 核产品手册：*LogiCORE IP AXI Quad Serial Peripheral Interface Product Guide*。建议读者使用前先详细了解这些寄存器。

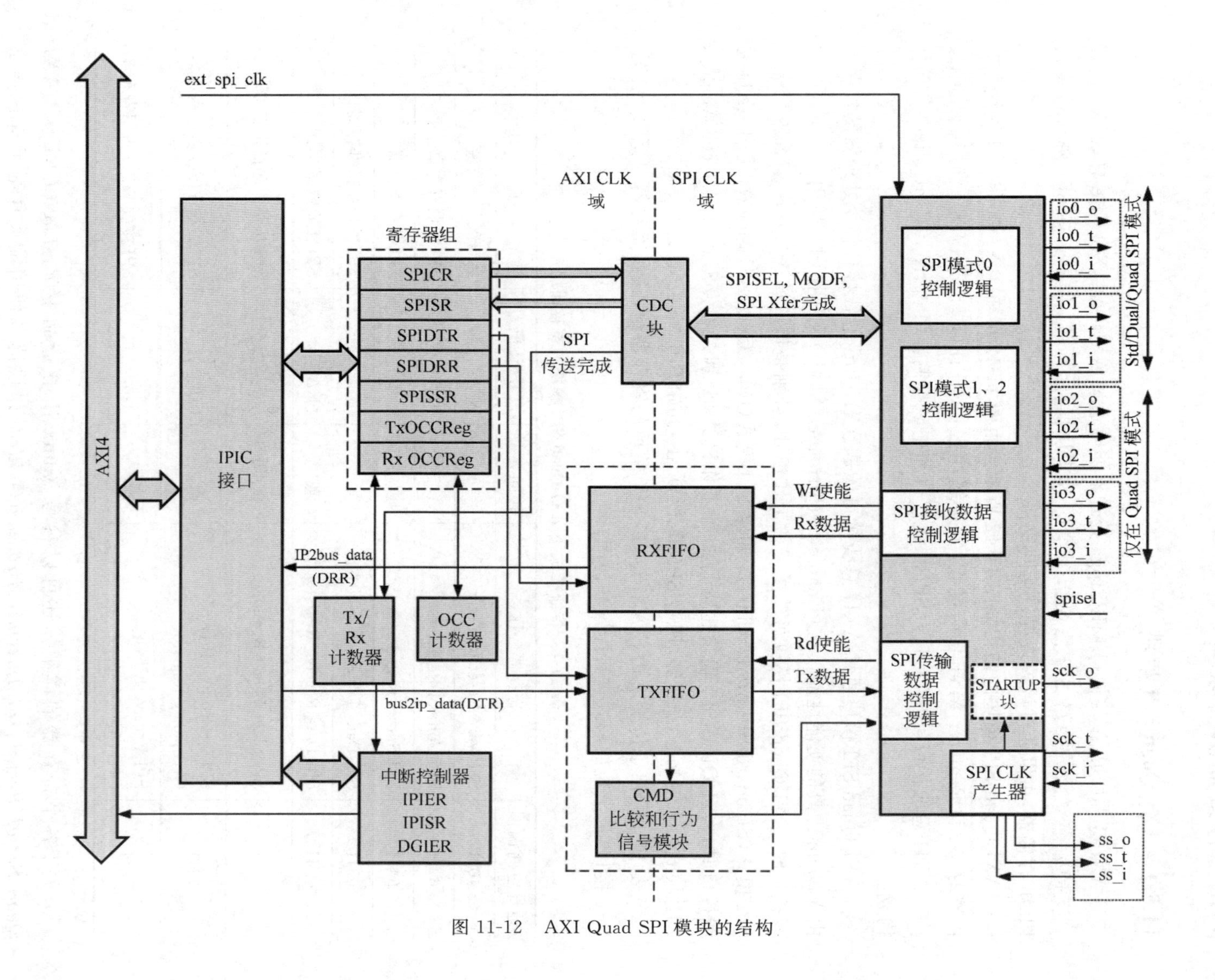

图 11-12　AXI Quad SPI 模块的结构

11.8.2 FPGA 配置

打开电源后，Nexys 4 DDR FPGA 开发板上的 FPGA 必须先烧写比特流文件，即配置 FPGA 后开发板才能执行功能。可以用以下 4 种方式进行 FPGA 配置：

(1) 开发板通过 JTAG 连接编程主机，由编程主机控制随时进行编程。

(2) 将编程文件存储在开发板上的 Flash 存储器中，通过 SPI 接口传输到 FPGA。

(3) 将编程文件存储在 SD 卡上，然后再传送到 FPGA。

(4) 用连接到开发板 USB HID 端口上的 U 盘进行传输。

FPGA 配置数据存储在比特流文件中，比特流文件则被存储在 FPGA 内基于 SRAM 的存储单元中。FPGA 配置数据定义了 FPGA 的逻辑功能和电路连接。当 Nexys 4 DDR FPGA 开发板成功编程后，开发板上的编程完成指示灯会点亮。按下开发板上的 PROG 按钮，FPGA 内的配置将会复位，并通过编程模式跳线选择上述 4 种方式之一重新编程。

由于 Nexys 4 DDR FPGA 开发板上的 FPGA 是易失性的，因此它依靠 Quad-SPI Flash 存储电源切断期间的配置文件。空白 FPGA 作为主设备，在上电时从 Flash 存储器中读取配置文件。为此，需要首先将配置文件下载到 Flash 存储器。在对非易失性的 Flash 存储器进行编程时，一个比特流文件将通过以下两个步骤传输到 Flash 存储器：

(1) 用可对 Flash 存储器进行编程的电路进行编程。

(2) 然后，通过 FPGA 编程电路将数据传输到 Flash 存储器。

这种方法被称为间接编程。Flash 存储器编程完成后，可以在随后的上电或复位事件中自动配置 FPGA。存储在 Flash 存储器中的编程文件将一直保留，直到它们被覆盖。

11.8.3 Quad-SPI Flash 芯片

Nexys4 DDR FPGA 开发板使用 Quad-SPI Flash 芯片存放需要在断电期间保存的配置文件。Quad-SPI Flash 芯片内部用于存放数据的部分叫作闪存存储阵列(Flash memory array)，它包含 3 个地址空间。大部分命令在主闪存存储阵列上执行，还有的命令在其他地址空间上运行。这些地址空间使用完整的 32 位地址，但是可用的实际地址空间往往只定义了 32 位地址空间的一小部分。Quad-SPI Flash 芯片包含的 3 个地址空间如下：

(1) 主闪存存储阵列。该地址空间按照一次可擦除的单元数划分为扇区(sector)。这些扇区的大小可以是 4KB 或 64KB，也可以是统一的 256KB，取决于所选的设备模式。

(2) ID-CFI 地址空间。RDID 命令(9FH)从单独的闪存地址空间中读取设备标识(Identification，ID)和公共闪存接口(Common Flash Interface，CFI)的信息。该地址空间只能由 Flash 存储器的生产厂家写入，编程主机只能读取其中的信息。

(3) OTP 地址空间。OTP 意为一次性编程(One Time Program)。该地址空间旨在提高系统安全性。该地址空间独立于主闪存存储阵列，它被分割成 32 个可锁的、32B 长度且对齐的独立空间。

Quad-SPI Flash 芯片通过寄存器组进行控制，如表 11-2 所示。这些寄存器用于配置 Quad-SPI Flash 芯片的工作方式以及报告设备的操作状态。寄存器可以通过特定的命令访问。

表 11-2　Quad-SPI Flash 芯片寄存器组

寄存器名称	缩　写	类　型	位
状态寄存器 1(Status Register 1)	SR1[7:0]	易失性	7:0
配置寄存器 1(Configuration Register 1)	CR1[7:0]	易失性	7:0
状态寄存器 2(Status Register 2)	SR2[7:0]	RFU	7:0
自动启动寄存器(AutoBoot Register)	ABRD[31:0]	非易失性	31:0
Bank 地址寄存器(Bank Address Register)	BRAC[7:0]	易失性	7:0
ECC 状态寄存器(ECC Status Register)	ECCSR[7:0]	易失性	7:0
ASP 寄存器(ASP Register)	ASPR[15:1]	OTP	15:1
	ASPR[0]	RFU	0
密码寄存器(Password Register)	PASS[63:0]	非易失性 OTP	63:0
PPB 锁定寄存器(PPB Lock Register)	PPBL[7:1]	易失性	7:1
	PPBL[0]	易失性	0
PPB 访问寄存器(PPB Access Register)	PPBAR[7:0]	只读	7:0
BYD 访问寄存器(DYB Access Register)	DYBAR[7:0]	非易失性	7:0
SPI、DDR 数据学习寄存器(SPI DDR Data Learning Registers)	NVDLR[7:0]	易失性	7:0
	VDLR[7:0]	非易失性	7:0

对 Flash 存储设备中数据的访问,最直接的接口是 AXI Quad SPI 模块,参看 11.8.1 节。另外,Nexys 4 DDR FPGA 开发板使用的 Flash 芯片型号是 S25FL128S,要了解关于其各地址空间的详细信息,可以参考具体的 Flash 芯片手册,即 *S25FL128S, S25FL256S 128Mbit and 256Mbit 3.0V SPI Flash Memory Datasheet*。

主机系统与 S25FL128S 存储设备之间的所有通信均采用命令的形式。这些命令以选择信息传输或设备操作类型的指令开始,还可能具有地址、指令修改部分、等待时间段、传输到 Flash 存储设备的数据或从 FLash 存储设备传输出的数据。所有指令、地址和数据信息在主机系统和 Flash 存储设备之间串行传输。命令的主要结构如下:

(1) 每个命令以片选信号 $\overline{CS}$ 变为低电平开始,以 $\overline{CS}$ 变为高电平结束。Flash 存储设备由主机在整个命令中驱动片选信号为低电平来选择。

(2) 串行时钟(SCK)标记主机和 Flash 存储设备之间每一位或一个位组的传输。

(3) 每个命令以 8 位指令开始,该指令总是以串行输入信号(SI)上的单个位串行序列的形式呈现,并且在每个 SCK 上升沿将一位传输到 Flash 存储设备。该指令选择要执行的信息传输或设备操作的类型。

(4) 指令可以是独立的,也可以后跟地址位,用于选择设备中几个地址空间中的一个位置,由指令确定使用的地址空间。地址可以是 24 位或 32 位边界地址。

(5) 指令之后的数据传输宽度由发送的指令决定。此后的传输可能继续为 1 位串行输出信号(SO),也可能作为两个位组在 IO0 和 IO1 的中传输,也可能以 4 个位组在 IO0～IO3

中传输。

(6) 地址或模式位之后可以是将要存储在 Flash 存储设备中的数据写入或者读取的数据被返回到主机之前的延迟周期。

图 11-13 为只包含一个指令的命令的时序。该命令不包含地址、数据、延迟周期。指令传输完成后$\overline{CS}$信号变为高电平。

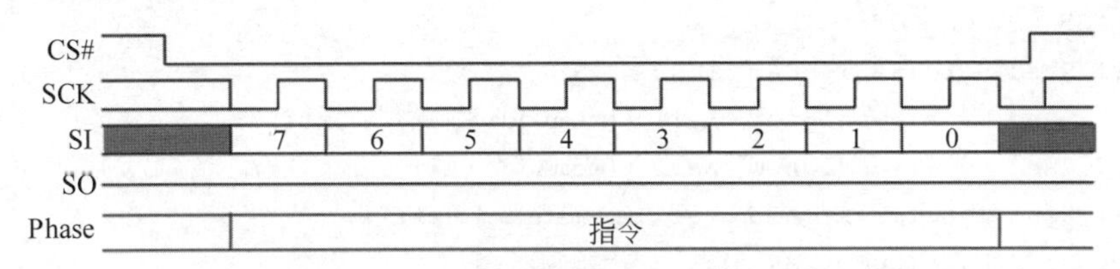

图 11-13 只包含一个指令的命令的时序

图 11-14 为单通道带延迟的 I/O 命令的时序，该命令包含一个指令、32 位地址数据、一个延迟周期和一个 8 位的数据。这些数据传输完成后$\overline{CS}$信号变为高电平。

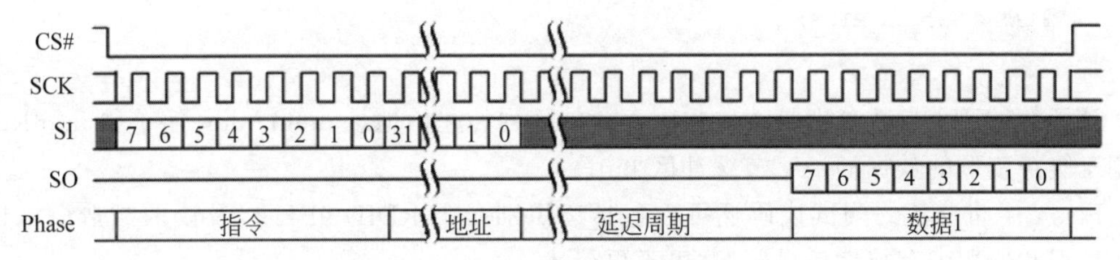

图 11-14 单通道带延迟的 I/O 命令

关于 Flash 存储设备命令的详细信息，可以参考芯片手册。编程之前必须了解要使用的命令的时序。

处理器对 Flash 存储设备的访问是通过 AXI Quad SPI 模块间接实现的。编写访问 Flash 存储设备的程序时需要详细了解以下两个方面的知识：

(1) AXI Quad SPI 模块的寄存器(发送的接口)。

(2) 相关的 Flash 命令(发送的内容)。

首先，向 Flash 存储设备发送一字节的接口函数代码如下：

```
unsigned char SPI_Send_Byte(unsigned char data){
    while(( * READ_IO(SPI_AXI_LITE +sr) & 0x4)==0);
     * WRITE_IO(SPI_AXI_LITE +dtr) =data;
    while(( * READ_IO(SPI_AXI_LITE +sr) & 0x1)==1);
    return * READ_IO(SPI_AXI_LITE +drr);
}
```

该函数的参数是要向 Flash 存储设备中写入的一字节数据 data，返回从 Flash 存储设备中取出的一字节数据。必须先写后读，因为需要先向从机发送数据，才能驱动 Flash 存储设备的 SCK 时钟。主机发送的这个数据可以是任意的，只用于触发 SCK。这个函数接口是与 Flash 存储设备通信的基本接口，写入和读取数据都要调用这个接口。

对 Flash 存储设备的具体访问遵从 Flash 存储设备的命令格式，需要按照命令的时序发送数据。从主闪存存储阵列读取数据的接口函数示例代码如下：

```
#define FLASH_SPI_CS_LOW   *WRITE_IO(SPI_AXI_LITE+ssr)=0x0
#define FLASH_SPI_CS_HIGH   *WRITE_IO(SPI_AXI_LITE+ssr)=0x1
void SPI_FLASH_ReadMEM(unsigned int memAddr, unsigned int numRead){
    unsigned int j;
    FLASH_SPI_CS_LOW;
    SPI_Send_Byte(FAST_READ_CMD);
    SPI_Send_Byte((unsigned char) ((memAddr>>16) & 0xff));
    SPI_Send_Byte((unsigned char) ((memAddr>>8) & 0xff));
    SPI_Send_Byte((unsigned char) (memAddr & 0xff));
    SPI_Send_Byte(Dummy_Byte);
    for(j=0;j<numRead;j++)
    {
    buff[j]=SPI_Send_Byte(Dummy_Byte);
    }
    FLASH_SPI_CS_HIGH;
}
```

该函数的 3 个参数分别是读取主闪存存储阵列的起始地址 memAddr、字节数 numRead 和用于缓存读取的数据的一字节缓冲区 buff。

Flash 存储设备的测试代码还可以包括读识别命令 RDID 9FH 以及读取制造商标识、设备标识和通用闪存接口信息等，这里不再赘述。

11.9 BootLoader 参考代码

11.9.1 main.c 程序

main.c 程序参考代码如下：

```
#include "flash.h"
#include "fpga.h"
#define debug
#ifdef debug
#include "debugFunctions/uart.h"
#endif
//extern struct flash flashInstance;
//struct flash *pFlashInstance=&flashInstance;
int main()
{
#ifdef debug
    uart_init();
    uart_print("serial port is working during the boot process\r\n");
#endif
    unsigned int entryAddress=0;
```

```
    elfGetEntryAddress(&entryAddress);
#ifdef debug
    uart_print("entryAddress");
    uart_printHex(entryAddress);
    uart_print("\r\n");
#endif
    int textVirtualAddress =0;
    int textFlashAddress =0;
    int textLength =0;
    int dataVirtualAddress =0;
    int dataFlashAddress =0;
    int dataLength =0;
      elfGetTextAndDataSectionInformation ( &textVirtualAddress, &textFlashAddress,
&textLength,&dataVirtualAddress,&dataFlashAddress,&dataLength);
#ifdef debug
    uart_print("textVirtualAddress");
    uart_printHex(textVirtualAddress);
    uart_print("\r\n");
    uart_print("textFlashAddress");
    uart_printHex(textFlashAddress);
    uart_print("\r\n");
    uart_print("textLength");
    uart_printHex(textLength);
    uart_print("\r\n");
    uart_print("dataVirtualAddress");
    uart_printHex(dataVirtualAddress);
    uart_print("\r\n");
    uart_print("dataFlashAddress");
    uart_printHex(dataFlashAddress);
    uart_print("\r\n");
    uart_print("dataLength");
    uart_printHex(dataLength);
    uart_print("\r\n");
#endif
    textLength =textLength/4;
    dataLength =dataLength/4;
    int cnt =0;
    unsigned int data =0;
    //读文本部分
    necessaryOperationBeforeReadBytes(textFlashAddress);
    for(cnt =0 ; cnt <textLength ; cnt ++)
    {
        data =readFourBytes();
        *WRITE_IO(textVirtualAddress +cnt * 4 ) =data;
```

```
    }
    operationsAfterReadBytes();
    //读数据部分
    necessaryOperationBeforeReadBytes(dataFlashAddress);
    for(cnt =0 ; cnt <dataLength ; cnt ++)
    {
        data =readFourBytes();
        *WRITE_IO(dataVirtualAddress +cnt * 4 ) =data;
    }
    operationsAfterReadBytes();

    asm volatile ("addu $t0, $0, %0;\n"
                  "jr $t0;\n"
                  "nop;\n"
                  "nop;\n"
                  :
                  :"r"(entryAddress)
                  :"t0"
                 );
#ifdef debug
    uart_print("never here! \r\n");
#endif
    return 0;
}
//转到内核入口点
/* asm ("addu $t0 ,$0, $0\r\n"
        "lui $t0 ,0x8000\r\n"
        "addiu $t0, 0x1000\r\n"
        "jr $t0\r\n"
        "nop\r\n"
        "nop");"addu $t0, $t0, %1\n" */
```

11.9.2 flash.c 程序

flash.c 程序参考代码如下：

```
#include "flash.h"
static unsigned char SPI_Send_Byte(unsigned char data)
{
    //检查并等待 Tx 缓冲区为空
    while((*READ_IO(SPI_AXI_LITE +sr) & 0x4)==0);
    //缓冲区为空后,向缓冲区写入要发送的字节数据
    *WRITE_IO(SPI_AXI_LITE +dtr) =data;
    //检查并等待 Rx 缓冲区为非空
    while((*READ_IO(SPI_AXI_LITE +sr) & 0x1)==1);
```

```
    //数据发送完毕,从 Rx 缓冲区接收 Flash 存储设备返回的数据
    return *READ_IO(SPI_AXI_LITE +drr);
}
void necessaryOperationBeforeReadBytes(unsigned int address)
{
    *WRITE_IO(SPI_AXI_LITE +srr) =0x0000000a;       //软件复位
    *WRITE_IO(SPI_AXI_LITE +cr) =0x164;             //清空 Tx 和 Rx 缓冲区
    *WRITE_IO(SPI_AXI_LITE +cr) =0x6;               //使能 SPI 和主模式
    FLASH_SPI_CS_LOW;                               //低电平片选有效,SPI 通信开始
    SPI_Send_Byte(FAST_READ_CMD);                   //发送读取 ID 指令
    SPI_Send_Byte((unsigned char) (address >>16));
    SPI_Send_Byte((unsigned char) (address >>8));
    SPI_Send_Byte((unsigned char) (address ));
    SPI_Send_Byte(Dummy_Byte);
    return;
}
unsigned int readFourBytes()
{
    unsigned int data4Bytes =0x0;
    unsigned int data =0x0;
    int i =0;
    for( ; i <4 ; i++)
    {
        data =(unsigned int) SPI_Send_Byte(Dummy_Byte);
        data4Bytes =data4Bytes | data <<(i * 8);
        data =0x0;
    }
    return data4Bytes;
}
unsigned short readTwoBytes (void)
{
    unsigned char data1 =0x0;
    unsigned char data2 =0x0;
    data1 =  SPI_Send_Byte(Dummy_Byte);
    data2 =  SPI_Send_Byte(Dummy_Byte);
    unsigned short data2Bytes =data1 | data2 <<8;
    return data2Bytes;
}
unsigned char readOneByte (void)
{
    return SPI_Send_Byte(Dummy_Byte);
}
void operationsAfterReadBytes()
{
```

```
    FLASH_SPI_CS_HIGH;                                    //停止 SPI 通信
    return;
}
void skipNBytes(int n)
{
    int cnt =0;
    for(cnt =0; cnt <n ; cnt ++)
    {
        readOneByte();
    }
    return;
}
```

11.9.3 analyseELF.c 程序

analyseELF.c 程序参考代码如下：

```
#include "flash.h"
#include "analyseELF.h"
#define convert2FlashAddress(x) (READ_ADDR +x)
void elfGetEntryAddress(unsigned int * entryAddress)
{
    necessaryOperationBeforeReadBytes(convert2FlashAddress(0x18));
    (* entryAddress) =readFourBytes();
    operationsAfterReadBytes();
    return;
}
void elfGetTextAndDataSectionInformation (unsigned int * textVirtualAddress,
    unsigned int * textFlashAddress, unsigned int * textLength, unsigned int *
    dataVirtualAddress, unsigned int * dataFlashAddress, unsigned int *
    dataLength)
{
    int SectionHeaderAmount =-1;
    necessaryOperationBeforeReadBytes(convert2FlashAddress(0x30));
    SectionHeaderAmount =readTwoBytes();
    operationsAfterReadBytes();
    unsigned int sectionHeaderFlashAddress =0;
    necessaryOperationBeforeReadBytes(convert2FlashAddress(0x20));
    unsigned int tempOffset =readFourBytes();
    operationsAfterReadBytes();
    necessaryOperationBeforeReadBytes(convert2FlashAddress(tempOffset));
    int cnt =0;
    int dataOrTextSection =0;
    for(cnt =0 ; cnt <SectionHeaderAmount ; cnt ++)
    {
```

```
        if(dataOrTextSection ==2)
        {
            break;
        }
        skipNBytes(8);
        unsigned int sh_flags =readFourBytes();
        if(sh_flags ==0x1 +0x2)
        {
            dataOrTextSection++;
            *dataVirtualAddress =readFourBytes();
            *dataFlashAddress =convert2FlashAddress( readFourBytes() );
            *dataLength =readFourBytes();
            skipNBytes(16);
        }
        else if(sh_flags ==0x2 +0x4)
        {
            dataOrTextSection++;
            *textVirtualAddress =readFourBytes();
            *textFlashAddress =convert2FlashAddress( readFourBytes() );
            *textLength =readFourBytes();
            skipNBytes(16);
        }
        else
        {
            skipNBytes(28);
        }
    }
    operationsAfterReadBytes();
    return;
}
```

图书资源支持

感谢您一直以来对清华版图书的支持和爱护。为了配合本书的使用，本书提供配套的资源，有需求的读者请扫描下方的“书圈”微信公众号二维码，在图书专区下载，也可以拨打电话或发送电子邮件咨询。

如果您在使用本书的过程中遇到了什么问题，或者有相关图书出版计划，也请您发邮件告诉我们，以便我们更好地为您服务。

我们的联系方式：

地　　址：北京市海淀区双清路学研大厦 A 座 714

邮　　编：100084

电　　话：010-83470236　010-83470237

客服邮箱：2301891038@qq.com

QQ：2301891038（请写明您的单位和姓名）

资源下载：关注公众号“书圈”下载配套资源。

资源下载、样书申请

书圈

获取最新书目

观看课程直播